Formelsammlung Mathematik für Wirtschaft und Technik

Wolfgang Gohout
Dorothea Reimer

Formelsammlung Mathematik für Wirtschaft und Technik

Verlag
Harri
Deutsch

Professor Dr. rer. nat. Dr. rer. pol. Wolfgang Gohout
Professor für Operations Research, Statistik und Mathematik
Studiengangsleiter Wirtschaftsingenieurwesen an der FH Pforzheim

Dr. Dorothea Reimer
Akademische Oberrätin im Bereich Mathematik für Wirtschaftswissenschaftler der
Professur für Statistik und Ökonometrie an der Justus-Liebig-Universität Gießen

Verlag Harri Deutsch
Gräfstr. 47, 60486 Frankfurt

www.harri-deutsch.de
verlag@harri-deutsch.de
Fax: 069 77 01 58 69

Bibliografische Information der Deutschen Nationalbibliothek

Die Deutsche Nationalbibliothek verzeichnet diese Publikation in der Deutschen Nationalbibliografie; detaillierte bibliografische Daten sind im Internet über ⟨http://dnb.d-nb.de⟩ abrufbar.

ISBN 978-3-8171-1762-8

Nachdruck der 3., überarbeiteten und erweiterten Auflage 2005, 2008

Druck: betz-druck GmbH, Darmstadt
Printed in Germany

Vorwort zur 1. Auflage

Gewiss, es gibt schon viele Formelsammlungen. Dennoch unterscheiden sie sich zum Teil erheblich in Umfang und Tiefe, Aufbau, Schwerpunkten, Stoffauswahl und Notation. Die vorliegende Sammlung ist in diesen Punkten abgestimmt auf die Veranstaltungen, welche die Autorin an den Fachbereichen Wirtschaftswissenschaften der Justus–Liebig–Universität in Gießen sowie an der Philipps–Universität in Marburg und der Autor im Hochschulbereich Technik der Fachhochschule Pforzheim durchführen. Sie wird als Ergänzung zur Vorlesung sowie zur Lektüre eines oder — besser — mehrerer Lehrbücher empfohlen und kann während der Klausur, aber hoffentlich auch während des weiteren Studiums und Berufslebens nützliche Hilfestellung leisten.

Nach den Grundlagen der Mathematik — wie Aussagenlogik, Mengenlehre, Arithmetik und Kombinatorik — wird die Analysis von Funktionen einer Variablen behandelt. Vor der Analysis von Funktionen mehrerer Variablen wird jedoch — dem Aufbau der Vorlesungen und dem Bedarf an Notation und Kenntnissen entsprechend — die lineare Algebra vorgestellt, sodass die kompakte Vektor–Matrix–Schreibweise verwendet werden kann. Obwohl der Reihenfolge der Bereiche in einer Formelsammlung bei weitem nicht die Bedeutung zukommt wie in einem Lehrbuch, wurde hier dennoch der Versuch eines sukzessiven Aufbaus unternommen. Auf Gebiete, die über die einführende Mathematikvorlesung hinausgehen, haben die Autoren jedoch bewusst verzichtet. Nur wenige Themen sind spezifisch wirtschaftlich oder spezifisch technisch ausgerichtet. Insbesondere für Wirtschaftsingenieure sind diese Bereiche natürlich unverzichtbar.

Für die Anregung zu der Entstehung der Formelsammlung wollen wir unserem gemeinsamen akademischen Lehrer, Professor Dr. Horst Rinne, herzlich danken. Weiterhin gebührt unser Dank auch unseren ehemaligen Studentischen Hilfskräften für die Erfassung des Textes: Frau Sandra Thomae sowie den Herren Matthias Bünding, Thorsten Lauterbach, Robert Nitschke, Andreas Oest, Heiko Opfer, Markus Spory und Karsten Volck. Für Fehler sind selbstredend die Autoren verantwortlich. Entsprechende Hinweise werden — auch im Namen nachfolgender Studentengenerationen — dankbar entgegengenommen.

Vorwort zur 2. Auflage

Die zweite Auflage dieser mathematischen Formelsammlung gab uns die Gelegenheit, Fehler auszumerzen und einige Erweiterungen im Bereich der Differenzen- und Differentialrechnungen einzubringen. Diese Erweiterungen sind von mehreren Lesern und Dozenten nachgefragt worden. Dafür und auch für die zahlreichen Verbesserungsvorschläge wollen wir uns bei unseren Lesern herzlich bedanken und sie weiterhin zu konstruktiver Kritik ermuntern. Unser Dank gilt aber auch dem Verlag Harri Deutsch für die gute Zusammenarbeit.

Vorwort zur 3. Auflage

Eine dritte Auflage unserer Formelsammlung ist dank der großen Nachfrage erforderlich geworden. Wir haben sie für einige Erweiterungen genutzt, wie etwa Formeln der ebenen Geometrie, die wir bisher als propädeutisches Wissen ausgeklammert beziehungsweise vorausgesetzt hatten. Sie sind jedoch von so elementarer Bedeutung, dass wir sie nun aufnehmen wollten. Weiterhin haben wir die Partialbruchzerlegung als grundlegendes Verfahren zur Integration gebrochen–rationaler Funktionen aufgenommen. Außerdem haben wir die Gelegenheit genutzt, auf ein moderneres, dem Verlagsprogramm angepasstes Layout umzustellen. Für die große Unterstützung seitens des Verlags möchten wir uns besonders bei Herrn Horn bedanken. Auch für Anregungen und Verbesserungsvorschläge unserer Leser möchten wir uns ganz herzlich bedanken und weiterhin zu künftigen Reaktionen und Kritiken ermuntern.

Pforzheim, im April 2005 — Gießen, im April 2005

Wolfgang Gohout
Wolfgang.Gohout@fh-pforzheim.de

Dorothea Reimer
Dorothea.Reimer@wirtschaft.uni-giessen.de

Inhaltsverzeichnis

Symbole und Abkürzungen

Mathematische Logik

w	Wahrheitswert „wahr“
f	Wahrheitswert „falsch“
$\neg$	Negation „nicht“
$\wedge$	Konjunktion „und“
$\vee$	Disjunktion „oder“
$\Rightarrow$	Implikation „wenn ..., dann ...“
$\Leftrightarrow$	Äquivalenz „... genau dann, wenn ...“
$\equiv$	logische Gleichwertigkeit
$\forall$, $\bigwedge$	Allquantor „Für alle ...“
$\exists$, $\bigvee$	Existenzquantor „Es gibt ein ...“
$\exists!$	Eindeutiger Existenzquantor „Es gibt genau ein ...“
$A(x_1, \ldots, x_n)$	n-stellige Aussagenform
$:\Leftrightarrow$	... definitionsgemäß äquivalent zu ...

Mengenlehre

$\in$	Element von ...
$\notin$	nicht Element von ...
$=$	Gleichheit von Mengen
$\{\ ,\ \}$	Mengenklammern
$:=$	... ist definitionsgemäß gleich ...
Ω	Grundmenge aller betrachteten Objekte
$\emptyset$, $\{\ \}$	leere Menge
$\subset$, $\subseteq$	Teilmenge von ...
$\not\subset$, $\not\subseteq$	nicht Teilmenge von ...
$\subsetneqq$	echte Teilmenge von ...
$\supset$, $\supseteq$	Obermenge von ...

$\mathfrak{P}(.)$	Potenzmenge von ...
$\#$, $n(.)$, $\|.\|$	Anzahl der Elemente von ...
$\cup$	Vereinigung
$\cap$	Durchschnitt
$\setminus$	logische Differenz
$\triangle$	symmetrische Differenz
$\overline{A}$, A^c	Komplement von A

Arithmetik und Algebra

$=$	Gleichheit
$\approx$	ungefähr gleich
$\neq$	Ungleichheit
$>$	größer als
$\geqq$, $\geq$	größer oder gleich
$<$	kleiner als
$\leqq$, $\leq$	kleiner oder gleich
$+$	Addition „plus" oder Vorzeichen „plus"
$-$	Subtraktion „minus" oder Vorzeichen „minus"
$\cdot$	Multiplikation „mal"
$:$, $/$, —	Division „geteilt durch"
$\mathbb{N}$	Menge der natürlichen Zahlen $1, 2, 3, \ldots$
$\mathbb{N}_0$	$\mathbb{N} \cup \{0\} = \{0, 1, 2, \ldots\}$
n'	Nachfolger von n ($n' = n + 1$)
$\mathbb{Z}$	Menge der ganzen Zahlen $0, \pm 1, \pm 2, \ldots$
$\mathbb{Z}^+$	$\mathbb{N} = \{1, 2, 3, \ldots\}$
$\mathbb{Z}^-$	$\{-1, -2, -3, \ldots\}$
$\mathbb{Z}_0^+$	$\mathbb{N}_0 = \{0, 1, 2, \ldots\}$
$\mathbb{Z}_0^-$	$\mathbb{Z}^- \cup \{0\} = \{0, -1, -2, \ldots\}$
$\|\cdot\|$	(absoluter) Betrag einer Zahl
$\mathbb{Q}$	Menge der rationalen Zahlen (Brüche)
i^{-1}	Kehrwert von i, $1/i$
$\mathbb{Q}^+$	positive Rationalzahlen, $\{p \in \mathbb{Q} : p > 0\}$
$\mathbb{Q}^-$	negative Rationalzahlen, $\{p \in \mathbb{Q} : p < 0\}$

$\mathbb{Q}_0^+$	$\mathbb{Q}^+ \cup \{0\}$
$\mathbb{Q}_0^-$	$\mathbb{Q}^- \cup \{0\}$
$\pm$	plus bzw. minus
$\mathbb{R}$	Menge der reellen Zahlen
$\mathbb{R}^+$	Menge der positiven reellen Zahlen, $\{r \in \mathbb{R} : r > 0\}$
$\mathbb{R}^-$	Menge der negativen reellen Zahlen, $\{r \in \mathbb{R} : r < 0\}$
$\mathbb{R}_0^+$	$\mathbb{R}^+ \cup \{0\}$
$\mathbb{R}_0^-$	$\mathbb{R}^- \cup \{0\}$
m^n	Potenz „m hoch n"
$\sqrt[n]{x}$	Wurzel „n-te Wurzel aus x"
$\sup M$	Supremum von M
$\inf M$	Infimum von M
$\mathbb{C}$	Menge der komplexen Zahlen
i	imaginäre Einheit, $i^2 = -1$
$i\mathbb{R}$	Menge der imaginären Zahlen
$\bar{z}$	zu z konjugiert komplexe Zahl
(r, ϕ)	Polarkoordinaten-Darstellung einer komplexen Zahl
arctan	Arcustangens
sin	Sinus
cos	Kosinus
π	Kreiszahl, LUDOLFsche Zahl, $\pi \approx 3{,}14159$
lim	Limes, Grenzwert
e	EULERsche Zahl, $e \approx 2{,}71828$
γ	EULERsche Konstante, $\gamma \approx 0{,}5772$
Σ	Summenoperator
Π	Produktoperator
$\exp(\cdot)$	Exponentialfunktion
$\log_a c$	Logarithmus von c zur Basis $a \in \mathbb{R}^+ \setminus \{1\}$
$\lg x$	dekadischer Logarithmus, Zehnerlogarithmus
$\ln x$	natürlicher Logarithmus, Logarithmus zur Basis e
$\operatorname{ld} x$	binärer Logarithmus, Zweierlogarithmus
$\operatorname{sign}(x)$	Signum, Vorzeichen von x
$[x]_G$	GAUSS-Klammer, größte ganze Zahl kleiner/gleich x
$\operatorname{fix}(x)$	ganzer Teil von x (ohne Nachkommastelle)

$a \equiv b \bmod m$	a ist kongruent b modulo m, d. h. a und b lassen bei Division durch m denselben Rest
$a \not\equiv b \bmod m$	a ist nicht kongruent b modulo m
$\operatorname{mod}(a,m)$	ganzzahliger Rest der Division von a durch m
$m \mid a$	m ist Teiler von a
$m \nmid a$	m ist nicht Teiler von a
$\binom{a}{n}$	Binomialkoeffizient „a über n“
∞	unendlich
$p_n(x)$	Polynom vom Grad n
$p \equiv 0$	p ist identisch null, $p(x) = 0$ für alle $x \in \mathbb{R}$
$p(x_1, x_2, \ldots, x_k)$	Polynom in den Variablen $x_1, x_2, \ldots, x_k$
D	Diskriminante einer Gleichung
$[a,b]$	abgeschlossenes Intervall von a bis b
$(a,b]$, $]a,b]$	linksoffenes Intervall von a bis b
$[a,b)$, $[a,b[$	rechtsoffenes Intervall von a bis b
(a,b), $]a,b[$	offenes Intervall von a bis b
$f'(x)$	erste Ableitung der Funktion $f(x)$
$f''(x)$	zweite Ableitung der Funktion $f(x)$
$\max\limits_{[a,b]} f(x)$	Maximum der Funktion $f(x)$ im Intervall $[a,b]$
$\min A$	Minimum der Menge A
$\max A$	Maximun der Menge A
$\int_a^b$	bestimmtes Integral

Kombinatorik

$\Phi^n(\cdot)$	Permutation einer n-elementigen Menge
$P(n)$	Anzahl der Permutationen ohne Wiederholung
$n!$	n-Fakultät, $n! = 1 \cdot 2 \cdot \ldots \cdot n$
$P(n; n_1, n_2, \ldots, n_k)$	Anzahl der Permutationen mit Wiederholung
$\binom{n}{n_1, n_2, \ldots, n_k}$	Polynomialkoeffizient
$B(\cdot,\cdot)$	Beta-Funktion
$\Gamma(\cdot)$	Gamma-Funktion
$B_p(\cdot,\cdot)$	unvollständige Beta-Funktion

$I_p(\cdot,\cdot)$	Beta-Verteilungsfunktion
$\binom{n}{j}$, c_j^n	Binomialkoeffizient, $n, j \in \mathbb{N}_0$ [4mm]
$\binom{a}{n}$	allgemeiner Binomialkoeffizient, $a \in \mathbb{R}$, $n \in \mathbb{N}_0$
$\gamma(\cdot,\cdot)$	unvollständige Gamma-Funktion
$\Gamma(\cdot,\cdot)$	Komplement der unvollständigen Gamma-Funktion
$P(\cdot,\cdot)$	Gamma-Verteilungsfunktion
$\gamma^\star(a,x)$	$x^{-a} \cdot P(a,x)$
$V(N,n)$	Anzahl der Variationen ohne Wiederholung
$V^\star(N,n)$	Anzahl der Variationen mit Wiederholung
$K(N,n)$	Anzahl der Kombinationen ohne Wiederholung
$K^\star(N,n)$	Anzahl der Kombinationen mit Wiederholung
$\min(\cdot,\cdot)$	Minimum zweier Zahlen

Relationen

(a,b)	geordnetes Paar
$(a_1,a_2,\ldots,a_n)$	n-Tupel
$M_1 \times M_2 \times \ldots \times M_n$ bzw. $\bigtimes_{i=1}^{n} M_i$	kartesisches Produkt, Kreuzprodukt, Produktmenge
M^n	n-faches Produkt von M, $M^n = M \times M \times \cdots \times M$
$a R b$	a steht in Relation R zu b, $(a,b) \in R$
Vb R	Vorbereich der Relation R
Nb R	Nachbereich der Relation R
$\bigwedge$	Nullrelation, leere Menge
$\bigvee$	Allrelation
R^{-1}	Umkehrrelation
$a \simeq b$	a äquivalent b

$\mathscr{K}$	Klasseneinteilung, Zerlegung
$[a]$	Klasse des Repräsentanten a
M/R	Faktormenge, Quotient von M nach R
(M,R)	geordnete Menge, falls R Halbordnung auf M
$\leq$, $\sqsubseteq$, $\subseteq$	kleiner oder gleich (im Sinne einer reflexiven Ordnung)
$<$, $\sqsubset$, $\subset$	kleiner (im Sinne einer irreflexiven Ordnung)
$R\|A$	Teilordnung von R in A
$\max A$	größtes Element, Maximum von A
$\sup A$	obere Grenze, Supremum von A
$\min A$	kleinstes Element, Minimum von A
$\inf A$	untere Grenze, Infimum von A
$K(A)$	Bild von A unter der Korrespondenz K
$K^{-1}(B)$	Urbild von B unter der Korrespondenz K
$\mathbb{D}(K)$	Definitionsbereich der Korrespondenz K
$\mathbb{W}(K)$	Wertebereich der Korrespondenz K
$f : M \to N$	Abbildung f von M in N
$x \mapsto f(x)$	Abbildungsvorschrift: x wird auf $f(x)$ abgebildet
$G(f)$	Graph von f, $\{(x, f(x)) : x \in \mathbb{D}(f)\}$
$f \equiv z$	f ist identisch gleich z, $\forall x : f(x) = z$
$\mathbb{1}_A(\cdot)$	Indikatorfunktion der Menge A
$\mathrm{id}_A(\cdot)$	identische Abbildung der Menge A
$f\|A$	Einschränkung von f auf die Menge A
$(a_n)_{n\in A}$	Zahlenfolge
$g \circ f$	Verknüpfung der Abbildungen f und g
$f^{-1}(y)$	Umkehrabbildung von f an der Stelle y
$f(A)$	Bild von A unter der Abbildung f
$f^{-1}(B)$	Urbild von B unter der Abbildung f
$\|\cdot\|$	Mächtigkeit, Kardinalzahl
$\leqq$, $\leq$	Kleiner/Gleich-Relation für Kardinalzahlen
$<$	Kleiner-Relation für Kardinalzahlen
$\aleph$	Aleph, Symbol für transfinite Kardinalzahlen

Funktionen einer Variablen

$f(x)$	Funktionswert an der Stelle x
$U_\delta(x)$	δ-Umgebung von x; $(x-\delta, x+\delta) \subset \mathbb{R}$
$p_n(x)$	Polynom in der Variablen x
$\lim_{x \downarrow 0}, \lim_{x \to 0^+}$	rechtsseitiger Grenzwert (bei Null)
$\lim_{x \uparrow 0}, \lim_{x \to 0^-}$	linksseitiger Grenzwert (bei Null)
$\sinh(\cdot)$	hyperbolischer Sinus
$\cosh(\cdot)$	hyperbolischer Kosinus
$\tanh(\cdot)$	hyperbolischer Tangens
$\coth(\cdot)$	hyperbolischer Kotangens
$\operatorname{arsinh}(\cdot)$	Areasinus, $\sinh^{-1}$
$\operatorname{arcosh}(\cdot)$	Areakosinus, $\cosh^{-1}$
$\operatorname{artanh}(\cdot)$	Areatangens, $\tanh^{-1}$
$\operatorname{arcoth}(\cdot)$	Areakotangens, $\coth^{-1}$

$\sin(\cdot)$	Sinus	Trigonometrische Funktionen
$\cos(\cdot)$	Kosinus	
$\tan(\cdot)$	Tangens	
$\cot(\cdot)$	Kotangens	
$\sec(\cdot)$	Sekans	
$\operatorname{cosec}(\cdot)$	Kosekans	

$\sum_{i=0}^{\infty} \dots$	unendliche Reihe

$\arcsin(\cdot)$	Arcussinus, $\sin^{-1}$	Zyklometrische Funktion
$\arccos(\cdot)$	Arcuskosinus, $\cos^{-1}$	
$\arctan(\cdot)$	Arcustangens, $\tan^{-1}$	
$\operatorname{arccot}(\cdot)$	Arcuskotangens, $\cot^{-1}$	
$\operatorname{arcsec}(\cdot)$	Arcussekans, $\sec^{-1}$	
$\operatorname{arccosec}(\cdot)$	Arcuskosekans, $\operatorname{cosec}^{-1}$	

Folgen und Reihen

a_n	allgemeines Folgenglied
(a_n)	Folge
Δ	Vorwärtsdifferenzenoperator
$(\Delta^k a_n)_n$	k-te Differenzenfolge
$a_n \to c$ bzw. $\lim\limits_{n\to\infty} a_n = c$	c ist Grenzwert der Folge (a_n)
$a_n \to \infty$ bzw. $\lim\limits_{n\to\infty} a_n = \infty$	(a_n) wächst über alle Grenzen
s_n	n-te Partialsumme, $\sum\limits_{i=1}^{n} a_i$
$\sum\limits_{n=1}^{\infty} a_n$	Wert der Reihe (s_n), manchmal auch für die Reihe selbst verwendet
$(a_n) * (b_n)$	Faltung der Folgen (a_n) und (b_n)

Analysis einer Variablen

$\lim\limits_{x\to x_0} f(x)$	Grenzwert (Limes) von $f(x)$ für $x \to x_0$
$f(x) \xrightarrow[x\to x_0]{} y_0$	y_0 ist Grenzwert von $f(x)$ für $x \to x_0$
$\lim\limits_{x\uparrow x_0},\ \lim\limits_{x\to x_0^-}$	linksseitiger Grenzwert bei x_0
$\lim\limits_{x\downarrow x_0},\ \lim\limits_{x\to x_0^+}$	rechtsseitiger Grenzwert bei x_0
$\lim\limits_{x\to\infty},\ \lim\limits_{x\to-\infty}$	Grenzwert für $x \to \infty$ bzw. $x \to -\infty$
$o(g(x))$	klein o von $g(x)$ } LANDAU-Symbole
$O(g(x))$	groß O von $g(x)$ } LANDAU-Symbole
$\left.\frac{\Delta y}{\Delta x}\right\|_{x,x_0}$	Differenzenquotient $\frac{f(x)-f(x_0)}{x-x_0}$ mit $y = f(x)$

$\left.\frac{df(x)}{dx}\right\|_{x=x_0}$, $\frac{df}{dx}(x_0)$, $f'(x_0)$, $\left.\frac{dy}{dx}\right\|_{x=x_0}$, $y'_{x=x_0}$	Differentialquotient $\lim\limits_{x\to x_0}\frac{f(x)-f(x_0)}{x-x_0}$
$f''(x)$, $\frac{d^2f(x)}{dx^2}$	zweite Ableitung von $f(x)$
$f^{(n)}(x)$, $\frac{d^nf(x)}{dx^n}$	n-te Ableitung von $f(x)$
$\frac{0}{0}$, $\frac{\infty}{\infty}$, $0\cdot\infty$, $\infty-\infty$, 1^∞, ∞^0, 0^0	unbestimmte Ausdrücke
$\sum\limits_{i=1}^{\infty} f_i(x)$	Funktionenreihe
$\sum\limits_{i=0}^{\infty} a_i(x-x_0)^i$	Potenzreihe
ρ	Konvergenzradius
$\limsup\limits_{n\to\infty} b_n$, $\overline{\lim\limits_{n\to\infty}} b_n$	limes superior, $\lim\limits_{n\to\infty} \sup\{b_k : k\geq n\}$
$R_n(x)$	Restglied der TAYLOR-Entwicklung
$\sum\limits_{i=0}^{\infty}\frac{f^{(i)}(x_0)}{i!}(x-x_0)^i$	TAYLOR-Reihe von $f(x)$ um x_0
$\eta(y\|x)$	Punktelastizität von y im Punkt x
$\int f(x)\,dx$	unbestimmtes Integral von $f(x)$
$\int\limits_a^b f(x)\,dx$	bestimmtes Integral von $f(x)$ in $[a,b]$
$\int\limits_a^{\infty} f(x)\,dx$, $\int\limits_{-\infty}^{b} f(x)\,dx$, $\int\limits_{-\infty}^{\infty} f(x)\,dx$	uneigentliche Integrale
$R(f)$	Restglied bei der Quadratur von f

Lineare Algebra

$\vec{a},\vec{b},\ldots$	Spaltenvektoren
$\vec{a}',\vec{b}',\ldots$	transponierte Vektoren, Zeilenvektoren
$\vec{0}$	Nullvektor
$\vec{1}$	Einservektor
$\vec{e}_j$	j-ter Einheitsvektor
L_n	Vektorraum der Vektoren der Länge n
$s(\vec{a},\vec{b})$, $<\vec{a},\vec{b}>$, $\vec{a}'\vec{b}$	Skalarprodukt von $\vec{a}$ und $\vec{b}$
$d(\vec{a},\vec{b})$	Metrik, Abstand zwischen $\vec{a}$ und $\vec{b}$
$\mathbb{R}^n$	n-dimensionaler reeller EUKLIDischer Raum, $\mathbb{R}^n := \{\vec{x} : \vec{x}\,' = (x_1,\ldots,x_n),\ x_i \in \mathbb{R}\}$
$\lvert\vec{a}\rvert$	Betrag, Norm von $\vec{a}$
$\sphericalangle(\vec{a},\vec{b})$	(kleinerer) Winkel zwischen $\vec{a}$ und $\vec{b}$
$\vec{a} \perp \vec{b}$	$\vec{a}$ senkrecht $\vec{b}$
$\vec{A}$, $\vec{A}_{(m,n)}$	Matrix mit m Zeilen und n Spalten
$\vec{0}_{(m,n)}$	$m \times n$-Nullmatrix
$\vec{1}_{(m,n)}$	$m \times n$-Einsermatrix
$\vec{E}_{(n,n)}$	$n \times n$-Einheitsmatrix
$\vec{A}'$	transponierte Matrix
$\vec{A}+\vec{B}$	Summe zweier Matrizen
$\vec{A}-\vec{B}$	Differenz zweier Matrizen
$\vec{A}\vec{B}$	Produkt zweier Matrizen
$\vec{A}^n$	n-te Potenz einer Matrix
$P(\vec{A})$	Matrizenpolynom in $\vec{A}$
$\vec{x}\,'\vec{A}\vec{x}$	quadratische Form der Matrix $\vec{A}$
$\vec{A}^{-1}$	Umkehrmatrix, Inverse von $\vec{A}$
$\vec{A}^{-}$	allgemeine Umkehrmatrix, Pseudoinverse von $\vec{A}$
$\vec{A}^{c}$	bedingte Umkehrmatrix, conditional inverse von $\vec{A}$
$\otimes$	KRONECKER-Produkt
$\mathrm{sp}(\vec{A})$	Spur der Matrix $\vec{A}$
$\mathrm{rg}(\vec{A})$	Rang der Matrix $\vec{A}$
$\det(\vec{A})$, $\lvert\vec{A}\rvert$	Determinante der Matrix $\vec{A}$
$\#(i_1,\ldots,i_n)$	Anzahl der Inversionen der Permutation $(i_1,\ldots,i_n)$

M_{ij}	zu a_{ij} gehöriger Minor
A_{ij}	zu a_{ij} gehörige Adjunkte
$\mathbb{L}$	Lösungsraum eines Gleichungssystems

Analysis mehrerer Variablen

$\left.\begin{array}{l} f:\mathbb{R}^n\to\mathbb{R}, \\ y=f(x_1,\ldots,x_n) \end{array}\right\}$	(reellwertige) Funktion von n Variablen
$\left.\begin{array}{l} U_\delta\left(x_1^{(0)},\ldots,x_n^{(0)}\right), \\ U_\delta\left(\vec{x}^{(0)}\right) \end{array}\right\}$	δ-Umgebung, δ-Kugel um $\vec{x}^{(0)}$
$\left.\begin{array}{l} \lim\limits_{x_i\to x_i^{(0)}},\ i=1,\ldots,n \\ \lim\limits_{\vec{x}\to\vec{x}^{(0)}} \end{array}\right\}$	n-dimensionaler Grenzwert, Limes
$\left(\vec{a}^{(k)}\right)_{k\in\mathbb{N}}$	Punktfolge im $\mathbb{R}^n$
∂	partieller Differentialoperator
$\left.\begin{array}{l} \frac{\partial f}{\partial x_i},\ \frac{\partial y}{\partial x_i},\ f'_{x_i}, \\ y'_{x_i},\ \frac{\partial}{\partial x_i}f(\vec{x}), \\ \frac{\partial}{\partial x_i}f(x_1,\ldots,x_n) \end{array}\right\}$	partielle Ableitung von $y=f(x_1,\ldots,x_n)$ nach x_i
$\left.\begin{array}{l} \frac{\partial^k f}{\partial x_i^k},\ \frac{\partial^k y}{\partial x_i^k},\ f_{x_i}^{(k)}, \\ y_{x_i}^{(k)},\ \frac{\partial^k}{\partial x_i^k}f(\vec{x}), \\ \frac{\partial^k}{\partial x_i^k}f(x_1,\ldots,x_n) \end{array}\right\}$	k-te partielle Ableitung von $y=f(x_1,\ldots,x_n)$ nach x_i
$\frac{\partial^{k+\ell}}{\partial x_i^k\,\partial x_j^\ell}$	gemischte partielle Ableitung
$d_{x_i}f,\ \frac{\partial f}{\partial x_i}\cdot dx_i$	partielles Differential von f nach x_i
df	totales (vollständiges) Differential von f

$\nabla f(\vec{x})$, grad $f(\vec{x})$	Gradient von f an der Stelle $\vec{x}$
$\eta(y\|x_j)$	partielle Punktelastizität von y nach x_j
$\frac{\partial f}{\partial \vec{x}}$	vektorielle Ableitung nach $\vec{x}$
$\frac{\partial f}{\partial \vec{X}}$	Ableitung von f nach der Matrix $\vec{X}$
$\frac{\partial \vec{Y}}{\partial x_{ij}}$	partielle Ableitung der Matrix $\vec{Y}$ nach x_{ij}
$\frac{\partial \vec{y}}{\partial \vec{x}}$	JACOBI-Matrix oder Funktionalmatrix von $\vec{y}$
$\vec{D}_{\vec{A}}$	Diagonalmatrix: Diagonalelemente von $\vec{A}$
Δ_{ij}	Matrix mit 1 auf Position (i,j), 0 sonst
$\Delta^{\star}_{ij}$	Matrix mit 1 auf den Positionen (i,j) und (j,i), 0 sonst
$\vec{Y}^{\star}$	Matrix der Adjunkten Y_{ij} der Matrix $\vec{Y}$
$L(x_1,\ldots,x_n\,,\,\lambda_1,\ldots,\lambda_m)$	LAGRANGE-Funktion
λ_j	LAGRANGE-Multiplikator
$\mathscr{Z}$	Zerlegung
$\overset{\circ}{R}$	Inneres oder offener Kern von R
$\iint\limits_G f(x_1,x_2)\,dx_2\,dx_1$	Integral von f über $G \subset \mathbb{R}^2$
$\overline{f}(\vec{x})$	Fortsetzung von f auf $\mathbb{R}^2$ bzw. $\mathbb{R}^n$
$\int\limits_G \cdots \int f(x_1,\ldots,x_n)\,dx_n \ldots dx_1$	Integral von f über $G \subset \mathbb{R}^n$

Griechisches Alphabet

Buchstabe groß	Buchstabe klein	Name	Buchstabe groß	Buchstabe klein	Name	Buchstabe groß	Buchstabe klein	Name
A	α	Alpha	I	ι	Jota	P	ρ	Rho
B	β	Beta	K	κ	Kappa	Σ	σ	Sigma
Γ	γ	Gamma	Λ	λ	Lambda	T	τ	Tau
Δ	δ	Delta	M	μ	My	Y	υ	Ypsilon
E	ε	Epsilon	N	ν	Ny	Φ	ϕ, φ	Phi
Z	ζ	Zeta	Ξ	ξ	Xi	X	χ	Chi
H	η	Eta	O	o	Omikron	Ψ	ψ	Psi
Θ	θ, ϑ	Theta	Π	π	Pi	Ω	ω	Omega

Konstanten

Konstante	approximative Größe, Name und Bedeutung
e	2,718 281 828 459 045 235 360 287 EULERsche Zahl, Basis des logarithmus naturalis, transzendente Zahl
γ	0,577 215 664 901 523 860 606 512 EULERsche Konstante, MASCHERONIsche Konstante, nicht bekannt, ob rationale oder irrationale Zahl
π	3,141 592 653 589 793 238 462 643 Kreiszahl, LUDOLFsche Zahl, transzendente Zahl

Zahlwörter

Größe	Name	Vorsilbe zur Dimension	Zeichen
10^{-24}	Quadrillionstel	Yocto	y
10^{-21}	Trilliardstel	Zepto	z
10^{-18}	Trillionstel	Atto	a
10^{-15}	Billiardstel	Femto	f
10^{-12}	Billionstel	Pico	p
10^{-9}	Milliardstel	Nano	n
10^{-6}	Millionstel	Mikro	μ
10^{-3}	Tausendstel	Milli	m
10^{-2}	Hundertstel	Zenti	c
10^{-1}	Zehntel	Dezi	d
10^{1}	Zehn	Deka	da
10^{2}	Hundert	Hekto	h
10^{3}	Tausend	Kilo	k
10^{6}	Millionen	Mega	M
10^{9}	Milliarden	Giga	G
10^{12}	Billionen	Tera	T
10^{15}	Billiarden	Peta	P
10^{18}	Trillionen	Exa	E
10^{21}	Trilliarden	Zetta	Z
10^{24}	Quadrillionen	Yotta	Y

Vorsicht: Auf Amerikanisch heißt 10^9 *billion.*

1 Mathematische Grundlagen

1.1 Mathematische Logik

Aussagen und Wahrheitswerte

Eine **Aussage** ist eine Behauptung eines Sachverhaltes, der sinnvoll einer der beiden **Wahrheitswerte**

„wahr“ (w) oder „falsch“ (f)

zugeordnet werden kann. In Programmiersprachen wird grundsätzlich die Ziffer 1 für „wahr“, die Ziffer 0 für „falsch“ verwendet. Wie dabei diese Zuordnung zustande kommt oder ob der Wahrheitswert gar unbekannt ist, spielt keine Rolle. Es handelt sich hier um eine zweiwertige (binäre) Logik.

Die Zuordnung drückt man durch die **Wahrheitsfunktion** $\phi(\cdot)$ aus. Sei A eine Aussage, dann ist entweder $\phi(A) = w$ oder $\phi(A) = f$ (Prinzip des ausgeschlossenen Dritten und des ausgeschlossenen Widerspruchs).

Aussageformen

Eine **Aussageform** ist eine Formulierung mit mindestens einer Variablen, die nach Ersetzen der Variablen durch Elemente aus deren Grundbereich zur Aussage wird.

Aussagefunktionen, Wahrheitstafeln

A und B seien Aussagen.

Operation	Symbol	Name
nicht A	$\neg A$	Negation bzw. logisches Komplement (von A)
A **und** B	$A \wedge B$	Konjunktion (von A und B)
A **oder** B	$A \vee B$	Disjunktion (von A und B) bzw. einschließendes Oder
wenn A, **dann** B	$A \Rightarrow B$	Implikation oder Subjunktion (von A auf B) A: Prämisse, B: Konklusion
A **genau dann, wenn** B	$A \Leftrightarrow B$	Äquivalenz oder Bijunktion (von A und B)
entweder A **oder** B	$\neg(A \Leftrightarrow B)$	ausschließendes Oder

Die Operationszeichen $\neg$, $\wedge$, $\vee$, $\Rightarrow$ und $\Leftrightarrow$ heißen **Junktoren** oder **logische Operatoren**. Für sie gilt, dass in der vorstehenden Reihenfolge jeder stärker binden soll als der nachfolgende, also $\neg A \wedge B = (\neg A) \wedge B$.

Durch die dargestellten Operationen entstehen aus A und B neue (zusammengesetzte) Aussagen. Diese haben in Abhängigkeit der Wahrheitswerte von A und B wiederum einen eigenen Wahrheitswert, der in der **Wahrheitstafel** abgelesen werden kann.

A	B	$\neg A$	$A \wedge B$	$A \vee B$	$A \Rightarrow B$	$A \Leftrightarrow B$	$\neg(A \Leftrightarrow B)$	$B \Rightarrow A$	$(A \Rightarrow B) \wedge (B \Rightarrow A)$
w	w	f	w	w	w	w	f	w	w
w	f	f	f	w	f	f	w	w	f
f	w	w	f	w	w	f	w	f	f
f	f	w	f	f	w	w	f	w	w

Zwei zusammengesetzte Aussagen C und D heißen **logisch gleichwertig**, $C \equiv D$, wenn sie bei jeder Wahrheitswertkombination ihrer elementaren Aussagen übereinstimmende Wahrheitswerte aufweisen, z. B.

$$(A \Leftrightarrow B) \equiv ((A \Rightarrow B) \wedge (B \Rightarrow A)) .$$

Ist der Wahrheitswert einer Aussagenverbindung stets „wahr“, so heißt diese **Tautologie** oder **Identität**, z. B. $A \vee \neg A$. Die Äquivalenz logisch gleichwertiger Aussagenverbindungen ist also eine Tautologie.

Hängt der Wahrheitswert einer Aussagenverbindung von der jeweiligen Wahrheitswertkombination ihrer elementaren Aussagen ab, so spricht man von einer **Neutralität**.

Ist der Wahrheitswert einer Aussagenverbindung stets „falsch“, so heißt diese **Antinomie** oder **Kontradiktion**, z. B. $A \wedge \neg A$.

Gesetze und andere Sätze zu Aussagen

$$\left.\begin{array}{l} A \wedge A \equiv A \\ A \vee A \equiv A \end{array}\right\} \quad \text{Idempotenz}$$

$$\left.\begin{array}{l} A \wedge B \equiv B \wedge A \\ A \vee B \equiv B \vee A \\ A \Leftrightarrow B \equiv B \Leftrightarrow A \end{array}\right\} \quad \text{Kommutativgesetz}$$

$$\left.\begin{array}{l} (A \wedge B) \wedge C \equiv A \wedge (B \wedge C) \\ (A \vee B) \vee C \equiv A \vee (B \vee C) \\ (A \Leftrightarrow B) \Leftrightarrow C \equiv A \Leftrightarrow (B \Leftrightarrow C) \end{array}\right\} \quad \text{Assoziativgesetz}$$

$A \wedge (B \vee C) \equiv (A \wedge B) \vee (A \wedge C)$ $A \vee (B \wedge C) \equiv (A \vee B) \wedge (A \vee C)$	Distributivgesetz
$\neg(A \wedge B) \equiv \neg A \vee \neg B$ $\neg(A \vee B) \equiv \neg A \wedge \neg B$	Gesetz von DE MORGAN, AUGUSTUS DE MORGAN, 1806 – 1871
$A \vee \neg A$	Satz vom ausgeschlossenen Dritten
$\neg(A \wedge \neg A)$	Satz vom Widerspruch
$\neg(\neg A) \equiv A$	Satz von der doppelten Negation
$A \Rightarrow B \equiv \neg B \Rightarrow \neg A$	Kontrapositionssatz
$A \Rightarrow B \equiv (A \wedge \neg B) \Rightarrow (C \wedge \neg C)$ $A \Rightarrow B \equiv (A \wedge \neg B) \Rightarrow \neg A$ $A \Rightarrow B \equiv (A \wedge \neg B) \Rightarrow B$	Grundlagen des indirekten Beweises
$(A \Rightarrow B) \wedge (B \Rightarrow C) \Rightarrow (A \Rightarrow C)$	Kettenschlussregel
$(A \Rightarrow B) \wedge A \Rightarrow B$	Abtrennungsregel
$(A \vee B) \wedge (A \Rightarrow C) \wedge (B \Rightarrow C) \Rightarrow C$	Prinzip der Fallunterscheidung

Quantoren und Prädikatenlogik

Quantoren sind quantifizierende Formulierungen:

Symbol	Name	Bedeutung
$\forall$ bzw. $\bigwedge$	Allquantor oder Generalisator	Für alle … z. B. $\forall x\, A(x)$ Für alle x gilt $A(x)$.
$\exists$ bzw. $\bigvee$	Existenzquantor oder Partikularisator	Es gibt ein … z. B. $\exists x\, A(x)$ Es gibt (mindestens) ein x, so dass gilt $A(x)$.
$\exists!$	eindeutiger Existenzquantor	Es gibt genau ein …

Prädikate sind Relationen auf dem Grundbereich. Einstellige Prädikate heißen **Eigenschaften**.

Beispiele: $A(x)$: $x$ist Primzahl.
$A(x,y)$: $x$ist kleiner als$y$.

Prädikate mit Variablen sind Aussageformen, quantifizierte Prädikate sind Aussagen.

Beispiel: $\forall n\ (n\text{Primzahl} \Rightarrow n > 0)$.

Man sagt, die Variable wird durch den Quantor **gebunden**.

Sätze der Prädikatenlogik

$\neg(\forall x\, A(x)) \Leftrightarrow \exists x\, \neg A(x)$ Widerlegung durch Gegenbeispiel

$\neg(\exists x\, A(x)) \Leftrightarrow \forall x\, \neg A(x)$

$$\left.\begin{array}{l} \forall x \forall y\, A(x,y) \Leftrightarrow \forall y \forall x\, A(x,y) \\ \exists x \exists y\, A(x,y) \Leftrightarrow \exists y \exists x\, A(x,y) \\ \exists x \forall y\, A(x,y) \Rightarrow \forall y \exists x\, A(x,y) \end{array}\right\} \quad \text{Vertauschungssätze}$$

Sei x_o ein Element des Grundbereichs.

$\forall x\, A(x) \Rightarrow A(x_0)$ Deduktion

$A(x_0) \Rightarrow \exists x\, A(x)$

Abkürzende Schreibweisen: $\forall x,y \ldots :\Leftrightarrow \forall x \forall y \ldots$

$\exists x,y \ldots :\Leftrightarrow \exists x \exists y \ldots$

Dabei bedeutet

$$A :\Leftrightarrow B \text{ (bzw. } B \Leftrightarrow: A),$$

dass eine Aussage A, das **Definiendum**, per definitionem äquivalent ist zur Aussage B, dem **Definiens**.

1.2 Mengenlehre

Elemente und Mengen

Eine **Menge** ist eine Zusammenfassung von bestimmten, wohlunterschiedenen Objekten unserer Anschauung oder unseres Denkens zu einem Ganzen. Die Objekte heißen **Elemente** der Menge. (GEORG CANTOR, 1845 – 1918)

Definitionen

Seien A, B Mengen.

$a \in A$	a ist Element von A
$a \notin A$	a ist nicht Element von A
$A = B$	Gleichheit der Mengen A und B $:\Leftrightarrow \forall a \; a \in A \Leftrightarrow a \in B$ (Extensionalitätsprinzip)
$\{a_1, \ldots, a_n\}$	Menge mit den Elementen $a_1, \ldots, a_n$ (Tabellenschreibweise einer Menge)
$\{a : E(a)\}$ bzw. $\{a \vert E(a)\}$	Menge der Elemente a, für die die Aussageform $E(a)$ zur wahren Aussage wird (Aussageschreibweise einer Menge)
Ω	**Grundmenge** (Grundbereich, Universalmenge) aller betrachteten Objekte, $\Omega := \{a : a = a\}$
$\varnothing$ bzw. $\{\}$	**leere Menge**, $\varnothing := \{a : a \neq a\}$

Teilmengen und Potenzmenge

Definitionen

$A \subset B$ bzw. $A \subseteq B$	A ist **Teilmenge** von $B :\Leftrightarrow \forall a \; a \in A \Rightarrow a \in B$
$A \not\subset B$ bzw. $A \not\subseteq B$	A ist **nicht Teilmenge** von $B :\Leftrightarrow \exists a \; a \in A \wedge a \notin B$
$A \subsetneqq B$ bzw. $A \subset B$	A ist **echte Teilmenge** von B $:\Leftrightarrow (\forall a \; a \in A \Rightarrow a \in B) \wedge (\exists b \; b \notin A \wedge b \in B)$
$A \supset B$ bzw. $A \supseteq B$	A ist **Obermenge** von B, d. h. B ist Teilmenge von A

Regeln zu Teilmengenbeziehungen

Für beliebige Mengen A, B, C gilt:

$A \subset A, \quad \varnothing \subset A, \quad A \subset \Omega$

$A \subsetneqq B \quad \Rightarrow \quad A \subset B$

$A \subset B \quad \wedge \quad B \subset C \quad \Rightarrow \quad A \subset C$ Transitivität

$A \subset B \quad \wedge \quad B \subsetneqq C \quad \Rightarrow \quad A \subsetneqq C$

$A \subsetneqq B \quad \wedge \quad B \subset C \quad \Rightarrow \quad A \subsetneqq C$

Die **Potenzmenge** $\mathfrak{P}(A)$ einer Menge A ist die Menge aller Teilmengen von A,

$$\mathfrak{P}(A) := \{B : B \subset A\}.$$

Mit $\#A$ (bzw. auch $n(A)$) wird die **Anzahl** der Elemente von A (auch **Kardinalität** oder **Mächtigkeit** von A) bezeichnet. (Zur Mächtigkeit von Mengen siehe auch S. 79 in Abschnitt 1.5.)

Es gilt: $\#A = n \Rightarrow \#\mathfrak{P}(A) = 2^n$.

RUSSELsche Antinomie (BERTRAND RUSSEL, 1872 – 1970)
Sei $R := \{A : A \notin A\}$. Dann gilt

$$R \in R \Leftrightarrow R \notin R\,.$$

In der **naiven Mengenlehre** versucht man, die Bildung widersprüchlicher Mengen – wie R von oben oder der Menge aller Mengen (Allmenge) – zu vermeiden.

Mengenoperationen

VENN-Diagramme:

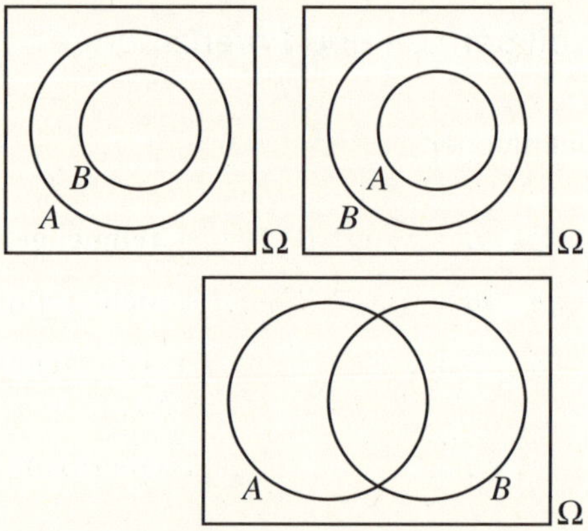

A und B heißen **vergleichbar**, falls $A \subset B$ oder $B \subset A$

Zur graphischen Darstellung im **VENN-Diagramm** (JOHN VENN, 1834 – 1923) wählt man meistens den allgemeinen Fall nicht vergleichbarer Mengen.

Vereinigung von A und B,
$A \cup B := \{a : a \in A \vee a \in B\}$

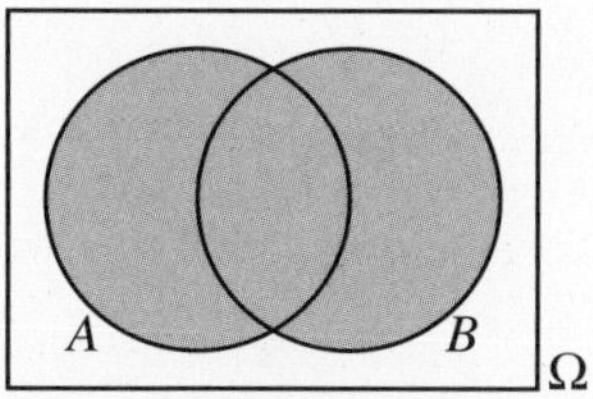

Durchschnitt von A und B,
$A \cap B := \{a : a \in A \wedge a \in B\}$

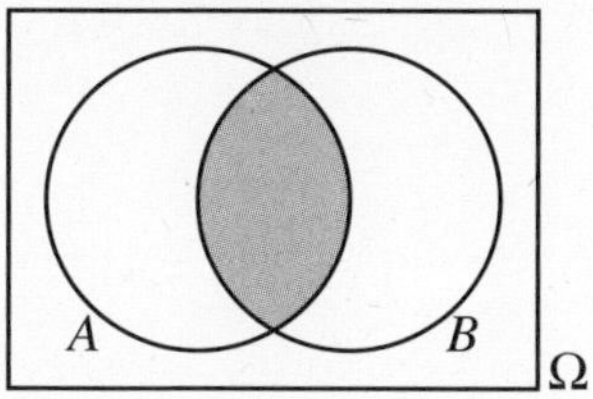

A und B heißen **disjunkt**, falls
$A \cap B = \varnothing$

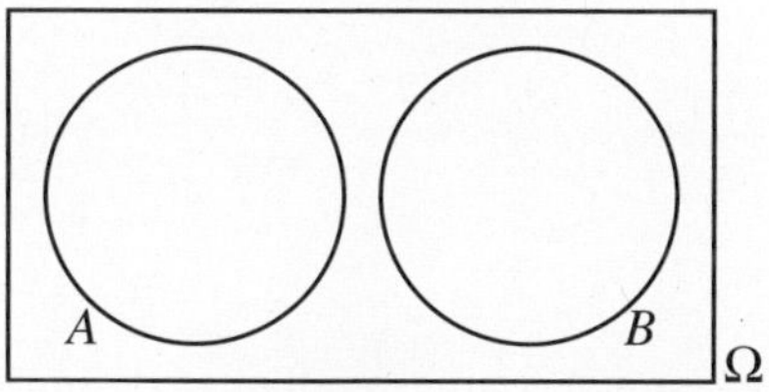

Logische Differenz von A und B,
$A \setminus B := \{a : a \in A \wedge a \notin B\}$

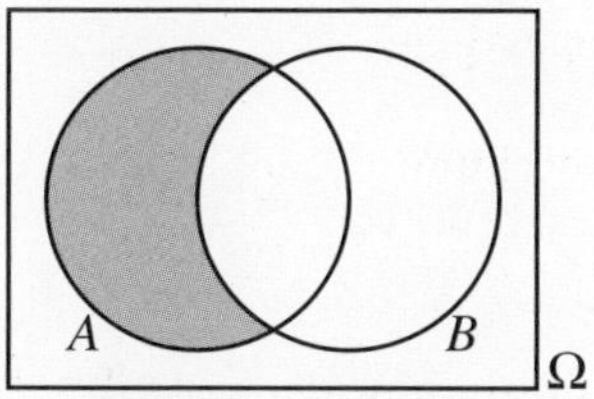

Symmetrische Differenz von A und B,

$$\begin{aligned} A \triangle B &:= \{a : a \in A \cup B \wedge a \notin A \cap B\} \\ &= (A \cup B) \setminus (A \cap B) \\ &= (A \setminus B) \cup (B \setminus A) \end{aligned}$$

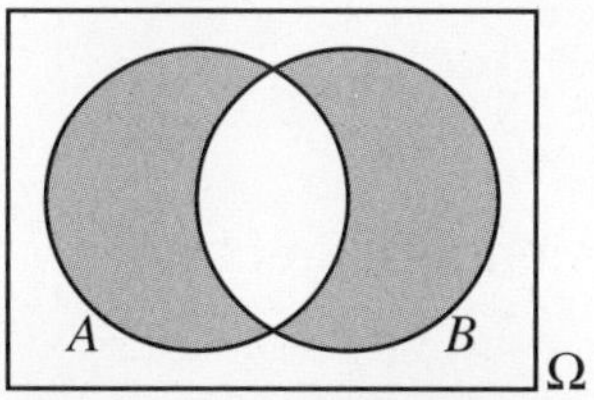

Komplement von A (bzgl. Ω),
$\overline{A} := \{a : a \notin A\} = \Omega \setminus A$

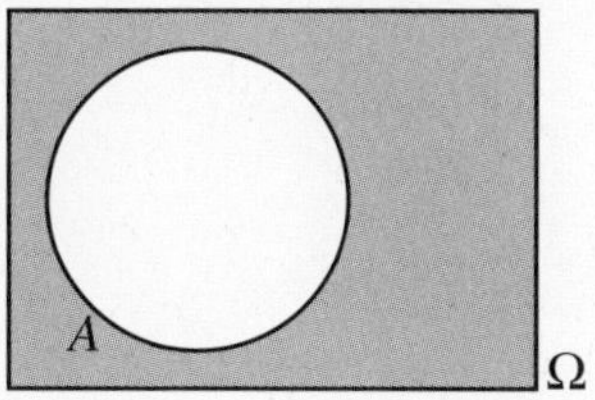

Seien $A_1, \ldots, A_n$ beliebige Mengen.

Vereinigung von $A_1, \ldots, A_n$

$$\bigcup_{i=1}^{n} A_i := A_1 \cup A_2 \cup \ldots \cup A_n$$

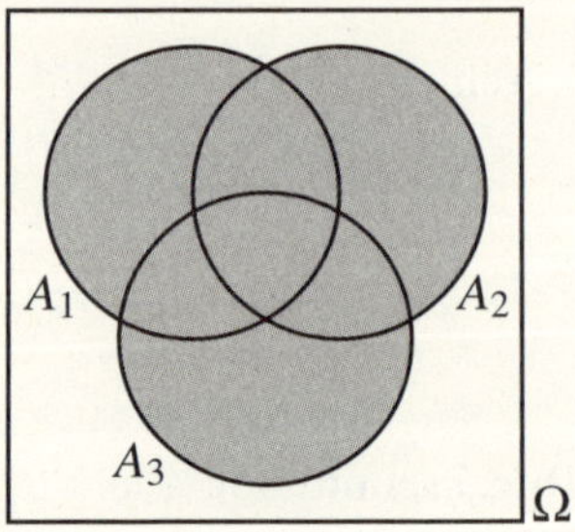

Durchschnitt von $A_1, \ldots, A_n$

$$\bigcap_{i=1}^{n} A_i := A_1 \cap A_2 \cap \ldots \cap A_n$$

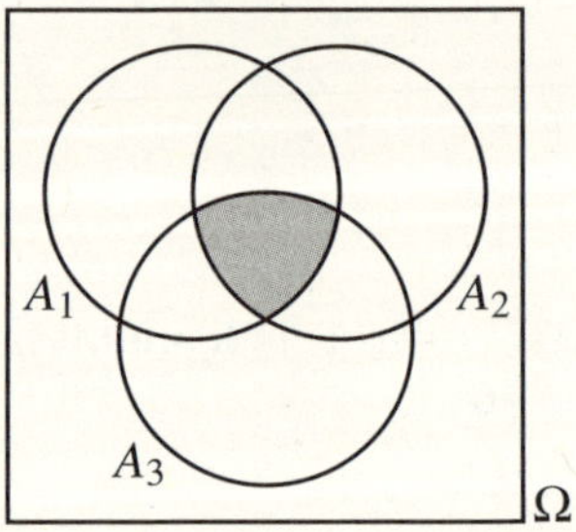

Sei I eine beliebige endliche oder unendliche **Indexmenge**, und seien A_i, $i \in I$, beliebige Mengen.

Vereinigung von A_i, $i \in I$,

$$\bigcup_{i \in I} A_i := \{a : \exists i \; i \in I \wedge a \in A_i\}, \quad I = \varnothing \Rightarrow \bigcup_{i \in I} A_i = \varnothing$$

Durchschnitt von A_i, $i \in I$,

$$\bigcap_{i \in I} A_i := \{a : \forall i \; i \in I \Rightarrow a \in A_i\}, \quad I = \varnothing \Rightarrow \bigcap_{i \in I} A_i = \Omega$$

Mengenalgebra

$A \cap \varnothing = \varnothing$; $A \cup \varnothing = A$ $A \cap \Omega = A$; $A \cup \Omega = \Omega$	Identität
$A \cap \overline{A} = \varnothing$; $A \cup \overline{A} = \Omega$	Komplementarität
$A \cap A = A$; $A \cup A = A$	Idempotenz
$A \cap B = B \cap A$ $A \cup B = B \cup A$	Kommutativität
$(A \cap B) \cap C = A \cap (B \cap C)$ $(A \cup B) \cup C = A \cup (B \cup C)$	Assoziativität

$$\left.\begin{aligned} A\cap(B\cup C)&=(A\cap B)\cup(A\cap C)\\ A\cup(B\cap C)&=(A\cup B)\cap(A\cup C)\end{aligned}\right\}$$ Distributivität

$$\left.\begin{aligned} A\cap(A\cup B)&=A\\ A\cup(A\cap B)&=A\end{aligned}\right\}$$ Adjunktivität oder Einschmelzungsregel

$\overline{A\cap B}=\overline{A}\cup\overline{B},\ \overline{A\cup B}=\overline{A}\cap\overline{B}$ Gesetz von DE MORGAN

$A\cup B=(A\setminus B)\cup(A\cap B)\cup(B\setminus A)$

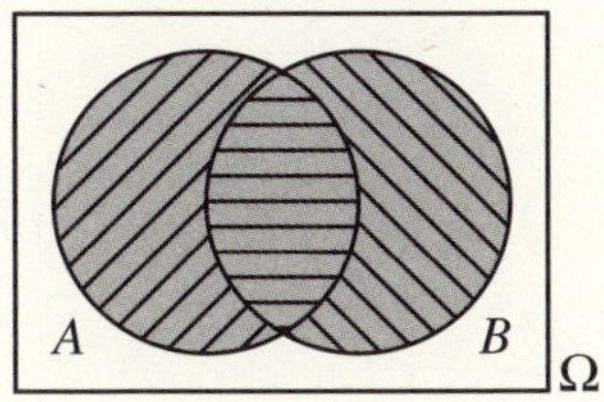

$A\setminus B=A\cap\overline{B}$

$\overline{\overline{A}}=A,\ \overline{\Omega}=\varnothing,\ \overline{\varnothing}=\Omega$

$$\left.\begin{aligned} A\cap(B\setminus C)&=(A\cap B)\setminus(A\cap C)\\ (A\cap B)\setminus C&=(A\setminus C)\cap(B\setminus C)\end{aligned}\right\}$$ Distributivität für $\cap$ und $\setminus$

$A\bigtriangleup A=\varnothing$

$A\bigtriangleup\varnothing=A$

$A\bigtriangleup\Omega=\overline{A}$ Komplementarität

$A\bigtriangleup B=B\bigtriangleup A$ Kommutativität

$(A\bigtriangleup B)\bigtriangleup C=A\bigtriangleup(B\bigtriangleup C)$ Assoziativität

$A\cap(B\bigtriangleup C)=(A\cap B)\bigtriangleup(A\cap C)$ Distributivität für $\bigtriangleup$ und $\cap$

$A\cup B=(A\bigtriangleup B)\bigtriangleup(A\cap B)$

$B\setminus A=(A\cap B)\bigtriangleup B=(A\bigtriangleup B)\cap B$

$A\subset B\ \Leftrightarrow\ A\cap B=A$
$A\subset B\ \Leftrightarrow\ A\cup B=B$

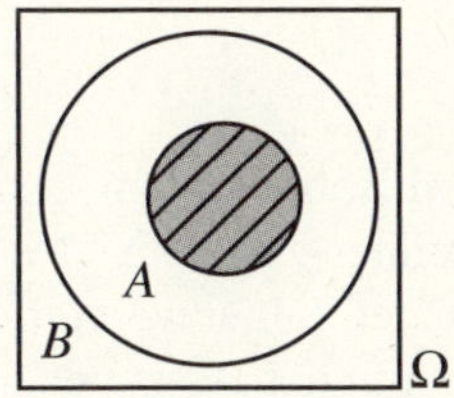

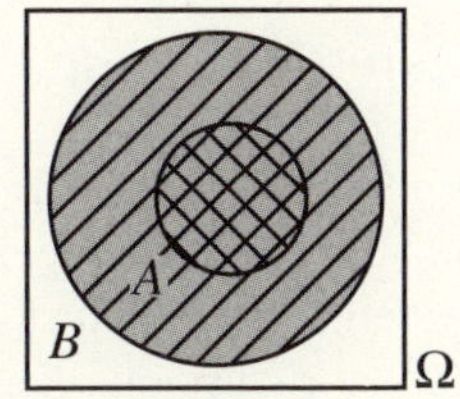

$A\subset A\cup B,\ A\cap B\subset A$

$A\setminus B\subset A$

$A\bigtriangleup B\subset A\cup B$

$A \subset B \Rightarrow \overline{B} \subset \overline{A}$

$A \subset B \Rightarrow A \cup (B \cap \overline{A}) = B$

$A \subset B \Rightarrow (A \cap C) \subset (B \cap C)$

$A \subset B \Rightarrow (A \cup C) \subset (B \cup C)$

$A \subset B \wedge B \cap C = \varnothing \Rightarrow A \cap C = \varnothing$

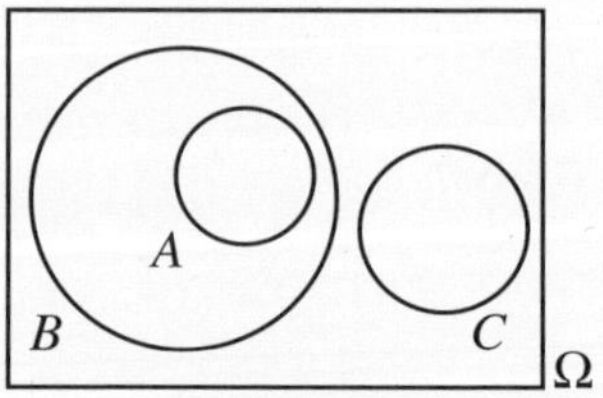

$A \subset C \wedge B \subset C \Rightarrow A \cup B \subset C$

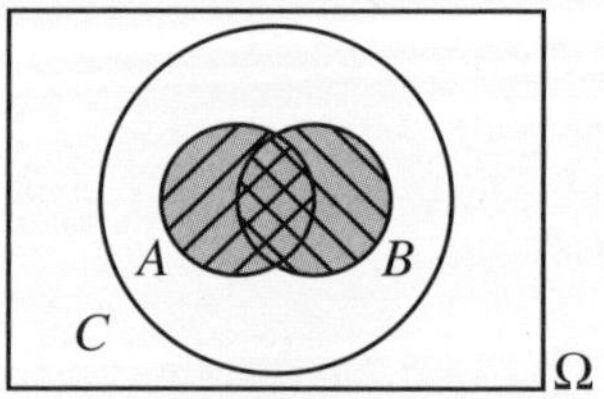

$C \subset A \wedge C \subset B \Rightarrow C \subset A \cap B$

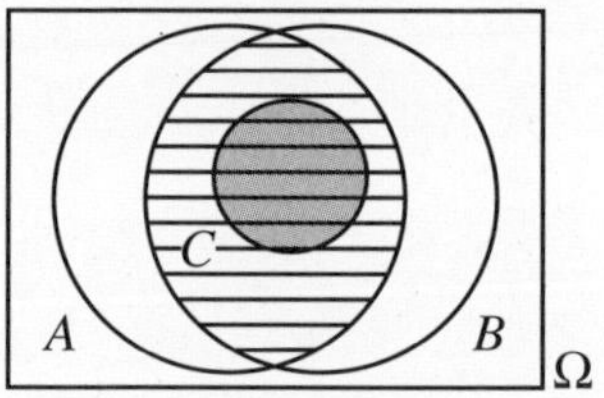

1.3 Grundlagen der Arithmetik und Algebra

Zahlensysteme

Man unterscheidet in **Additionssysteme**, bei denen sich der Zahlenwert durch Addition der aneinander gereihten Zahlzeichen ergibt, und in **Positions-** oder **Stellenwertsysteme**, bei denen sich der Zahlenwert durch $(n-1)$-faches Multiplizieren des n-ten Zahlzeichens von rechts mit der **Basis** und anschließende Addition ergibt.

Additionssysteme

Römisches Zahlensystem

Grundzeichen I — 1 X — 10 C — 100 M — 1000

Hilfszeichen V — 5 L — 50 D — 500

Syntax:
1. Die zur Darstellung einer Zahl benötigten Zahlzeichen werden der Größe nach von links nach rechts angeordnet. Lediglich **einzelne Grundzeichen** dürfen **vor** einem wertmäßig größeren Zahlzeichen stehen und werden dann von diesem **subtrahiert**.
2. Unter Einhaltung von 1) soll die Anzahl der verwendeten Zahlzeichen möglichst klein sein.

Beispiele: $IV = 4$, $XIX = 19$, $MCMLXXXVII = 1987$

Strichsystem

Zahlzeichen: | — 1 ⁄ — 1 (bei Vielfachen von 5)

Beispiele: 𝍷𝍷 = 2, 𝍸𝍷 = 6, 𝍸𝍸𝍷𝍷𝍷𝍷 = 14

Positionssysteme

Dezimalsystem (Zehnersystem, dekadisches System)

Basis: 10 (zehn)

Ziffern: 0 1 2 3 4 5 6 7 8 9

Dualsystem (Zweiersystem, dyadisches System, Binärsystem)

Basis: 2 (zwei)

Ziffern: 0 1 oder 0 *L*

Hexadezimalsystem (Sechzehnersystem)

Basis: 16 (sechzehn)

Ziffern: 0 1 2 3 4 5 6 7 8 9 *A B C D E F*

Oktalsystem (Achtersystem)

Basis: 8 (acht)

Ziffern: 0 1 2 3 4 5 6 7

***m*-adisches System** (*m* ist beliebige natürliche Zahl)

Basis: m

Ziffern: $0 \quad a_1 \quad a_2 \quad \ldots \quad a_{m-1}$

Es müssen m unterschiedliche Zahlzeichen gewählt werden. Jede Zahl z, z. B. 107 im Dezimalsystem, hat eine eindeutige Darstellung im m-adischen System:

$$z = b_t m^t + b_{t-1} m^{t-1} + \ldots + b_1 m^1 + b_0 m^0$$

oder kürzer $z = b_t\, b_{t-1} \ldots b_1\, b_0$, wobei die $b_i \in \{0, a_1, \ldots, a_{m-1}\}$ und $b_t \neq 0$.

Beispiel: 107 (dezimal)	=	1101011	(dual)
	=	6*B*	(hexadezimal)
	=	153	(oktal)

Umrechnung einer Dezimalzahl z in eine m-adische Zahl durch fortgesetzte Division durch m:

z wird durch m geteilt, der verbleibende Rest notiert, das Divisionsergebnis wieder durch m geteilt, der Rest links an den ersten Rest anschließend notiert und so weiter, bis das Ergebnis der Division 0 wird.

Beispiel:

$$\begin{aligned}
107 : 2 &= 53 \text{ Rest } 1\\
53 : 2 &= 26 \text{ Rest } 1\\
26 : 2 &= 13 \text{ Rest } 0\\
13 : 2 &= 6 \text{ Rest } 1\\
6 : 2 &= 3 \text{ Rest } 0\\
3 : 2 &= 1 \text{ Rest } 1\\
1 : 2 &= 0 \text{ Rest } 1
\end{aligned}$$

107 (dezimal) = 1 1 0 1 0 1 1 (dual)

Die Umwandlung einer n-adischen Zahl in eine m-adische Zahl kann über Dezimalzahlen erfolgen.

Beispiel: 1101011 (dual) = 153 (oktal), **denn**

1101011 (dual) = $1 \cdot 2^6 + 1 \cdot 2^5 + 1 \cdot 2^3 + 1 \cdot 2^1 + 1 \cdot 2^0$ = 107 (dezimal),

und

$$\begin{aligned}
107 : 8 &= 13 \text{ Rest } 3\\
13 : 8 &= 1 \text{ Rest } 5\\
1 : 8 &= 0 \text{ Rest } 1
\end{aligned}$$

107 (dezimal) = 1 5 3 (oktal)

Aufbau der Zahlenbereiche

Die Menge $\mathbb{N}$ der natürlichen Zahlen

$$\mathbb{N} := \{1, 2, 3, \ldots\}^*$$

Axiomensystem von PEANO (GUISEPPE PEANO, 1858 – 1932)

1. $1 \in \mathbb{N}$
2. $n \in \mathbb{N} \Rightarrow n' \in \mathbb{N}$ (n' heißt **Nachfolger** von n)
3. $\forall n : n \in \mathbb{N} \Rightarrow n' \neq 1$
4. $n, m \in \mathbb{N} \wedge n' = m' \Rightarrow n = m$
5. $M \subset \mathbb{N} \wedge 1 \in M \wedge (\forall n : n \in M \Rightarrow n' \in M) \Rightarrow M = \mathbb{N}$ (Induktionsaxiom)

*Bei manchen Autoren ist $\mathbb{N} = \mathbb{N}_0 = \{0, 1, 2, 3, \ldots\}$.

Das Induktionsaxiom ermöglicht den Beweis durch **vollständige Induktion**.

Behauptung: $\forall k \; k \geq m \Rightarrow A(k)$

Beweis: 1) $A(m)$ wird gezeigt (Induktionsanfang).

2) $\exists k \; k \geq m \wedge A(k)$ wird angenommen (Induktionsvoraussetzung).

3) $\forall k \; k \geq m \wedge A(k) \Rightarrow A(k')$ wird gezeigt (Induktionsschluss).

Addition

$$a+b=c$$

Es heißen a, b **Summanden** und c **Summe**.

Addition in $\mathbb{N}_0$: $n+0 := n, \quad n+m' := (n+m)'$

Regeln zur Addition

Für $k, m, n \in \mathbb{N}_0$ gelten:

$m+n \in \mathbb{N}_0$ (Abgeschlossenheit)

$m+n = n+m$ (Kommutativgesetz)

$(m+n)+k = n+(m+k)$ (Assoziativgesetz)

Über den Nachfolgerbegriff definiert man explizit:

$$1 := 0', \quad 2 := 1', \quad 3 := 2', \quad \ldots$$

Definitionen

$n \leq m \; :\Leftrightarrow \; \exists k \; n+k = m$

$n < m \; :\Leftrightarrow \; n \leq m \wedge n \neq m$

$n \geq m \; :\Leftrightarrow \; m \leq n$

$n > m \; :\Leftrightarrow \; m < n$

Es gilt: $n \leq m \; \Leftrightarrow \; n+k \leq m+k$ (Monotoniegesetz)

$n = m \; \Leftrightarrow \; n+k = m+k$ (Kürzungsregel)

Subtraktion

$$a-b=c$$

Es heißen a **Minuend**, b **Subtrahend** und c **Differenz**.

Subtraktion in $\mathbb{N}_0$: $m-k = n \; :\Leftrightarrow \; n+k = m$

Multiplikation

$$a \cdot b = c$$

Es heißen a, b **Faktoren** und c **Produkt**.

Multiplikation in $\mathbb{N}_0$: $n \cdot 0 := 0, \quad n \cdot m' := n \cdot m + n$

Das Multiplikationszeichen $\cdot$ kann weggelassen werden.

Regeln zur Multiplikation

Für $k, m, n \in \mathbb{N}_0$ gelten:

$m \cdot n \in \mathbb{N}_0$	(Abgeschlossenheit)
$m \cdot n = n \cdot m$	(Kommutativgesetz)
$(m \cdot n) \cdot k = m \cdot (n \cdot k)$	(Assoziativgesetz)
$m \cdot (n + k) = m \cdot n + m \cdot k$	(Distributivgesetz)
$n \cdot 1 = n$	(neutrales Element)
$n > 0 \Rightarrow (m \leq k \Leftrightarrow n \cdot m \leq n \cdot k)$	(Monotoniegesetz)
$n \neq 0 \Rightarrow (m = k \Leftrightarrow n \cdot m = n \cdot k)$	(Kürzungsregel)

Division

$$a : b = a/b = \frac{a}{b} = c$$

Es heißen a **Dividend**, b **Divisor** und c **Quotient**.

Division in $\mathbb{N}_0$: $m : n = k \;:\Leftrightarrow\; k \cdot n = m$

Die Menge $\mathbb{Z}$ der ganzen Zahlen

$$\mathbb{Z} := \{\ldots, -2, -1, 0, 1, 2, \ldots\}$$

Differenzen können in $\mathbb{N}$ nicht zwischen beliebigen Zahlen gebildet werden, d. h. $\mathbb{N}$ ist **nicht abgeschlossen** bezüglich der Subtraktion.

Seien $k, m, n \in \mathbb{N}$ und $m + k = n$.

$-k := m - n, \quad +k := n - m.$

$-k$ heißt **negative ganze Zahl,**

$+k$ heißt **positive ganze Zahl.**

Die positiven ganzen Zahlen werden mit den entsprechenden natürlichen Zahlen identifiziert, und das **Vorzeichen** $+$ kann wegfallen ($\mathbb{N} \subset \mathbb{Z}$).

Definitionen

Seien $m, n \in \mathbb{Z}$.

$m < n :\Leftrightarrow n - m \in \mathbb{N}$

$\mathbb{Z}^+ := \mathbb{N}$ positive ganze Zahlen

$\mathbb{Z}^- := \{-1, -2, -3, \ldots\}$ negative ganze Zahlen

$\mathbb{Z}_0^+ := \mathbb{N}_0$ nicht-negative ganze Zahlen

$\mathbb{Z}_0^- := \mathbb{Z}^- \cup \{0\}$ nicht-positive ganze Zahlen

$$|m| := \begin{cases} m, & \text{falls } m \in \mathbb{N}_0 \\ -m, & \text{falls } m \in \mathbb{Z}^- \end{cases}$$

$|m|$ heißt **(absoluter) Betrag** von m.

Regeln für Differenzen und Beträge

Für $m, n \in \mathbb{Z}$ gelten:

$m - n \in \mathbb{Z}$ (Abgeschlossenheit)

$m > 0 \wedge n < 0 \quad \Rightarrow \quad m + n = |m| - |n| \quad \wedge \quad m \cdot n = -|m| \cdot |n|$

$m < 0 \wedge n < 0 \quad \Rightarrow \quad m + n = -(|m| + |n|) \quad \wedge \quad m \cdot n = |m| \cdot |n|$

Die Menge $\mathbb{Q}$ der rationalen Zahlen

$$\mathbb{Q} := \{p : \exists m, n \text{ mit } m \in \mathbb{Z},\, n \in \mathbb{Z}\setminus\{0\} \;\wedge\; p = m/n\}$$

Quotienten können in $\mathbb{Z}$ nicht zwischen beliebigen Zahlen gebildet werden, d. h. $\mathbb{Z}$ ist **nicht abgeschlossen** bezüglich der Division.

Seien $k, m, n \in \mathbb{Z}$, $n \neq 0$ und $n \cdot k = m$.
$m : n = k$ heißt **(gebrochen) rationale Zahl** oder **Quotient** von m und n.
Alternative Schreibweisen: m/n, $\frac{m}{n}$, $m \cdot n^{-1}$.
m heißt **Zähler** und n **Nenner** des Quotienten. Ist $n > 0$ und sind m und n **teilerfremd**, d. h. haben sie keine gemeinsamen **Primfaktoren**, so heißt $m : n$ **Normaldarstellung** oder **gekürzte Form** von k.

Die rationalen Zahlen mit Nenner 1 werden mit den durch den Zähler gegebenen ganzen Zahlen identifiziert ($\mathbb{Z} \subset \mathbb{Q}$).

Definitionen

Seien $p = m/n,\ q = k/\ell \in \mathbb{Q}$ in der Normaldarstellung.

$p \le q \;:\Leftrightarrow\; m \cdot \ell \le n \cdot k$

$\mathbb{Q}^+ := \{p : p \in \mathbb{Q} \wedge p > 0\}, \qquad \mathbb{Q}^- := \{p : -p \in \mathbb{Q}^+\}$

$\mathbb{Q}_0^+ := \mathbb{Q}^+ \cup \{0\}, \qquad \mathbb{Q}_0^- := \mathbb{Q}^- \cup \{0\}$

$|p| := |m|/|n|.$

Regeln für Brüche

Für $p = m/n,\ q = k/\ell \in \mathbb{Q}$ gelten:

$p/q \in \mathbb{Q}$, falls $q \neq 0$ (Abgeschlossenheit)

$$\frac{m}{n} \pm \frac{k}{\ell} = \frac{m\ell \pm kn}{n\ell}$$

$$\frac{m}{n} \cdot \frac{k}{\ell} = \frac{mk}{n\ell}$$

$$\frac{m}{n} \Big/ \frac{k}{\ell} = \frac{m\ell}{nk} \quad \text{(Doppelbruchregel)}$$

$$\frac{m\ell}{n\ell} = \frac{m}{n} \quad \text{(Kürzungsregel)}$$

Die Menge $\mathbb{R}$ der reellen Zahlen

Wie die Multiplikation aus der Addition hervorgeht,

$$\underbrace{m + m + \ldots + m}_{n\text{-mal}} =: n \cdot m,$$

so geht die **Potenzierung** (s. auch S. 39) aus der Multiplikation hervor:

$$\underbrace{m \cdot m \cdot \ldots \cdot m}_{n\text{-mal}} =: m^n.$$

Wie die Subtraktion auf ganze Zahlen und die Division auf rationale Zahlen geführt hat, so führen das **Radizieren** (s. S. 39) und das **Logarithmieren** (s. S. 40), Umkehroperationen des Potenzierens, auf die Menge $\mathbb{R}$ der reellen Zahlen. Da das Potenzieren **nichtkommutativ** ist, gibt es hier **zwei** Umkehroperationen:

$$m = \sqrt[n]{x} \;:\Leftrightarrow\; x = m^n; \quad m, x \ge 0,\ n > 0$$

$$n = \log_m x \;:\Leftrightarrow\; x = m^n; \quad m, x > 0,\ m \neq 1$$

Körper und Schranken

1. Sei K eine Menge mit den Operationen Addition und Multiplikation und seien $x, y, z \in K$. Gelte weiterhin:

   K1) $x + y = y + x,\ xy = yx$ (Kommutativgesetz)

   K2) $(x + y) + z = x + (y + z),\ (xy)z = x(yz)$ (Assoziativgesetz)

   K3) $x(y + z) = xy + xz$ (Distributivgesetz)

   K4) $\exists 0 \in K,\ 1 \in K \quad 0 \neq 1 \ \wedge\ x + 0 = x \ \wedge\ x \cdot 1 = x$ (neutrale Elemente)

   K5) $(\forall x \in K\ \exists y \in K\ x + y = 0)$
   $\wedge\ (\forall x \in K \setminus \{0\}\ \exists y \in K\ x \cdot y = 1)$ (inverse Elemente)

   Dann heißt K ein **Körper**.

2. Sei $M \subset K$.

   M heißt **nach oben beschränkt** $:\Leftrightarrow$ $\exists r \in K\ \forall p \in M\ p \leq r$,
   r heißt **obere Schranke** von M.

   M heißt **nach unten beschränkt** $:\Leftrightarrow$ $\exists s \in K\ \forall p \in M\ p \geq s$,
   s heißt **untere Schranke** von M.

   M heißt **beschränkt** $:\Leftrightarrow$ M ist nach oben und unten beschränkt.

3. Sei K ein Körper und sei $M \subset K$. Ist r obere Schranke von M und gilt für jede obere Schranke t von M, dass $t \geq r$, so heißt r **Supremum** (kleinste obere Schranke) von M, in Zeichen: $r = \sup M$.
   Ist s untere Schranke von M und gilt für jede untere Schranke t von M, dass $t \leq s$, so heißt s **Infimum** (größte untere Schranke) von M, in Zeichen: $s = \inf M$.

4. Enthält der Körper K das Supremum jeder nichtleeren, nach oben beschränkten Teilmenge, so heißt er **(ordnungs-)vollständig**. Der (eindeutig bestimmte) ordnungsvollständige Körper $\mathbb{R}$ mit $\mathbb{Q} \subset \mathbb{R}$ heißt **Körper (oder Menge) der reellen Zahlen**.

Intervalle

Intervalle sind spezielle Teilmengen von $\mathbb{R}$, die auf der Zahlengeraden durch zwei Randpunkte a und b begrenzt werden $(a < b)$.

Endliche Intervalle:

$[a, b]$	$=$	$\{x \mid a \leq x \leq b\}$	abgeschlossenes Intervall
$[a, b) = [a, b[$	$=$	$\{x \mid a \leq x < b\}$	rechtsoffenes Intervall
$(a, b] =]a, b]$	$=$	$\{x \mid a < x \leq b\}$	linksoffenes Intervall
$(a, b) =]a, b[$	$=$	$\{x \mid a < x < b\}$	offenes Intervall

Unendliche Intervalle:

$$
\begin{aligned}
[a,\infty) &= \{x | a \leq x < \infty\} &&= \{x | x \geq a\} \\
(a,\infty) &= \{x | a < x < \infty\} &&= \{x | x > a\} \\
(-\infty,b] &= \{x | -\infty < x \leq b\} &&= \{x | x \leq b\} \\
(-\infty,b) &= \{x | -\infty < x < b\} &&= \{x | x < b\} \\
(-\infty,\infty) &= \{x | -\infty < x < \infty\} &&= \mathbb{R}
\end{aligned}
$$

Die Menge $\mathbb{C}$ der komplexen Zahlen

Sei i eine Zahl mit der Eigenschaft $i^2 = -1$. i heißt **imaginäre Einheit**.
(Schreibweise: $i = \sqrt{-1}$)

$$\mathbb{C} := \{z : z = a + b \cdot i,\ a, b \in \mathbb{R},\ i^2 = -1\}$$

Darstellungsformen komplexer Zahlen

Allgemeine oder algebraische Form: $z = a + bi$

$a \in \mathbb{R}$ heißt **Realteil** von z.
$b \in \mathbb{R}$ heißt **Imaginärteil** von z.

$i\mathbb{R} := \{z : z = bi,\ b \in \mathbb{R}\}$ heißt **Menge der imaginären Zahlen**.
$a = 0 :\ i\mathbb{R} \subset \mathbb{C},\ b = 0 :\ \mathbb{R} \subset \mathbb{C}$

$\overline{z} := a - bi$ heißt zu z **konjugiert komplexe Zahl**.

Es gilt: $a = \frac{1}{2}(z + \overline{z}),\ b = \frac{1}{2i}(z - \overline{z})$.

z kann graphisch in der **GAUSSschen Zahlenebene** (CARL FRIEDRICH GAUSS, 1777 – 1855) dargestellt werden mit der **Abszisse** a und der **Ordinate** b.

$r := |z| := \sqrt{a^2 + b^2}$ heißt **Betrag** von z.

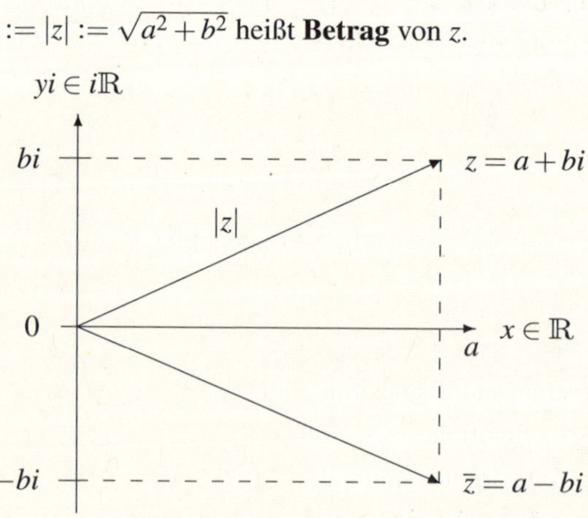

Darstellung in Polarkoordinaten: $z = (r, \phi)$

$$\phi := \begin{cases} \arctan(b/a), & a > 0, \\ \arctan(b/a) + \pi, & a < 0,\ b \geq 0, \\ \arctan(b/a) - \pi, & a < 0,\ b < 0, \\ \operatorname{sign}(b) \cdot \pi/2, & a = 0,\ b \neq 0. \end{cases}$$

$\phi \in (-\pi, \pi]$ heißt **Argument** von z.

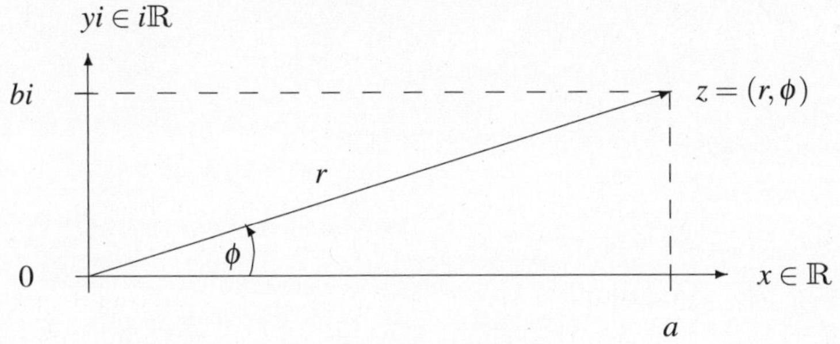

Trigonometrische oder goniometrische Form: $z = r(\cos\phi + i\sin\phi)$

$a = r \cdot \cos\phi,\ b = r \cdot \sin\phi$

Exponentialdarstellung: $z = r \cdot e^{i\phi}$

$e^{ix} = \cos x + i \cdot \sin x,\ x \in \mathbb{R}$ (EULERsche Formel)

Rechenregeln für komplexe Zahlen

Seien $y, z \in \mathbb{C}$ mit $y = a + bi = (r, \phi)$ und $z = c + di = (s, \chi)$

$y = z \Leftrightarrow a = c \wedge b = d \Leftrightarrow r = s \wedge \exists k \in \mathbb{Z}:\ \phi = \chi + k \cdot 2\pi\ \ (\pi = 3{,}14159\ldots)$

$y \pm z = (a \pm c) + (b \pm d)i$

$y \cdot z = (ac - bd) + (bc + ad)i = (r \cdot s, \phi + \chi)$

$y : z = \dfrac{ac + bd}{c^2 + d^2} + \dfrac{bc - ad}{c^2 + d^2}\, i = (r/s, \phi - \chi),\ z \neq 0$

$y^x = r^x \cdot (\cos(x\phi) + i \cdot \sin(x\phi)),\ x \in \mathbb{R}$

$y^{-1} = \dfrac{a}{a^2 + b^2} - \dfrac{b}{a^2 + b^2}\, i = \dfrac{\overline{y}}{|y|^2},\ y \neq 0$

$\overline{(y + z)} = \overline{y} + \overline{z},\ \ \overline{y \cdot z} = \overline{y} \cdot \overline{z}$

Wichtige Konstanten

Drei Konstanten zeichnen sich durch besondere Bedeutung in der Mathematik und deren Anwendung aus.

Die transzendente **Kreiszahl** oder **LUDOLFsche Zahl** π (LUDOLF VAN CEULEN, 1540 – 1610) gibt für jeden beliebigen Kreis das Verhältnis von Umfang u zum Durchmesser d an:

$$\pi = \frac{u}{d} \approx 3,141\,592\,653\,589\,793\,238\,462\,643.$$

Darstellung als **WALLIS-Produkt** (JOHN WALLIS, 1616 – 1703):

$$\pi = 2 \cdot \lim_{k\to\infty} \frac{2\cdot 2}{1\cdot 3} \cdot \frac{4\cdot 4}{3\cdot 5} \cdot \ldots \cdot \frac{2k\cdot 2k}{(2k-1)\cdot(2k+1)}$$

FERDINAND LINDEMANN (1852 – 1939) bewies 1882 die Transzendenz von π und damit die Unmöglichkeit der Quadratur des Kreises mit Zirkel und Lineal.

Die transzendente **EULERsche Zahl** e (LEONHARD EULER, 1707 – 1783) bildet die Basis des natürlichen Logarithmus und damit den Wert der Exponentialfunktion (s. auch S. 90) an der Stelle 1:

$$e = \exp(1) = \lim_{k\to\infty} \left(1 + \frac{1}{k}\right)^k \approx 2,718\,281\,828\,459\,045\,235\,360\,287.$$

In der Produktdarstellung der Gamma-Funktion tritt die **EULERsche Konstante** γ auf:

$$\gamma = \lim_{k\to\infty} \left(\sum_{i=1}^{k} \frac{1}{i} - \ln k\right) \approx 0,577\,215\,664\,901\,532\,860\,606\,512.$$

Von ihr ist nicht bekannt, ob sie rational oder irrational ist.

Summen- und Produktoperator

Seien a_i beliebige reelle (oder auch komplexe) Zahlen und $i \in \mathbb{Z}$,

$$\sum_{i=k}^{m} a_i := a_k + a_{k+1} + \ldots + a_{m-1} + a_m, \quad k \in \mathbb{Z} \cup \{-\infty\},\ m \in \mathbb{Z} \cup \{\infty\},\ k \le m.$$

$\sum$ heißt **Summenoperator**,
i heißt **Summationsindex**,
k heißt **untere Summationsgrenze**,
m heißt **obere Summationsgrenze**.

Die Summe heißt **endlich**, falls $k, m \in \mathbb{Z}$, ansonsten **unendlich**.

$$\sum_{i=k}^{m} a_i := 0, \text{ falls } k > m \text{ (**leere Summe**)}$$

Folgende abkürzende Schreibweisen sind üblich, wenn über die weggelassenen Parameter eindeutige Klarheit besteht:

$$\sum_{k}^{m} a_i, \quad \sum_{i} a_i, \quad \sum a_i.$$

Andere Schreibweisen: $\sum_{i=k,m} a_i$, $\sum\limits_{i \in M} a_i$, $M \subset \mathbb{Z}$.

Regeln für Summen

Seien im Folgenden $k, \ell, m \in \mathbb{Z}$; $a_i, b_i, c \in \mathbb{R}$.

$$\sum_{i=k}^{\ell} c = (\ell - k + 1)c$$

$$\sum_{i=k}^{\ell} ca_i = c \cdot \sum_{i=k}^{\ell} a_i$$

$$\sum_{i=k}^{\ell} (c + a_i) = (\ell - k + 1)c + \sum_{i=k}^{\ell} a_i$$

$$\sum_{i=k}^{\ell} (a_i \pm b_i) = \sum_{i=k}^{\ell} a_i \pm \sum_{i=k}^{\ell} b_i$$

$$\sum_{i=k}^{\ell} a_i + \sum_{i=\ell+1}^{m} a_i = \sum_{i=k}^{m} a_i, \quad k \leq \ell < m$$

$$\sum_{i \in M} a_i + \sum_{i \in N} a_i = \sum_{i \in M \cup N} a_i + \sum_{i \in M \cap N} a_i, \quad M, N \subset \mathbb{Z}$$

$$\sum_{i=k}^{m} a_i = a_k + \sum_{i=k+1}^{m} a_i = \sum_{i=k}^{m-1} a_i + a_m = a_\ell + \sum_{\substack{i=k \\ i \neq \ell}}^{m} a_i, \quad k \leq \ell \leq m$$

$$\sum_{i=k}^{\ell} a_i = \sum_{j=k-m}^{\ell-m} a_{j+m} \quad \text{(Indextranslation } i = j + m\text{)}$$

Einige spezielle Summen ($n \in \mathbb{N}$)

$$\sum_{i=1}^{n} i = 1 + 2 + 3 + \ldots + n = \frac{n(n+1)}{2}$$

$$\sum_{i=1}^{n} (2i - 1) = 1 + 3 + 5 + \ldots + (2n - 1) = n^2$$

$$\sum_{i=1}^{n} 2i = 2 + 4 + 6 + \ldots + 2n = n(n+1)$$

$$\sum_{i=1}^{n} i^2 = 1^2+2^2+3^2+\ldots+n^2 = \frac{n(n+1)(2n+1)}{6}$$

$$\sum_{i=1}^{n} (2i-1)^2 = 1^2+3^2+5^2+\ldots+(2n-1)^2 = \frac{n(4n^2-1)}{3}$$

$$\sum_{i=1}^{n} i^3 = 1^3+2^3+3^3+\ldots+n^3 = \frac{n^2(n+1)^2}{4}$$

$$\sum_{i=1}^{n} (2i-1)^3 = 1^3+3^3+5^3+\ldots+(2n-1)^3 = n^2(2n^2-1)$$

$$\sum_{i=1}^{n} i^4 = 1^4+2^4+3^4+\ldots+n^4 = \frac{n(n+1)(2n+1)(3n^2+3n-1)}{30}$$

Seien $a_{ij} \in \mathbb{R}$; $i = k, k+1, \ldots, \ell$; $j = m, m+1, \ldots, n$. Die Indizes können auch durch ein Komma getrennt werden, insbesondere bei arithmetischen Ausdrücken im Index, z. B. $a_{i,j+1}$.

$$\sum_{i=k}^{\ell} \sum_{j=m}^{n} a_{ij} := \sum_{j=m}^{n} a_{kj} + \sum_{j=m}^{n} a_{k+1,j} + \ldots + \sum_{j=m}^{n} a_{\ell j}$$

heißt **Doppelsumme**. i heißt **Zeilenindex**, j heißt **Spaltenindex**. Die Addition über j heißt **innere Summation**, die über i **äußere Summation**. Bei endlichen Summen kann stets **umsummiert** werden:

$$\sum_{i=k}^{\ell} \sum_{j=m}^{n} a_{ij} = \sum_{j=m}^{n} \sum_{i=k}^{\ell} a_{ij}.$$

Ist $k > \ell$ oder $m > n$, so setzt man $\sum_{i=k}^{\ell} \sum_{j=m}^{n} a_{ij} := 0$.

Die Grenzen der inneren Summation können vom Index der äußeren Summation abhängen:

$$\sum_{i=k}^{\ell} \sum_{j=m_i}^{n_i} a_{ij}.$$

Die Umsummierung ist dann nicht mehr so einfach darstellbar.

Regeln für Doppelsummen

Seien im Folgenden $k, \ell, m, n \in \mathbb{Z}$; $a_{ij}, b_i, c \in \mathbb{R}$.

$$\sum_{i=k}^{m} \sum_{j=\ell}^{n} c a_{ij} = c \sum_{i=k}^{m} \sum_{j=\ell}^{n} a_{ij}$$

$$\sum_{i=k}^{m} \sum_{j=\ell}^{n} b_i a_{ij} = \sum_{i=k}^{m} b_i \sum_{j=\ell}^{n} a_{ij}$$

$$\sum_{i=k}^{m}\sum_{j=\ell}^{n}(a_{ij} \pm c) = \left(\sum_{i=k}^{m}\sum_{j=\ell}^{n} a_{ij}\right) \pm (m-k+1)(n-\ell+1)c$$

$$\sum_{i=k}^{m}\sum_{j=\ell}^{n}(a_{ij} \pm b_i) = \left(\sum_{i=k}^{m}\sum_{j=\ell}^{n} a_{ij}\right) \pm (n-\ell+1)\sum_{i=k}^{m} b_i$$

Eine ***r*-fache Summe** $(r = 1, 2, \ldots)$ hat die Form

$$\sum_{i_1=k_1}^{n_1}\sum_{i_2=k_2}^{n_2} \cdots \sum_{i_r=k_r}^{n_r} a_{i_1 i_2 \ldots i_r}.$$

$i_1, i_2, \ldots, i_r$ sind die r Summationsindizes. Falls für mindestens einen Index i_j gilt $k_j > n_j$, so wird die r-fache Summe auf null gesetzt. Gilt $k_j \leq n_j \forall j$, so hat die r-fache Summe $(n_1 - k_1 + 1) \cdot \ldots \cdot (n_r - k_r + 1)$ Summanden.

$$\prod_{i=k}^{m} a_i := a_k \cdot a_{k+1} \cdot \ldots \cdot a_{m-1} \cdot a_m, \quad k \in \mathbb{Z} \cup \{-\infty\},\ m \in \mathbb{Z} \cup \{\infty\},\ k \leq m$$

$\prod$ heißt **Produktoperator**,
i heißt **Multiplikationsindex**,
k heißt **untere Multiplikationsgrenze**,
m heißt **obere Multiplikationsgrenze**.

Das Produkt heißt **endlich**, falls $k, m \in \mathbb{Z}$, ansonsten **unendlich**.

$$\prod_{i=k}^{m} a_i := 1, \text{ falls } k > m \text{ } \textbf{(leeres Produkt)}$$

Folgende abkürzende Schreibweisen sind üblich, wenn über die weggelassenen Parameter eindeutige Klarheit besteht:

$$\prod_{k}^{m} a_i, \ \prod_{i} a_i, \ \prod a_i.$$

Andere Schreibweisen: $\prod_{i=k,m} a_i$, $\prod\limits_{i \in M} a_i$, $M \subset \mathbb{Z}$.

Regeln für Produkte

Seien $k, \ell, m \in \mathbb{Z}$; $a_i, b_i, c \in \mathbb{R}$.

$$\prod_{i=k}^{\ell} c = c^{\ell-k+1}$$

$$\prod_{i=k}^{\ell} ca_i = c^{\ell-k+1} \cdot \prod_{i=k}^{\ell} a_i$$

$$\prod_{i=k}^{\ell} c^{a_i} = c^{\sum\limits_{i=k}^{\ell} a_i}$$

$$\prod_{i=k}^{\ell} a_i^c = \left(\prod_{i=k}^{\ell} a_i\right)^c$$

$$\prod_{i=k}^{\ell} a_i \cdot b_i = \prod_{i=k}^{\ell} a_i \cdot \prod_{i=k}^{\ell} b_i$$

$$\prod_{i=k}^{\ell} a_i \cdot \prod_{i=\ell+1}^{m} a_i = \prod_{i=k}^{m} a_i, \quad k \le \ell < m$$

$$\prod_{i\in M} a_i \cdot \prod_{i\in N} a_i = \prod_{i\in M\cup N} a_i \cdot \prod_{i\in M\cap N} a_i, \quad M,N \in \mathbb{Z}$$

$$\prod_{i=k}^{m} a_i = a_k \cdot \prod_{i=k+1}^{m} a_i = a_m \cdot \prod_{i=k}^{m-1} a_i = a_\ell \cdot \prod_{\substack{i=k\\ i\neq\ell}}^{m} a_i, \quad k \le \ell \le m$$

$$\prod_{i=k}^{\ell} a_i = \prod_{j=k-m}^{\ell-m} a_{j+m} \text{ (Indextranslation } i = j+m)$$

Seien $a_{ij} \in \mathbb{R}$; $i = k, k+1, \ldots, \ell$; $j = m, m+1, \ldots, n$. Die Indizes können auch durch ein Komma getrennt werden, insbesondere bei arithmetischen Ausdrücken im Index, z. B. $a_{i,j+1}$.

$$\prod_{i=k}^{\ell}\prod_{j=m}^{n} a_{ij} := \prod_{j=m}^{n} a_{kj} \cdot \prod_{j=m}^{n} a_{k+1,j} \cdot \ldots \cdot \prod_{j=m}^{n} a_{\ell j}$$

heißt **Doppelprodukt**. i heißt **Zeilenindex**, j heißt **Spaltenindex**. Die Multiplikation über j heißt **innere Multiplikation**, die über i **äußere Multiplikation**. Bei endlichen Produkten kann stets umgeordnet werden:

$$\prod_{i=k}^{\ell}\prod_{j=m}^{n} a_{ij} = \prod_{j=m}^{n}\prod_{i=k}^{\ell} a_{ij}.$$

Ist $k > \ell$ oder $m > n$, so setzt man $\prod\limits_{i=k}^{\ell}\prod\limits_{j=m}^{n} a_{ij} := 1$.

Die Grenzen des inneren Produkts können vom Index des äußeren Produkts abhängen:

$$\prod_{i=k}^{\ell}\prod_{j=m_i}^{n_i} a_{ij}.$$

Die Umordnung ist dann nicht mehr so einfach darstellbar.

$$n! := \prod_{i=1}^{n} i \text{ heißt } \boldsymbol{n}\textbf{-Fakultät}.$$

Ein ***r*-faches Produkt** $(r = 1, 2, \ldots)$ hat die Form

$$\prod_{i_1=k_1}^{n_1} \prod_{i_2=k_2}^{n_2} \cdots \prod_{i_r=k_r}^{n_r} a_{i_1 i_2 \ldots i_r}.$$

$i_1, i_2, \ldots, i_r$ sind die r Multiplikationsindizes. Ist $k_j > n_j$ für mindestens einen Index i_j erfüllt, so wird das r-fache Produkt auf Eins gesetzt. Falls $k_j \leq n_j \; \forall j$, so hat das r-fache Produkt $(n_1 - k_1 + 1) \cdot \ldots \cdot (n_r - k_r + 1)$ Faktoren.

Potenzieren, Radizieren, Logarithmieren

Seien $a, b \in \mathbb{R}$; $m, n \in \mathbb{N}$.

$$a^m := \underbrace{a \cdot a \cdot \ldots \cdot a}_{m\text{-mal}}$$

heißt m-te **Potenz** von a (sprich: „a hoch m"). m heißt **Exponent**, a heißt **Basis** der Potenz.

$$a^0 := 1, \quad a^{-m} := \frac{1}{a^m}$$

Rechenregeln für Potenzen mit ganzzahligen positiven Exponenten

$$\begin{aligned} a^m \cdot b^m &= (a \cdot b)^m; & a^m / b^m &= (a/b)^m, \; b \neq 0 \\ a^m \cdot a^n &= a^{m+n}; & a^m / a^n &= a^{m-n}, \; a \neq 0 \\ (a^m)^n &= a^{m \cdot n} \end{aligned}$$

Seien $a, b \geq 0$; $m, n \in \mathbb{N}$.

$$b = a^{1/m} = \sqrt[m]{a} \quad :\Leftrightarrow \quad b^m = a$$

$a^{1/m}$ heißt m-te **Wurzel** aus a. m heißt **Wurzelexponent**, a heißt **Radikand**.

Rechenregeln für Wurzeln

$$\begin{aligned} \sqrt[m]{a \cdot b} &= \sqrt[m]{a} \cdot \sqrt[m]{b}; \\ \sqrt[m]{a/b} &= \sqrt[m]{a} / \sqrt[m]{b}, \; b \neq 0 \\ \sqrt[m]{a} \cdot \sqrt[n]{a} &= \sqrt[m \cdot n]{a^{m+n}} \\ \sqrt[m]{\sqrt[n]{a}} &= \sqrt[n]{\sqrt[m]{a}} = \sqrt[m \cdot n]{a} \end{aligned}$$

Seien $a, b \geq 0$; $x, y \in \mathbb{R}$.
a^x heißt **Potenz** von a zum Exponenten x (a hoch x).

Rechenregeln für Potenzen mit reellen Exponenten

$$\begin{aligned}
a^x \cdot b^x &= (a \cdot b)^x \\
a^x / b^x &= (a/b)^x,\ b \neq 0 \\
a^x \cdot a^y &= a^{x+y} \\
a^x / a^y &= a^{x-y},\ a \neq 0 \\
a^{-x} &= 1/a^x,\ a \neq 0 \\
(a^x)^y &= a^{x \cdot y}
\end{aligned}$$

Seien $a, c > 0$, $a \neq 1$.

$$x = \log_a c \ :\Leftrightarrow\ a^x = c.$$

$\log_a c$ heißt **Logarithmus** von c **zur Basis** a. c heißt **Numerus** oder **Antilogarithmus**.

$a = 10$: **dekadischer** oder **BRIGGSscher** Logarithmus (HENRY BRIGGS, 1561 – 1630)
$\lg x := \log_{10} x$

$a = e$: **natürlicher** Logarithmus oder **logarithmus naturalis** ($e \doteq 2{,}71828$)
$\ln x := \log_e x$

$a = 2$: **binärer** Logarithmus oder **logarithmus dualis**
$\operatorname{ld} x := \log_2 x$

Umrechnungsformel zur Überführung eines Logarithmus zur Basis a in den entsprechenden zur Basis b:

$$\log_b c = M \cdot \log_a c,\ \ M := 1/\log_a b = \log_b a$$

M heißt **Transformationsmodul**.

alte Basis	neue Basis	Transformationsmodul	
e	10	$1/\ln 10$	$\doteq 0{,}43429448$
e	2	$1/\ln 2$	$\doteq 1{,}44269504$
10	e	$1/\lg e$	$\doteq 2{,}30258509$
10	2	$1/\lg 2$	$\doteq 3{,}32192810$
2	e	$1/\operatorname{ld} e$	$\doteq 0{,}69314718$
2	10	$1/\operatorname{ld} 10$	$\doteq 0{,}30103000$

Rechenregeln für Logarithmen

$$\log_a 1 = 0, \quad \log_a a = 1$$

$$\log_a 0 = \begin{cases} -\infty, & a > 1 \\ +\infty, & 0 < a < 1 \end{cases}$$

$$\begin{aligned}
\log_a(c \cdot d) &= \log_a c + \log_a d \\
\log_a(c : d) &= \log_a c - \log_a d \\
\log_a c^d &= d \cdot \log_a c \\
\log_a \sqrt[d]{c} &= \frac{1}{d} \cdot \log_a c
\end{aligned}$$

$$\log_a c = \log_b c \cdot \log_a b$$

Vorzeichen und Betrag einer Zahl

Sei $x \in \mathbb{R}$.

$$\operatorname{sgn}(x) := \operatorname{sign}(x) := \begin{cases} +1, & x > 0 \\ 0, & x = 0 \\ -1, & x < 0 \end{cases}$$

heißt **Vorzeichen** oder **Signum** von x.

$$|x| := \begin{cases} x, & x \geq 0 \\ -x, & x < 0 \end{cases}$$

heißt **Betrag** oder **Absolutbetrag** von x.

Rechenregeln für Beträge

Seien $x, y \in \mathbb{R}$

$$|x| \geq 0$$

$$|x| = \operatorname{sign}(x) \cdot x, \quad x = \operatorname{sign}(x) \cdot |x|$$

$$|-x| = |x|, \quad -|x| \leq x \leq |x|$$

$$|x \pm y| = |y \pm x|, \quad |x + y| \leq |y| + |x|$$

$$|x \cdot y| = |x| \cdot |y|, \quad |x/y| = |x|/|y|, \; y \neq 0$$

Ganzer Teil und Reste einer Zahl

Sei $x \in \mathbb{R}$.

$$[x]_G := \max\{n \in \mathbb{Z};\ n \leq x\}$$

$[\cdot]_G$ heißt **GAUSS-Klammer-Operator** oder **GAUSSsche Treppenfunktion** und gibt diejenige ganze Zahl wieder, die auf dem Zahlenstrahl möglichst nahe bei dem Argument x liegt, aber nicht rechts davon. Für $x \geq 0$ ist $[x]_G$ der **ganze Teil** der Zahl x.

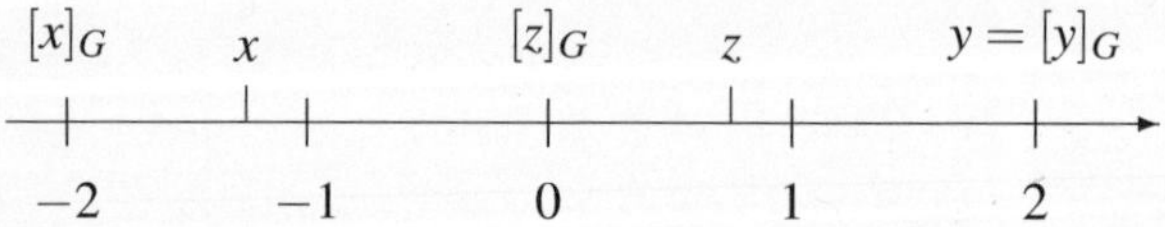

$$\text{fix}(x) := \text{sign}(x) \cdot [|x|]_G$$

gibt für alle $x \in \mathbb{R}$ den **ganzen Teil** wieder, d. h. unabhängig vom Vorzeichen werden eventuelle Nachkommastellen abgeschnitten.

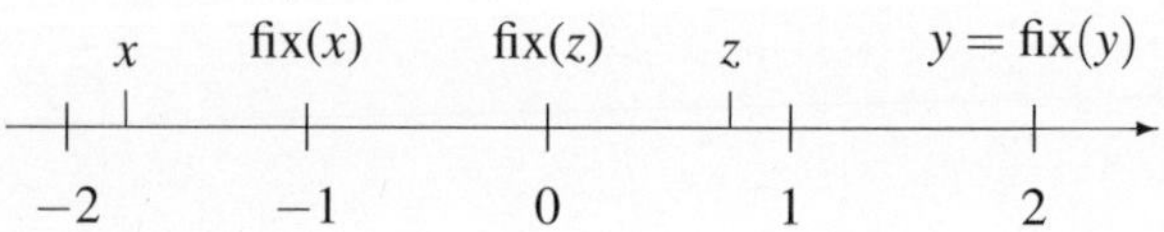

Rechenregeln zur GAUSS-Klammer und zum ganzen Teil einer Zahl

$$[x]_G \leq x < [x]_G + 1$$

$$[x+n]_G = [x]_G + n,\ n \in \mathbb{Z}$$

$$|\text{fix}(x)| \leq |x| < |\text{fix}(x)| + 1$$

Modulodivision

Seien $a, b, m \in \mathbb{N}_0$ mit $m > 0$.

$$a \equiv b \bmod m \ :\Leftrightarrow\ \exists k, \ell, r \in \mathbb{N}_0\ \ 0 \leq r < m \wedge a = km + r \wedge b = \ell m + r$$

a und b heißen dann **kongruent modulo m**, d. h. a und b lassen bei Division durch m denselben Rest r.

$$a \not\equiv b \bmod m \ :\Leftrightarrow\ \neg(a \equiv b \bmod m)$$

$\text{mod}\,(a,m) := r$ ist die eindeutig bestimmte Zahl r mit der Eigenschaft

$$\exists k \in \mathbb{N}_0\ \ a = km + r \wedge 0 \leq r < m.$$

$\text{mod}\,(a,m)$ heißt **Rest** von a bei Division durch m.

$$m|a \;:\Leftrightarrow\; a \equiv 0 \bmod m$$

Man sagt dann: „m **teilt** a“ oder „m ist **Teiler** von a“. a heißt **Vielfaches** von m. Ist $m = 1$ oder $m = a$, so heißt m **unechter Teiler** von a, sonst **echter Teiler**.

$$m \nmid a \;:\Leftrightarrow\; a \not\equiv 0 \bmod m$$

Rechenregeln zur Modulodivision

Seien $a \equiv b \bmod m$ und $c \equiv d \bmod m$. Dann gilt

$$\begin{aligned} a+c &\equiv b+d \bmod m \\ a-c &\equiv b-d \bmod m \\ a\cdot c &\equiv b\cdot d \bmod m \\ a &\equiv \operatorname{mod}(a,m) \bmod m \end{aligned}$$

Rechnen mit Null und Unendlich

$$\left.\begin{aligned} a\pm 0 &= a \\ a\cdot 0 &= 0 \end{aligned}\right\} a \in \mathbb{R}$$

$a/0$ nicht definiert, aber

$$\lim_{x\to 0^+} \frac{a}{x} = \begin{cases} +\infty & \text{für } a > 0, \\ -\infty & \text{für } a < 0 \end{cases} \text{ und}$$

$$\lim_{x\to 0^-} \frac{a}{x} = \begin{cases} -\infty & \text{für } a > 0, \\ +\infty & \text{für } a < 0 \end{cases}$$

$$\begin{aligned} 0/a &= 0 \quad \text{für } a \neq 0 \\ |0| &= 0 \\ 0^a &= 0 \quad \text{für } a > 0 \\ a^0 &= 1 \quad \text{für } a \in \mathbb{R} \end{aligned}$$

$$\log_a 0 = \begin{cases} -\infty & \text{für } a > 1 \\ +\infty & \text{für } 0 < a < 1 \end{cases}$$

$\log_a 1 = 0 \quad$ für $a > 0$

$0! = 1$

$\binom{a}{0} = 1 \quad$ für $a \in \mathbb{R}$

$\frac{a}{\infty} = 0 \quad$ für $a \neq \pm\infty$

$$\log_a \infty = \begin{cases} +\infty & \text{für } a > 1 \\ -\infty & \text{für } 0 < a < 1 \end{cases}$$

$$\lim_{x\to\infty} a^x = \begin{cases} \infty & \text{für } a > 1 \\ 1 & \text{für } a = 1 \\ 0 & \text{für } -1 < a < 1 \text{ und } a \neq 0 \\ \text{nicht konvergent für } a \leq -1 \end{cases}$$

Gleichungen

Grundbereich: bestimmter Zahlenbereich, auf den man sich bei einem Problem beschränken kann

Variable: Platzhalter für eine Zahl aus dem Grundbereich

Variabilitätsbereich: bestimmter Zahlenbereich, auf den man sich bezüglich der Variablen beschränken kann

Term: Verknüpfung von Zahlen und/oder Variablen durch mathematische Operatoren (z. B. $+ - \cdot :$) und/oder Funktionen

Definitionsbereich eines Terms mit Variablen: größte Teilmenge des Variabilitätsbereichs, so dass der Term nach Ersetzung der Variablen ein Element des Grundbereichs ist

Gleichung: Verknüpfung zweier Terme durch das Gleichheitszeichen

Definitionsbereich einer Gleichung: Durchschnitt der Term-Definitionsbereiche beider Seiten

Lösung (auch **Wurzel** oder **Nullstelle**) **einer Gleichung:** Tupel von Zahlen aus dem Variabilitätsbereich, so dass die Gleichung nach Ersetzung der Variablen durch das Zahlentupel zur wahren Aussage wird

Lösungsmenge: Menge der Lösungen einer Gleichung

Erfüllbare Gleichung: Gleichung mit nichtleerer Lösungsmenge

Identität (oder **allgemeingültige Gleichung**)**:** Gleichung mit Definitionsbereich als Lösungsmenge

Parameter: Variable, die bei Bestimmung der Lösungsmenge einer Gleichung nicht durch eine Zahl ersetzt wird

Seien $n \in \mathbb{N}_0$, $a_0, a_1, \ldots, a_n \in \mathbb{R}$, $a_n \neq 0$.

$$p_n(x) := a_0 + a_1 x + a_2 x^2 + \ldots + a_n x^n$$

heißt **Polynom n−ten Grades** in x. $a_0, \ldots, a_n$ heißen **Koeffizienten**. Ist $a_n = 1$, so heißt $p_n(x)$ **von Normalform**. Ist p identisch null (in Zeichen: $p \equiv 0$), so heißt p **Nullpolynom**. Dieses hat **keinen** Grad. (Zu Polynomen siehe auch Seite 87ff. in Abschnitt 1.6.)

n	$p_n(x)$	Bezeichnung
0	a_0	Konstante
1	$a_0 + a_1 x$	Gerade
2	$a_0 + a_1 x + a_2 x^2$	Parabel
3	$a_0 + a_1 x + a_2 x^2 + a_3 x^3$	kubisches Polynom

Algebraische Gleichung: Gleichung $p(x) = 0$ oder $p(x_1, \ldots, x_k) = 0$ mit einem Polynom p in der Variablen x oder in den Variablen $x_1, \ldots, x_k$; letzteres ist eine Summe von Polynomen in den einzelnen Variablen.

Transzendente Gleichung: Gleichung, in der eine oder mehrere Variablen als Argument transzendenter Funktionen wie z. B. der Exponentialfunktion, einer Logarithmusfunktion oder einer trigonometrischen Funktion auftreten

Algebraisches Element: Element eines Körpers A, das Nullstelle eines Polynoms über dem Körper $B \subset A$, d. h. eines Polynoms mit Koeffizienten in B, ist

Transzendentes Element: Element eines Oberkörpers A von B, das nicht Nullstelle irgendeines Polynoms über B ist. (Spricht man nur von algebraisch oder transzendent, so ist im Allgemeinen $A = \mathbb{C}$ und $B = \mathbb{Q}$ gemeint.)

Lineare Gleichungen mit einer Unbekannten

(Geradengleichung, Gleichung ersten Grades)

$$ax + b = 0, \ a \neq 0$$

ax heißt **lineares Glied**, b heißt **Absolutglied**.

Lösung: $x = -\dfrac{b}{a}$

Zur Lösung eines Problems mit n Unbekannten benötigt man mindestens n Gleichungen.

Quadratische Gleichungen mit einer Unbekannten

(Parabelgleichung, Gleichung zweiten Grades)

$$ax^2 + bx + c = 0, \ \ a \neq 0, \quad \text{bzw.} \ \ x^2 + px + q = 0 \ \text{(Normalform)}$$

$D := q - p^2/4$ heißt **Diskriminante** der Gleichung.

Es gilt: $D < 0 \Rightarrow$ Es existieren zwei reelle Lösungen.

$D = 0 \Rightarrow$ Es existiert eine reelle Lösung der Vielfachheit 2.

$D > 0 \Rightarrow$ Es existieren zwei (konjugiert-)komplexe Lösungen.

Lösungen über die ***a-b-c-*** bzw. ***p-q*-Formel**:

$$x_{1,2} = \begin{cases} \dfrac{-b \pm \sqrt{b^2 - 4ac}}{2a} \\[2ex] -\dfrac{p}{2} \pm \sqrt{\dfrac{p^2}{4} - q} \end{cases}$$

Eigenschaften der Lösungen: $x_1 + x_2 = -\dfrac{b}{a} = -p, \quad x_1 \cdot x_2 = \dfrac{c}{a} = q$

Kubische Gleichungen mit einer Unbekannten

(Gleichung dritten Grades)

$$ax^3 + bx^2 + cx + d = 0,\ a \neq 0, \quad \text{bzw.} \quad y^3 + 3py + 2q = 0$$

$$\text{mit}\quad \begin{aligned} y &= x + \frac{b}{3a} \\ 3p &= \frac{c}{a} - \frac{b^2}{3a^2} \\ 2q &= \frac{2b^3}{27a^3} - \frac{bc}{3a^2} + \frac{d}{a} \end{aligned}$$

Diskriminante: $D = q^2 + p^3$

Es gilt: $D < 0 \Rightarrow$ drei reelle Lösungen

$D = 0 \Rightarrow \begin{cases} \text{eine dreifache reelle Lösung, falls } p = q = 0 \\ \text{eine einfache und eine zweifache Lösung, falls } p, q \neq 0 \end{cases}$

$D > 0 \Rightarrow$ eine reelle und zwei (konjugiert-)komplexe Lösungen

Lösungsformel von CARDANO (GERONIMO CARDANO, 1501 – 1576):

$$\begin{aligned} y_1 &= u + v \\ y_2 &= \varepsilon_1 u + \varepsilon_2 v \\ y_3 &= \varepsilon_2 u + \varepsilon_1 v \end{aligned}$$

mit $u := \sqrt[3]{-q+\sqrt{q^2+p^3}}$, $\quad v := \sqrt[3]{-q-\sqrt{q^2+p^3}}$,

$\varepsilon_1 := -\frac{1}{2}+i\cdot\sqrt{\frac{3}{4}}$, $\quad \varepsilon_2 := -\frac{1}{2}-i\cdot\sqrt{\frac{3}{4}}$,

i – imaginäre Einheit

Eigenschaften der Lösungen:

$$x_1+x_2+x_3 = -\frac{b}{a}, \quad \frac{1}{x_1}+\frac{1}{x_2}+\frac{1}{x_3} = -\frac{c}{d}, \quad x_1\cdot x_2\cdot x_3 = -\frac{d}{a}$$

Polynomgleichungen vierten Grades mit einer Unbekannten

$$ax^4+bx^3+cx^2+dx+e=0,\ a\neq 0$$

Sei o. B. d. A. $a=1$. Ist

$$D=\frac{b^3}{8}-\frac{bc}{2}+d\neq 0$$

und y_0 eine beliebige Lösung von

$$8y^3-4cy^2+(2bd-8e)y+e(4c-b^2)-d^2=0$$

sowie $z_{1,2}=\pm\sqrt{8y_0+b^2-4c}$, dann sind die Lösungen von

$$x^4+bx^3+cx^2+dx+e=0 \qquad (\star)$$

identisch mit den Lösungen von

$$x^2+(b+z_{1,2})\cdot\frac{x}{2}+\left(y_0+\frac{by_0-d}{z_{1,2}}\right)=0.$$

Ist andererseits $D=0$, so lässt sich $(\star)$ durch die Substitution $x=u-b/4$ in eine **biquadratische Gleichung**

$$u^4+pu^2+q=0$$

überführen mit

$$p=c-\frac{3}{8}b^2 \quad\text{und}\quad q=\frac{5}{256}b^4-\frac{1}{16}b^2c+e.$$

Die Lösungen werden dann für u^2 mit der p-q-Formel und anschließender Rücksubstitution berechnet.

Eigenschaften der Lösungen:

$$\begin{aligned}
x_1+x_2+x_3+x_4 &= -b\\
x_1x_2+x_1x_3+x_1x_4+x_2x_3+x_2x_4+x_3x_4 &= c\\
x_1x_2x_3+x_1x_2x_4+x_1x_3x_4+x_2x_3x_4 &= -d\\
x_1x_2x_3x_4 &= e
\end{aligned}$$

Spezialfälle:

1. $b = d = 0$, d. h. $ax^4 + cx^2 + e = 0$

$$\Rightarrow x_{1,2,3,4} = \pm\sqrt{\frac{-c \pm \sqrt{c^2 - 4ae}}{2a}}$$

2. $a = e$ und $b = d$, d. h. $a(x^4 + 1) + b(x^3 + x) + cx^2 = 0$

$$\Rightarrow x_{1,2,3,4} = \frac{y \pm \sqrt{y^2 - 4}}{2} \quad \text{mit } y := \frac{-b \pm \sqrt{b^2 - 4ac + 8a^2}}{2a}$$

Wichtige Sätze zu Polynomgleichungen

Fundamentalsatz der Algebra nach Carl Friedrich Gauss

Eine Gleichung n-ten Grades besitzt n Lösungen in $\mathbb{C}$, wenn man jede Lösung gemäß ihrer Vielfachheit zählt.

Wurzelsatz von Viëta

(François Viëta, 1540 – 1603)

Sind $x_1, \ldots, x_n$ die Lösungen von

$$x^n + a_1 x^{n-1} + a_2 x^{n-2} + \ldots + a_{n-1} x + a_n = 0,$$

so gilt für $j = 1, 2, \ldots, n$:

$$\sum_{\substack{i_1, i_2, \ldots, i_j = 1 \\ (i_1 < i_2 < \ldots < i_j)}}^{n} \left(\prod_{k=1}^{j} x_{i_k} \right) = (-1)^j \cdot a_j.$$

Folgerung: Ist eine komplexe Zahl Lösung einer Gleichung n-ten Grades, so ist auch ihre Konjugierte eine Lösung. Daher haben Gleichungen ungeraden Grades mindestens eine reelle Lösung.

Approximative Nullstellenbestimmung

Das Lösen einer Gleichung, z. B.

$$g(x_1, \ldots, x_n) = h(x_1, \ldots, x_n),$$

kann durch Nullstellenbestimmung einer Funktion, z. B.

$$f(x_1, \ldots, x_n) := g(x_1, \ldots, x_n) - h(x_1, \ldots, x_n),$$

geschehen. Hier folgen einige iterative Verfahren zur **näherungsweisen** Bestimmung einer Nullstelle für Funktionen einer Veränderlichen x. Für alle Verfahren benötigt man einen bzw. zwei **Startwerte**. Die Konvergenz ist umso schneller, je näher der bzw. die Startwerte bei der Nullstelle liegen. Die betrachtete Funktion $f(x)$ sei jeweils stetig im Intervall $[x_u, x_o]$, wobei $f(x_u) \cdot f(x_o) < 0$ gelte. Dies garantiert nach dem Zwischenwertsatz (s. S. 125) die Existenz einer Nullstelle $x^{(0)}$ im Intervall $[x_u, x_o]$.

Fortgesetzte Intervallhalbierung

$$x_{neu} = \frac{1}{2}(x_u + x_o)$$

mit Startwerten $x_u = a$ und $x_o = b$ aus $\mathbb{R}$.

Falls $f(x_{neu}) = 0$, so ist x_{neu} eine Nullstelle. Ansonsten wird

$$\begin{aligned} x_u &= x_{neu}, \quad \text{falls } f(x_u) \cdot f(x_{neu}) > 0 \text{ bzw.} \\ x_o &= x_{neu}, \quad \text{falls } f(x_u) \cdot f(x_{neu}) < 0, \end{aligned}$$

gesetzt und ein weiterer Wert x_{neu} bestimmt, bis ein Abbruchkriterium erfüllt ist.

Soll die Näherung x_{neu} die Nullstelle $x^{(0)}$ um höchstens ε verfehlen, d. h. $|x_{neu} - x^{(0)}| \leq \varepsilon$, so gilt für die Anzahl n der zu bestimmenden x_{neu}-Werte:

$$n \geq \operatorname{ld}\left(\frac{b-a}{\varepsilon}\right) = \ln\left(\frac{b-a}{\varepsilon}\right) / \ln 2$$

Regula Falsi (Sekantenverfahren, Verfahren der linearen Interpolation)

$$x_{neu} = x_u - \frac{x_o - x_u}{f(x_o) - f(x_u)} \cdot f(x_u)$$

mit Startwerten $x_u = a$ und $x_o = b$ aus $\mathbb{R}$.

Falls $f(x_{neu}) = 0$, so ist x_{neu} eine Nullstelle. Ansonsten wird x_u bzw. x_o wie in der fortgesetzten Intervallhalbierung berechnet und ein weiterer Wert x_{neu} bestimmt, bis ein Abbruchkriterium erfüllt ist.

NEWTON-Verfahren (Tangentenverfahren)

(ISAAC NEWTON, 1643 – 1727)

f sei auf $[a,b]$ zweimal stetig differenzierbar, $f'(x) \neq 0$ für alle $x \in [a,b]$ und

$$\gamma := \max_{[a,b]} \frac{|f(x) \cdot f''(x)|}{(f'(x))^2} < 1.$$

Startwert beliebig in $[a,b]$, z. B. $x_1 = (a+b)/2$.

$$x_{n+1} = x_n - \frac{f(x_n)}{f'(x_n)}, \quad n = 1, 2, 3, \ldots$$

Sind alle $x_n \in [a,b]$, so konvergieren sie gegen die (einzige) Nullstelle $x^{(0)}$ von f in $[a,b]$. Soll $|x_{n+1} - x^{(0)}| \leq \varepsilon$ und ist $x_1 = (a+b)/2$, so muss gelten

$$n \geq \ln\left(\frac{2\varepsilon}{b-a}\right) / \ln \gamma .$$

Ungleichungen

Eine **Ungleichung** ist die Verknüpfung zweier Terme durch eines der Zeichen $<$, $\leq$, $>$, $\geq$, $\neq$. (Zu den Begriffen siehe auch im Abschnitt *Gleichungen* (S. 44ff).)

Eine mehrfache Ungleichung ist eine logische Konjunktion mehrerer einfacher Ungleichungen:

$$a \leq b < c \;:\Leftrightarrow\; a \leq b \wedge b < c$$

Regeln zu Ungleichungen

$$a < b \Leftrightarrow b > a \Leftrightarrow -a > -b, \quad a > 0 \Leftrightarrow -a < 0, \quad a < b < c \Leftrightarrow c > b > a$$

$$\left.\begin{array}{ll} a < b \wedge b < c \Rightarrow a < c, & a < b \wedge b \leq c \Rightarrow a < c, \\ a \leq b \wedge b < c \Rightarrow a < c, & a \leq b \wedge b \leq c \Rightarrow a \leq c \end{array}\right\} \text{Transitivität}$$

$$a < b \Leftrightarrow a \pm c < b \pm c$$

$$\left.\begin{array}{l} a < b \wedge c < d \Rightarrow a+c < b+d \\ a < b \wedge c \leq d \Rightarrow a+c < b+d \\ a \leq b \wedge c < d \Rightarrow a+c < b+d \\ a \leq b \wedge c \leq d \Rightarrow a+c \leq b+d \end{array}\right\} \text{Addition von Ungleichungen}$$

$$\left.\begin{array}{l} a < b \wedge c > d \Rightarrow a-c < b-d \\ a < b \wedge c \geq d \Rightarrow a-c < b-d \\ a \leq b \wedge c > d \Rightarrow a-c < b-d \\ a \leq b \wedge c \geq d \Rightarrow a-c \leq b-d \end{array}\right\} \text{Subtraktion von Ungleichungen}$$

$$a < b \wedge c > 0 \Rightarrow a \cdot c < b \cdot c \wedge \frac{a}{c} < \frac{b}{c}$$

$$a < b \wedge c < 0 \Rightarrow a \cdot c > b \cdot c \wedge \frac{a}{c} > \frac{b}{c}$$

$$(a > 0 \wedge b < 0) \vee (a < 0 \wedge b > 0) \Leftrightarrow a \cdot b < 0$$

$$(a > 0 \wedge b > 0) \vee (a < 0 \wedge b < 0) \Leftrightarrow a \cdot b > 0$$

$$0 < a < b \Leftrightarrow 0 < \frac{1}{b} < \frac{1}{a}$$

Einige spezielle Ungleichungen

Dreiecksungleichungen

$$|a \pm b| \leq |a| + |b|$$
$$|a \pm b| \geq ||a| - |b||$$

Betragsungleichungen

$$\left|\sum_{i=1}^{n} a_i - \sum_{i=1}^{m} b_i\right| \leq \sum_{i=1}^{n} |a_i| + \sum_{i=1}^{m} |b_i|$$

$$|a-b| \leq \varepsilon \Leftrightarrow b-\varepsilon \leq a \leq b+\varepsilon$$
$$|a-b| > \varepsilon \Leftrightarrow a < b-\varepsilon \vee a > b+\varepsilon$$

Bernoulli-Ungleichungen

(Jacob Bernoulli, 1654 – 1705)

$$(1+x)^n \geq 1+nx, \;\; x \geq -1, \; n = 1,2,\ldots$$
$$(1+x)^n \geq 1+x \geq 1+nx, \;\; -2 \leq x \leq -1, \; n = 1,2,\ldots$$
$$(1+x)^n \leq 1+\frac{nx}{1+(1-n)x}, \;\; -1 \leq x < \frac{1}{n-1}, \; n = 2,3,\ldots$$
$$\prod_{i=1}^{n}(1+x_i) > 1+\sum_{i=1}^{n} x_i, \;\; \text{falls } -1 < x_i < 0 \; \forall i \;\text{ oder }\; x_i > 0 \; \forall i$$

Cauchy-Schwarz-Ungleichung

(Augustin Louis Cauchy, 1789 – 1857, Hermann Amandus Schwarz, 1843 – 1921)

$$\left(\sum_{i=1}^{n} a_i^2\right)\left(\sum_{i=1}^{n} b_i^2\right) \geq \left(\sum_{i=1}^{n} a_i b_i\right)^2$$

Das Gleichheitszeichen gilt genau dann, wenn $\exists \beta \in \mathbb{R} \; \forall i : a_i = \beta b_i$.

Mittelwert-Relationen

Seien $a_1, a_2, \ldots, a_n > 0$.

$$\begin{aligned} \min\{a_i : i = 1,\ldots,n\} &\leq \frac{n}{\sum_{i=1}^{n} \frac{1}{a_i}} && \text{(harmonisches Mittel)} \\ &\leq \sqrt[n]{\prod_{i=1}^{n} a_i} && \text{(geometrisches Mittel)} \\ &\leq \frac{1}{n}\sum_{i=1}^{n} a_i && \text{(arithmetisches Mittel)} \\ &\leq \max\{a_i : i = 1,\ldots,n\} \end{aligned}$$

Sind bereits zwei a_i voneinander verschieden, so gilt überall das $<$-Zeichen.

TSCHEBYSCHEFF-Ungleichungen

(PAFNUTI LWOWITSCH TSCHEBYSCHEFF, 1821 – 1894)

Sei $k \geq 1$. Für $0 < a_1 \leq a_2 \leq \ldots \leq a_n$ und $0 < b_1 \leq b_2 \leq \ldots \leq b_n$ gilt

$$\left(\frac{1}{n}\sum_{i=1}^{n} a_i^k\right)^{\frac{1}{k}} \cdot \left(\frac{1}{n}\sum_{i=1}^{n} b_i^k\right)^{\frac{1}{k}} \leq \left(\frac{1}{n}\sum_{i=1}^{n} (a_i b_i)^k\right)^{\frac{1}{k}}.$$

Für $0 < a_1 \leq \ldots \leq a_n$ und $b_1 \geq b_2 \geq \ldots \geq b_n > 0$ gilt

$$\left(\frac{1}{n}\sum_{i=1}^{n} a_i^k\right)^{\frac{1}{k}} \left(\frac{1}{n}\sum_{i=1}^{n} b_i^k\right)^{\frac{1}{k}} \geq \left(\frac{1}{n}\sum_{i=1}^{n} (a_i b_i)^k\right)^{\frac{1}{k}}.$$

Ungleichungen mit einer Unbekannten

$$a_n x^n + a_{n-1}x^{n-1} + \ldots + a_1 x + a_0 > 0 \Leftrightarrow$$
$$\Leftrightarrow \left(x^n + \frac{a_{n-1}}{a_n}x^{n-1} + \ldots + \frac{a_0}{a_n} > 0 \wedge a_n > 0\right) \vee$$
$$\vee \left(x^n + \frac{a_{n-1}}{a_n}x^{n-1} + \ldots + \frac{a_0}{a_n} < 0 \wedge a_n < 0\right)$$

$$x + a > 0 \Leftrightarrow x > -a$$

$$x^2 + ax + b > 0 \Leftrightarrow$$
$$\Leftrightarrow \left(x > -\frac{a}{2} + \sqrt{\frac{a^2}{4} - b}\right) \vee \left(x < -\frac{a}{2} - \sqrt{\frac{a^2}{4} - b}\right), \quad \text{falls } a^2 > 4b,$$
$$x \in \mathbb{R}, \quad \text{falls } a^2 < 4b,$$
$$x \in \mathbb{R} \setminus \{-a/2\}, \quad \text{falls } a^2 = 4b$$

$$x^2 + ax + b < 0 \Leftrightarrow$$
$$\Leftrightarrow -\frac{a}{2} - \sqrt{\frac{a^2}{4} - b} < x < -\frac{a}{2} + \sqrt{\frac{a^2}{4} - b}, \quad \text{falls } a^2 > 4b,$$

keine Lösung, falls $a^2 \leq 4b$

1.4 Kombinatorik

Die Kombinatorik befasst sich mit Problemen des Anordnens und/oder Auswählens von Elementen endlicher Mengen.

Entscheidungsbaum zur Kombinatorik

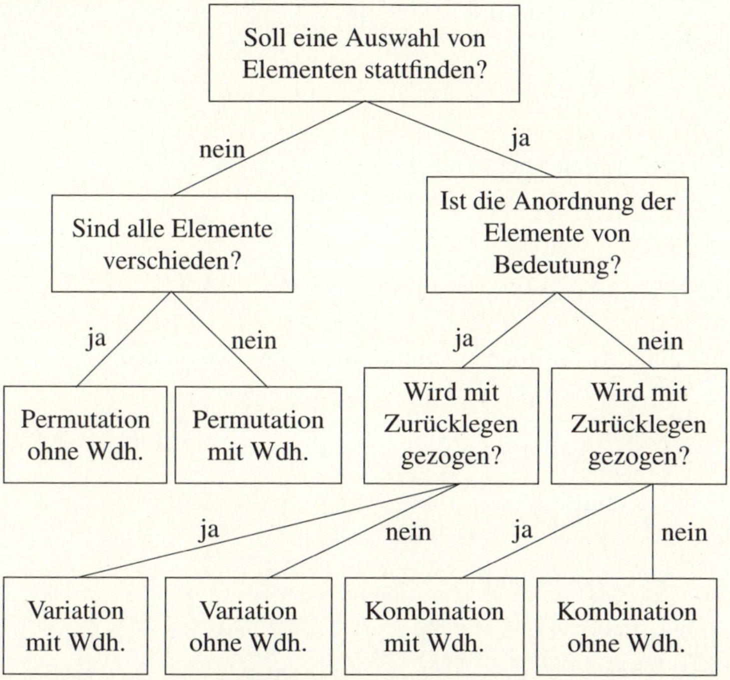

Permutationen, Fakultäten

Eine **Permutation** ist eine Aneinanderreihung von Elementen.

Permutationen ohne Wiederholung

Jede eineindeutige Abbildung $\Phi^n(\cdot)$ von der geordneten Menge $\{1,2,\ldots,n\}$ auf eine n-elementige Menge A heißt eine **Permutation ohne Wiederholung** der Elemente von A;

$$\forall i \in \{1,2,\ldots,n\} : \Phi^n(i) = a_i \text{ mit } a_i \in A \text{ und } a_i \neq a_j \text{ für } i \neq j.$$

Sei $a_1, a_2, \ldots, a_{n-1}, a_n$ die **natürliche Ordnung** der Elemente von A, $i_1, i_2, \ldots, i_n$ eine Permutation der ersten n natürlichen Zahlen und $a_{i_1}, a_{i_2}, \ldots, a_{i_n}$ die zugehörige Permutation der a_i.

Definition

Ist für $j < k$ erfüllt $i_j > i_k$, so liegt eine **Inversion** von a_{i_j} und a_{i_k} innerhalb der Permutation vor.

Satz

Die Vertauschung (**Transposition**) von irgendzwei Elementen in einer Permutation verändert die Anzahl der Inversionen um eine ungerade Zahl.

Definition

Bei einer **lexikographischen Anordnung** aller Permutationen von n Elementen steht an erster Stelle die mit der natürlichen Ordnung $(a_1, a_2, \ldots, a_{n-1}, a_n)$, an letzter Stelle die mit der zur natürlichen Ordnung umgekehrten Anordnung der Elemente $(a_n, a_{n-1}, \ldots, a_2, a_1)$ und dazwischen die Permutationen in der Weise wie die Wörter in einem Lexikon.

Unter $P(n)$ wird die **Anzahl der Permutationen von n verschiedenen Elementen** (Anzahl der Permutationen ohne Wiederholung), verstanden:

$$P(n) = 1 \cdot 2 \cdot \ldots \cdot (n-1) \cdot n = n!$$

$n!$ wird gelesen: n **Fakultät**. Mit

$$0! := 1$$

gilt für alle $n \in \mathbb{N}$ die Rekursion

$$\begin{aligned} P(n) &= P(n-1) \cdot n \\ &= (n-1)! \cdot n. \end{aligned}$$

Näherungsformeln für Fakultäten

STIRLING-Formel (JAMES STIRLING, 1692 – 1770)

$$\begin{aligned} n! &\approx \sqrt{2\pi n}\left(\frac{n}{e}\right)^n \\ \ln(n!) &\approx (n+0,5) \cdot \ln n - n + 0,5 \cdot \ln(2\pi) \end{aligned}$$

Mit wachsendem n nimmt der absolute Fehler der Näherung zu, der relative Fehler geht jedoch zurück.

Exakt gilt die **Identität**

$$n! = \sqrt{2\pi n} \cdot \left(\frac{n}{e}\right)^n \cdot \exp\left(\frac{\theta}{12n}\right),$$

wobei jedoch θ eine unbekannte Zahl zwischen 0 und 1 ist, $0 < \theta < 1$.

Fakultäten und deren Approximationen

n	STIRLING-Näherung	Untere Grenze nach FELLER	$n!$	Obere Grenze nach FELLER	n
1	1	1	1	1	1
2	2	2	2	2	2
3	6	6	6	6	3
4	24	24	24	24	4
5	118	120	120	120	5
6	710	720	720	720	6
7	4.980	5.039	5.040	5.040	7
8	39.902	40.316	40.320	40.320	8
9	359.537	362.851	362.880	362.881	9
10	3.598.695	3.628.560	3.628.800	3.628.810	10
11	39.615.632	39.914.609	39.916.800	39.916.882	11
12	475.687.703	478.979.428	479.001.600	479.002.368	12
13	6.187.239.793	6.226.774.025	6.227.020.800	6.227.028.267	13
14	86.660.980.097	87.175.310.486	87.178.291.200	87.178.380.958	14
15	1.300.431.606.392	1.307.635.352.982	1.307.674.368.000	1.307.675.489.735	15
16	20.814.119.880.150	20.922.239.442.387	20.922.789.888.000	20.922.804.061.390	16
17	353.948.240.444.679	355.679.118.566.794	355.687.428.096.000	355.687.623.668.925	17
18	6.372.809.076.805.981	6.402.239.694.889.313	6.402.373.705.728.000	6.402.376.286.201.618	18
19	121.112.824.462.279.400	121.642.819.045.133.300	121.645.100.408.832.000	121.645.148.854.065.100	19
20	2.422.786.716.276.469.000	2.432.860.838.816.672.000	2.432.902.008.176.640.000	2.432.902.901.089.665.000	20

(Approximationen mit 16 signifikanten Stellen und auf ganze Zahlen gerundet)

Abschätzung nach FELLER (WILLIAM FELLER, 1905 – 1970)

$$\sqrt{2\pi n} \cdot n^n \cdot \exp\left(\frac{-12n^2 - n + 1}{12n + 1}\right) < n! < \sqrt{2\pi n} \cdot n^n \cdot \exp\left(\frac{-12n^2 + 1}{12n}\right)$$

Permutationen mit Wiederholung

Sei $A = \{a_1, a_2, \ldots, a_k\}$ eine k-elementige Menge und seien $n_1, n_2, \ldots, n_k$ positive ganze Zahlen mit $n_1 + \ldots + n_k = n$. Jedes geordnete n-Tupel, welches das Element a_j genau n_j-mal enthält $(1 \leq j \leq k)$, heißt eine **Permutation** von A **mit Wiederholung**.

Unter $P(n; n_1, n_2, \ldots, n_k)$ wird die **Anzahl der Permutationen von *n* Elementen, von denen nur *k* unterscheidbar sind** (Anzahl der Permutationen mit Wiederholung) verstanden.

$$P(n; n_1, n_2, \ldots, n_k) = \frac{n!}{n_1! n_2! \ldots n_k!} =: \binom{n}{n_1, n_2, \ldots, n_k}$$

mit $\sum\limits_{j=1}^{k} n_j = n \ \wedge \ 1 \leq n_j \leq n \ \forall j$

$\binom{n}{n_1, n_2, \ldots, n_k}$ heißt **Multinomial-** oder **Polynomialkoeffizient** („n über $n_1, \ldots, n_k$“).

Es gilt: $P(n; n_1, n_2, \ldots, n_k) \leq P(n)$

$$P(n; \underbrace{1, 1, \ldots, 1}_{n}) = P(n) = n!$$

$$P(n; n) = \frac{n!}{n!} = 1$$

Beta-Funktion und Gamma-Funktion

Beta-Funktion

(1. EULER-Integral)

$$\left.\begin{aligned} B(x,y) &:= \int_0^1 t^{x-1}(1-t)^{y-1}\, dt \\ &= \int_0^\infty \frac{t^{x-1}}{(1+t)^{x+y}}\, dt \\ &= 2\int_0^{\pi/2} (\sin t)^{2x-1}(\cos t)^{2y-1}\, dt \end{aligned}\right\} x, y \in \mathbb{R}^+$$

Eigenschaften der Beta-Funktion

1. $B(x,y) = B(y,x)$ – Symmetrie

2. $B(x,1-x) = \dfrac{\pi}{\sin(x\pi)},\ 0 < x < 1$

3. $$\left.\begin{aligned} B(x,y) &= \frac{y-1}{x+y-1}B(x,y-1) \\ B(x,y) &= \frac{x-1}{x+y-1}B(x-1,y) \end{aligned}\right\}\ \text{Rekursion}$$

4. $$\left.\begin{aligned} B(x,n) &= \frac{(n-1)!}{x(x+1)(x+2)\cdot\ldots\cdot(x+n-1)} \\ B(n,y) &= \frac{(n-1)!}{y(y+1)(y+2)\cdot\ldots\cdot(y+n-1)} \end{aligned}\right\}\ n \in \mathbb{N}$$

5. $B(x,y) = \dfrac{\Gamma(x)\Gamma(y)}{\Gamma(x+y)}$ – Darstellung durch die Gamma-Funktion

Unvollständige Beta-Funktion

$$B_p(x,y) := \int_0^p t^{x-1}(1-t)^{y-1}\,dt \quad \text{mit } x,y \in \mathbb{R}^+,\ 0 \le p \le 1$$

Beta-Verteilungsfunktion

(Unvollständiges Beta-Funktionsverhältnis)

$$I_p(x,y) := B_p(x,y)/B(x,y);\ 0 \le I_p(x,y) \le 1$$

Eigenschaften von $I_p(x,y)$

1. $I_p(x,y) = 1 - I_{1-p}(y,x)$ – Symmetrie

2. $$\left.\begin{aligned} I_p(x,1) &= p^x \\ I_p(1,y) &= 1-(1-p)^y \\ I_p(1,1) &= p \end{aligned}\right\}\ \text{Spezialfälle}$$

3. Rekursion:

$$I_p(x,y) = p \cdot I_p(x-1,y) + (1-p) \cdot I_p(x,y-1)$$

$$I_p(x,y) = \frac{1}{p}\left(I_p(x+1,y) - (1-p) \cdot I_p(x+1,y+1)\right)$$

$$I_p(x,y) = \frac{y}{x(1-p)+y}\left(I_p(x,y+1) + (1-p) \cdot I_p(x+1,y-1)\right)$$

$$I_p(x,y) = \frac{1}{x+y}\left(x \cdot I_p(x+1,y) + y \cdot I_p(x,y+1)\right)$$

$$I_p(x,y) = \frac{\Gamma(x+y)}{\Gamma(x+1) \cdot \Gamma(y)} p^x (1-p)^{y-1} + I_p(x+1,y+1)$$

$$I_p(x,y) = \frac{\Gamma(x+y)}{\Gamma(x+1) \cdot \Gamma(y)} p^x (1-p)^{y} + I_p(x+1,y)$$

$$I_p(x,x) = \frac{1}{2} I_{1-p'}\left(x, \frac{1}{2}\right) \text{ mit } p' = 4\left(p - \frac{1}{2}\right)^2 \text{ und } p \leq \frac{1}{2}$$

4. $$I_p(x,n-x+1) = \sum_{j=x}^{n} \binom{n}{j} p^j (1-p)^{n-j}, \quad x \in \mathbb{N}$$ Beziehung zur Binomialverteilung

5. $$I_p(x,y) = \frac{p^x(1-p)^y}{x \cdot B(x,y)}\left(1 + \sum_{n=0}^{\infty} \frac{B(x+1,n+1)}{B(x+y,n+1)} p^{n+1}\right)$$ Reihenentwicklung, $0 < p < 1$

Gamma-Funktion

(2. EULER-Integral)

$$\Gamma(x) := \int_0^{\infty} e^{-t} t^{x-1}\, dt, \quad x > 0$$

$$\Gamma(x) = \int_0^1 \left(\ln \frac{1}{u}\right)^{x-1} du, \qquad \text{Substitution } u = e^{-t}$$

$$\Gamma(x) = \int_{-\infty}^{+\infty} e^{xu} e^{-e^u}\, du, \qquad \text{Substitution } u = \ln t$$

Produktdarstellungen

$$\left.\begin{aligned} \Gamma(x) &:= \lim_{n\to\infty} \frac{n!\, n^x}{x(x+1)(x+2)\dots(x+n)} \\ &= \frac{e^{-\gamma x}}{x} \cdot \prod_{n=1}^{\infty} \left(1 + \frac{x}{n}\right)^{-1} \cdot e^{x/n} \end{aligned}\right\} x \in \mathbb{R} \setminus \{0,-1,-2,\dots\}$$

$$\text{mit } \gamma := \lim_{n\to\infty}\left(\left(1+\frac{1}{2}+\ldots+\frac{1}{n}\right)-\ln(n)\right)$$

$$\doteq 0{,}577\,215\,664\,901\,533 \text{ EULERsche Konstante}$$

Für $x > 0$ ergeben beide Definitionen die gleiche Funktion.

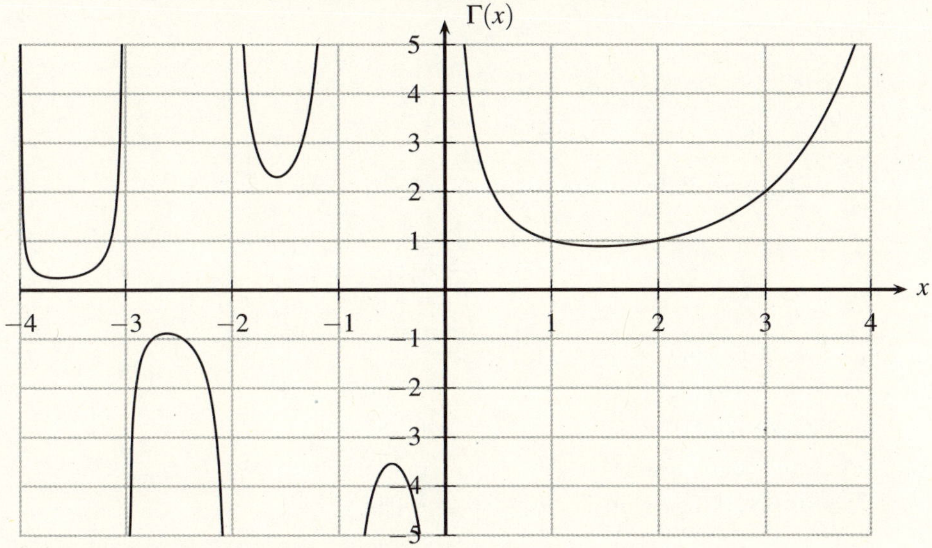

Eigenschaften der Gamma-Funktion

1. $\Gamma(n+1) = n!,\ n \in \mathbb{N}$ – Beziehung zur Fakultät

2. $\Gamma(x+1) = x\cdot\Gamma(x)$ – Rekursion
   $=: x!$ – verallgemeinerte Fakultät

3. $\Gamma^{(n)}(x) = \int\limits_0^\infty e^{-t}t^{x-1}(\ln t)^n\,dt$ – n-te Ableitung für $x > 0$

4. $$\left.\begin{aligned}\Gamma(x)\cdot\Gamma(1-x) &= \frac{\pi}{\sin(x\pi)}\\ &= -x\Gamma(-x)\Gamma(x)\\ &= \int\limits_0^\infty \frac{t^{x-1}}{1+t}\,dt\end{aligned}\right\} 0 < x < 1$$

5. $\Gamma(nx) = (2\pi)^{(1-n)/2}\, n^{nx-0{,}5}\prod\limits_{i=0}^{n-1}\Gamma\left(x+\frac{i}{n}\right),\ n \in \mathbb{N}$ – Multiplikationsformel

Berechnung von Gamma-Funktionswerten

$\Gamma(1) = \Gamma(2) = 1; \quad \Gamma(0^+) = \Gamma(\infty) = \infty$

$\Gamma(0,5) = \sqrt{\pi}; \quad \Gamma(-0,5) = -2\sqrt{\pi}$

$$\Gamma(n+0,5) = \frac{1 \cdot 3 \cdot 5 \cdot \ldots \cdot (2n-1)}{2^n}\sqrt{\pi}, \quad n \in \mathbb{N}$$

$$\Gamma(-n+0,5) = \frac{(-2)^n}{1 \cdot 3 \cdot 5 \cdot \ldots \cdot (2n-1)}\sqrt{\pi}, \quad n \in \mathbb{N}$$

Für $0 \leq z \leq 1$ gilt die **Polynomapproximation**

$$\Gamma(1+z) = z! = 1 + \sum_{i=1}^{8} b_i z^i + \varepsilon(z) \qquad (*)$$

mit $|\varepsilon(z)| \leq 3 \cdot 10^{-7}$ und

$b_1 =$	$-0,577\,191\,652$	$b_5 =$	$-0,756\,704\,078$
$b_2 =$	$0,988\,205\,891$	$b_6 =$	$0,482\,199\,394$
$b_3 =$	$-0,897\,056\,937$	$b_7 =$	$-0,193\,527\,818$
$b_4 =$	$0,918\,206\,857$	$b_8 =$	$0,035\,868\,343$

Bei der Berechnung von $\Gamma(x)$ sind folgende drei Fälle zu unterscheiden:

1. Fall: $1 \leq x \leq 2$
Man setze $z := x - 1$. Dann gilt nach $(*)$

$$\Gamma(x) = \Gamma(1+z), \quad \text{mit } \Gamma(1+z).$$

2. Fall: $x < 1 \;\wedge\; x \notin \{0, -1, -2, -3, \ldots\}$
Man bestimme $n \in \mathbb{N}$ so, dass $1 < x+n < 2$. Aufgrund der Rekursion gilt dann

$$\Gamma(x) = \frac{\Gamma(x+n)}{x(x+1)(x+2) \cdot \ldots \cdot (x+n-1)},$$

wobei $\Gamma(x+n) = \Gamma(1+z)$ nach $(*)$ mit $z = x+n-1$.

3. Fall: $x > 2$
Man bestimme $n \in \mathbb{N}$ so, dass $1 < x-n \leq 2$. Wegen der Rekursion gilt dann

$$\Gamma(x) = (x-1)(x-2) \cdot \ldots \cdot (x-n) \cdot \Gamma(x-n),$$

wobei $\Gamma(x-n) = \Gamma(1+z)$ nach $(*)$ mit $z = x-n-1$.

Beispiele:

$$\begin{aligned}
\Gamma(1{,}3) &\approx 0{,}89747\\
\Gamma(-3{,}7) &= \frac{\Gamma(1{,}3)}{(-3{,}7)(-2{,}7)(-1{,}7)(-0{,}7)\cdot 0{,}3} \approx 0{,}25164\\
\Gamma(3{,}7) &= 2{,}7\cdot 1{,}7\cdot \Gamma(1{,}7) \approx 2{,}7\cdot 1{,}7\cdot 0{,}90864 \approx 4{,}17066
\end{aligned}$$

Unvollständige Gamma-Funktion

$$\gamma(a,x) := \int_0^x e^{-t}t^{a-1}\,dt;\quad a,x\in\mathbb{R}^+$$

$$\Gamma(a,x) := \Gamma(a)-\gamma(a,x) = \int_x^\infty e^{-t}t^{a-1}\,dt;\quad a,x\in\mathbb{R}^+$$

Gamma-Verteilungsfunktion

(Unvollständiges Gamma-Funktionsverhältnis)

$$\begin{aligned}
P(a,x) &:= \frac{1}{\Gamma(a)}\int_0^x e^{-t}t^{a-1}\,dt;\quad 0\le P(a,x)\le 1\\
&= \gamma(a,x)/\Gamma(a)\\
&= 1-\frac{\Gamma(a,x)}{\Gamma(a)}\\
\gamma^*(a,x) &:= x^{-a}P(a,x) = \frac{x^{-a}}{\Gamma(a)}\gamma(a,x)
\end{aligned}$$

Eigenschaften von $\gamma(a,x), P(a,x)$ und $\gamma^*(a,x)$

$$P(n+1,x) = 1-\sum_{i=0}^{n}\frac{x^i}{i!}e^{-x},\quad n\in\mathbb{N}_0 \quad \text{– Beziehung zur Poisson-Verteilung}$$

$$\left.\begin{aligned}
P(a+1,x) &= P(a,x)-\frac{x^a e^{-x}}{\Gamma(a+1)}\\
\gamma(a+1,x) &= a\cdot\gamma(a,x)-x^a e^{-x}\\
\gamma^*(a-1,x) &= x\cdot\gamma^*(a,x)+\frac{e^{-x}}{\Gamma(a)}
\end{aligned}\right\}\text{Rekursion}$$

$$\left.\begin{aligned}
\gamma^*(a,x) &= e^{-x}\sum_{i=0}^{\infty}\frac{x^i}{\Gamma(a+i+1)}\\
&= \frac{1}{\Gamma(a)}\sum_{i=0}^{\infty}\frac{(-x)^i}{(a+i)i!}
\end{aligned}\right\}\text{Reihenentwicklung}$$

Variationen

Variationen ohne Wiederholung

Jedes geordnete n-Tupel von voneinander verschiedenen Elementen einer N-elementigen Menge A ist eine **Variation ohne Wiederholung** von N Elementen der Ordnung (der Klasse oder des Umfangs) n, $n \leq N$.

Eine Variation (ohne Wiederholung) ist eine **Stichprobe ohne Zurücklegen** des Umfangs n aus einer Menge von N Elementen, wobei die **Reihenfolge** der gezogenen Elemente **beachtet** wird (**geordnete Auswahl ohne Zurücklegen**).

Jede Variation ohne Wiederholung ist eine **eineindeutige** Abbildung **von** der geordneten Menge $\{1,2,\ldots,n\}$ **in** die Menge A. Für $n = N$ erhält man eine Permutation von A.

Die Anzahl $V(N,n)$ voneinander verschiedener Variationen ohne Wiederholung ist

$$\begin{aligned} V(N,n) &= N(N-1)\cdot\ldots\cdot(N-n+1) \\ &= \frac{N!}{(N-n)!} = \frac{P(N)}{P(N-n)} \end{aligned}$$

Weitere Formeln

$$V(N,N) = N! = P(N)$$

$$\left.\begin{aligned} V(N,n) &= V(N,n-1)\cdot(N-n+1) \\ &= V(N-1,n)\cdot\frac{N}{N-n} \\ &= V(N-1,n-1)\cdot N \end{aligned}\right\}\text{Rekursionen}$$

Variationen mit Wiederholung

Jedes geordnete n-Tupel von Elementen einer N-elementigen Menge A heißt **Variation mit Wiederholung** von N Elementen der Ordnung (der Klasse oder des Umfangs) n.

Eine Variation (mit Wiederholung) ist eine **Stichprobe mit Zurücklegen** des Umfangs n aus einer Menge von N Elementen, wobei die **Reihenfolge** der gezogenen Elemente **relevant** ist (**geordnete Auswahl**).

Jede Variation mit Wiederholung ist eine **eindeutige** Abbildung **von** der geordneten Menge $\{1,2,\ldots,n\}$ **in** die Menge A. Es ist auch $n > N$ möglich.

Die Anzahl $V^*(N,n)$ voneinander verschiedener Variationen mit Wiederholung ist

$$V^*(N,n) = N^n, \quad n \lesseqgtr N.$$

Rekursionsformeln

$$\begin{aligned}
V^*(N,n) &= V^*(N,n-1)\cdot N \\
&= V^*(N-1,n) - \sum_{i=1}^{n}\binom{n}{i}N^{n-i}(-1)^i \\
&= \left(V^*(N-1,n-1) - \sum_{i=1}^{n-1}\binom{n}{i}N^{n-1-i}(-1)^i\right)N
\end{aligned}$$

Kombinationen

Kombinationen ohne Wiederholung

Jede n-elementige Teilmenge einer N-elementigen Menge A heißt **Kombination ohne Wiederholung** von N Elementen der Ordnung (der Klasse oder des Umfangs) n, $n \leq N$.

Eine Kombination (ohne Wiederholung) ist eine **Stichprobe ohne Zurücklegen ohne Beachtung der Reihenfolge** (ungeordnete Auswahl ohne Zurücklegen).

Fasst man alle Variationen von N Elementen der Ordnung n ohne Wiederholung zu einer Äquivalenzklasse zusammen, die aus den Elementen (ohne Berücksichtigung der Reihenfolge) besteht, so entspricht jeder solchen Klasse genau eine Kombination umkehrbar eindeutig.

Die Anzahl $K(N,n)$ voneinander verschiedener Kombinationen ohne Wiederholung ist

$$\begin{aligned}
K(N,n) &= \frac{N(N-1)\cdot\ldots\cdot(N-n+1)}{n!} \\
&= \frac{V(N,n)}{P(n)}
\end{aligned}$$

Nach Erweiterung von Zähler und Nenner mit $(N-n)!$ erhält man

$$K(N,n) = \frac{N!}{n!(N-n)!} =: \binom{N}{n},$$

$\binom{N}{n}$ heißt **Binomialkoeffizient** („N über n“).

In der Literatur ist auch die Notation C_n^N üblich.

Rekursionsformeln

$$
\begin{aligned}
K(N,n) &= K(N,n-1)\cdot\frac{N-n+1}{n}\\
&= K(N-1,n)\cdot\frac{N}{N-n}\\
&= K(N-1,n-1)\cdot\frac{N}{n}
\end{aligned}
$$

Weitere Formeln stehen im nächsten Unterabschnitt.

Kombinationen mit Wiederholung

Fasst man alle Variationen von N Elementen zur Ordnung n mit Wiederholung zu einer Äquivalenzklasse zusammen, die aus den gleichen Elementen in der jeweils gleichen Anzahl (ohne Beachtung der Reihenfolge) bestehen, so heißt jede solche Klasse eine **Kombination mit Wiederholung** von N Elementen der Ordnung (der Klasse oder des Umfangs) n.

Eine Kombination mit Wiederholung ist eine **Stichprobe mit Zurücklegen ohne Beachtung der Reihenfolge** (ungeordnete Auswahl mit Zurücklegen).

Die Anzahl $K^*(N,n)$ voneinander verschiedener Kombinationen mit Wiederholung ist

$$
\begin{aligned}
K^*(N,n) &= \frac{(N+n-1)(N+n-2)\cdot\ldots\cdot N}{n!}\\
&= \binom{N+n-1}{n}
\end{aligned}
$$

Rekursionsformeln

$$
\begin{aligned}
K^*(N,n) &= K^*(N,n-1)\cdot\frac{N+n-1}{n}\\
&= K^*(N-1,n)\cdot\frac{N+n-1}{N-1}\\
&= K^*(N-1,n-1)\cdot\frac{(N+n-2)(N+n-1)}{n(N-1)}
\end{aligned}
$$

Binomial- und Polynomialkoeffizienten

Binomialkoeffizienten für natürliche Zahlen

Die für alle natürlichen Zahlen N und n definierte Funktion

$$\binom{N}{n} := \begin{cases} \dfrac{N!}{n!(N-n)!} & \text{für} \quad 0 \leq n \leq N \\ 0 & \text{für} \quad 0 \leq N < n \end{cases} \tag{†}$$

heißt **Binomialkoeffizient**.

Die Werte des Binomialkoeffizienten berechnet man rekursiv aus dem **PASCALschen Dreieck** (BLAISE PASCAL, 1623 – 1662), bei dem eine Zahl im Innern des Dreiecks sich als Summe der beiden rechts und links über ihr stehenden Zahlen ergibt.

N \ n	0	1	2	3	4	5	6	7	8	9	10
0	1										
1	1	1									
2	1	2	1								
3	1	3	3	1							
4	1	4	6	4	1						
5	1	5	10	10	5	1					
6	1	6	15	20	15	6	1				
7	1	7	21	35	35	21	7	1			
8	1	8	28	56	70	56	28	8	1		
9	1	9	36	84	126	126	84	36	9	1	
10	1	10	45	120	210	252	210	120	45	10	1

PASCALsches Dreieck für $N = 1$ bis $N = 10$

Binomischer Satz

Für $a, b \in \mathbb{R}$ und alle $N \in \mathbb{N}$ gilt:

$$\begin{aligned} (a+b)^N &= \sum_{n=0}^{N} \binom{N}{n} a^{N-n} b^n \\ &= \binom{N}{0} a^N b^0 + \binom{N}{1} a^{N-1} b^1 + \ldots + \binom{N}{N-1} a^1 b^{N-1} + \binom{N}{N} a^0 b^N \end{aligned}$$

Bemerkungen zum Binomischen Satz

1. Die rechte Seite der Formel heißt **binomische Reihe**, die linke Seite **Binom**.
2. Die benötigten Werte der Binomialkoeffizienten stehen in einer Zeile des PASCALschen Dreiecks.
3. Setzt man für b den Term $-b$, so gilt $(a-b)^N = \sum_{n=0}^{N} (-1)^n \binom{N}{n} a^{N-n} b^n$.

Spezielle Binome

$$(1+1)^N = \sum_{n=0}^{N} \binom{N}{n} = 2^N$$

$$(p+(1-p))^N = \sum_{n=0}^{N} \binom{N}{n} p^n (1-p)^{N-n} = 1 \text{ für } 0 \leq p \leq 1$$

$$(1-1)^N = \sum_{n=0}^{N} (-1)^n \binom{N}{n} = 0$$

$$(1+x)^N = \sum_{n=0}^{N} \binom{N}{n} x^n$$

$$(1-x)^{-N-1} = \sum_{n=N}^{\infty} \binom{n}{N} x^{n-N}$$

Binomialkoeffizienten für reelle Zahlen

Die für alle reellen Zahlen a und alle natürlichen Zahlen n definierte Funktion

$$\binom{a}{n} := \begin{cases} \dfrac{a(a-1)(a-2)\ldots(a-n+1)}{n!} & \text{für } n > 0 \\ 1 & \text{für } n = 0 \end{cases} \qquad (\ddagger)$$

heißt **verallgemeinerter Binomialkoeffizient**.

Bemerkung: Für natürliche Zahlen a ergeben die Formeln (†) und (‡) die gleiche Funktion.

Eigenschaften des Binomialkoeffizienten

$$\left.\begin{aligned} \binom{N}{n} &= \binom{N}{N-n} \text{ für } n, N \in \mathbb{N};\ n \leq N \\ \binom{N}{N} &= \binom{N}{0} = 1; \binom{N}{N-1} = \binom{N}{1} = N \end{aligned}\right\} \text{Symmetriesatz}$$

$$\binom{a}{n} + \binom{a}{n+1} = \binom{a+1}{n+1}; \quad a \in \mathbb{R},\ n \in \mathbb{N} \quad \text{– Additionssatz}$$

$$\left.\begin{aligned}&\sum_{i=0}^{n}\binom{a+i}{i}=\binom{a+n+1}{n}; \quad a\in\mathbb{R},\ n\in\mathbb{N}\\&\sum_{i=0}^{n}\binom{a}{i}\binom{b}{n-i}=\binom{a+b}{n}; \quad a,b\in\mathbb{R},\ n\in\mathbb{N}\end{aligned}\right\}\text{Additionstheoreme}$$

$$\left.\begin{aligned}\binom{a+1}{n} &= \binom{a}{n}+\binom{a}{n-1}\\ &= \binom{a}{n}+\binom{a-1}{n-1}+\ldots+\binom{a-n}{0};\ a\geq n\\ \binom{a+2}{n+1} &= \binom{a}{n+1}+2\binom{a}{n}+\binom{a}{n-1}\end{aligned}\right\}\left.\begin{aligned}&a\in\mathbb{R}\\&n\in\mathbb{N}\end{aligned}\right\}\text{Rekursionen}$$

$$\left.\begin{aligned}&\binom{N}{0}+\binom{N}{2}+\binom{N}{4}+\ldots = 2^{N-1}\\&\binom{N}{1}+\binom{N}{3}+\binom{N}{5}+\ldots = 2^{N-1}\\&\binom{N}{0}-\binom{N}{1}+\binom{N}{2}-\ldots = 0\\&\binom{N}{1}+2\binom{N}{2}+3\binom{N}{3}+\ldots+N\binom{N}{N} = N\cdot 2^{N-1}\\&\binom{N}{1}-2\binom{N}{2}+3\binom{N}{3}-\ldots+(-1)^{N-1}N\binom{N}{N} = 0\\&2\cdot 1\binom{N}{2}+3\cdot 2\binom{N}{3}+4\cdot 3\binom{N}{4}+\ldots = N(N-1)2^{N-2}\end{aligned}\right\}N=2,3,\ldots$$

$$\sum_{i=0}^{n}\binom{N+i}{N}=\binom{N+n+1}{N+1};\ n,N\in\mathbb{N}$$

$$\sum_{i=0}^{n}\binom{N}{i}\binom{N-i}{n-i}a^i=\binom{N}{n}(1+a)^n;\ n,N\in\mathbb{N},\ a\in\mathbb{R}$$

$$\binom{-a}{n}=(-1)^n\binom{a+n-1}{n};\ a>0$$

$$\sum_{i=0}^{n}(-1)^i\binom{a}{i}=(-1)^n\binom{a-1}{n};\ a\in\mathbb{R},\ n\in\mathbb{N}$$

$$\sum_{i=0}^{n}\binom{N+i-1}{N-1}=\binom{N+n}{n};\ n,N\in\mathbb{N}$$

$$\sum_{i=0}^{n}\binom{n}{i}^2 = \binom{2n}{n};\ n \in \mathbb{N}$$

$$\sum_{i=1}^{n}(-1)^{n-i}\binom{n}{i}\binom{N+i}{N+1} = \binom{N}{n-1};\ 0 < n < N;\ n,N \in \mathbb{N}$$

$$\sum_{i=0}^{n}(-1)^{i}\binom{a}{i}\binom{N-i}{n} = \binom{N-a}{N-n};\ a \in \mathbb{R};\ n,N \in \mathbb{N}$$

$$\sum_{i=0}^{n}\binom{N}{i}\binom{M}{i} = \binom{N+M}{N};\ n = \min(N,M);\ N,M \in \mathbb{N}$$

$$\sum_{i=0}^{n}\binom{N}{i}\binom{M}{i+1} = \binom{N+M}{N+1};\ n = \min(N,M-1);\ N,M \in \mathbb{N}$$

$$\left.\begin{aligned}\binom{N}{n}\binom{n}{m} &= \binom{N}{m}\binom{N-m}{n-m} = \binom{N}{n-m}\binom{N-n+m}{m}\\ \binom{N}{n}\binom{N-n}{m} &= \binom{N}{m}\binom{N-m}{n} = \binom{N}{n+m}\binom{n+m}{n}\end{aligned}\right\}\ m,n,N \in \mathbb{N}$$

$$\sum_{i=n}^{N}\binom{N}{i}\binom{i}{n} = 2^{N-n}\binom{N}{n};\ n,N \in \mathbb{N}$$

$$\sum_{i=0}^{n}(-1)^{i}\binom{N}{i}\binom{N-i}{n-i} = 0;\ n \leq N;\ n,N \in \mathbb{N}$$

$$\left.\begin{aligned}\sum_{i=0}^{N}\binom{N}{i}(a+i)^{i}(b-i)^{N-i+1} &= \frac{(a+b)^N}{(b-N)}\\ \sum_{i=0}^{N}\binom{N}{i}(a+i)^{i}(b-i)^{N-1} &= N!\sum_{i=0}^{N}\frac{(a+b)^i}{i!}\end{aligned}\right\}\ a,b \in \mathbb{R};\ N \in \mathbb{N}$$

$$\left.\begin{aligned}\sum_{i=k}^{N}\binom{N}{i}p^{i}(1-p)^{N-i} &= p^k\sum_{i=0}^{N-k}\binom{k+i-1}{k-1}(1-p)^i\\ &= p^k\sum_{i=k}^{N}\binom{i-1}{k-1}(1-p)^{i-k}\end{aligned}\right\}\ \begin{aligned}&0 \leq p \leq 1\\ &k,N \in \mathbb{N}\end{aligned}$$

$$\sum_{i=0}^{n}\binom{2n+1}{2i}\binom{N+i}{2n} = \binom{2N+1}{2n}$$

$$\sum_{i=0}^{n}\binom{2n+1}{2i+1}\binom{N+i}{2n} = \binom{2N}{2n}$$

Polynomialkoeffizienten

Die für alle natürlichen Zahlen n und alle k-Tupel natürlicher Zahlen $n_1, n_2, \ldots, n_k$, für die $n_1 + \ldots + n_k = n$ gilt, definierte Funktion

$$\binom{n}{n_1, n_2, \ldots, n_k} := \frac{n!}{n_1! n_2! \ldots n_k!} \quad \text{mit } \sum_{i=1}^{k} n_i = n$$

heißt **Polynomialkoeffizient** oder **Multinomialkoeffizient**.

Bemerkung: Der Binomialkoeffizient $\binom{N}{n}$ ist ein spezieller Polynomialkoeffizient, $\binom{N}{n} = \binom{N}{n, N-n}$.

Polynomischer Satz

Für jedes k-Tupel reeller Zahlen $a_1, a_2, \ldots, a_k$ und jede natürliche Zahl n gilt:

$$(a_1 + a_2 + \ldots + a_k)^n = \sum \binom{n}{n_1, n_2, \ldots, n_k} a_1^{n_1} a_2^{n_2} \cdot \ldots \cdot a_k^{n_k}.$$

Dabei ist über alle k-Tupel $n_1, n_2, \ldots, n_k$ zu summieren, für die $n_1 + n_2 + \ldots + n_k = n$ mit $0 \leq n_i \leq n$.

Bemerkungen zum Polynomischen Satz

1. Die Zahl der Summanden beträgt $\binom{n+k-1}{n}$.
2. $\sum \binom{n}{n_1, n_2, \ldots, n_k} = k^n$.

1.5 Relationen, Ordnungen, Abbildungen

Kartesisches Produkt und Relation

Ein **geordnetes Paar** (a, b) reeller Zahlen a und b kann durch den Mengenbegriff definiert werden:

$$(a, b) := \Big\{\{a\}, \{a, b\}\Big\}.$$

a heißt **erste Komponente**, b heißt **zweite Komponente**. Die Verallgemeinerung des geordneten Paares auf n Komponenten heißt ***n*-Tupel** und wird rekursiv definiert:

$$(a_1, a_2, \ldots, a_n) := \Big((a_1, a_2, \ldots, a_{n-1}), a_n\Big).$$

a_i heißt ***i*-te Komponente**. Zwei n-Tupel sind genau dann **gleich**, wenn sie komponentenweise übereinstimmen:

$$(a_1, \ldots, a_n) = (b_1, \ldots, b_n) \;:\Leftrightarrow\; \forall i:\; a_i = b_i.$$

Das **kartesische Produkt** (RENÉ DESCARTES, 1596 – 1650) oder **Kreuzprodukt** oder die **Produktmenge** beliebiger Mengen $M_1, \ldots, M_n$ ist die Menge aller n-Tupel, deren i-te Komponente Element von M_i ist:

$$\mathop{\times}_{i=1}^{n} M_i := M_1 \times M_2 \times \ldots \times M_n \;:= \Big\{(a_1, \ldots, a_n) : \forall i = 1, \ldots, n : a_i \in M_i\Big\}.$$

Falls $M_1 = M_2 = \ldots = M_n$, schreibt man auch: M_1^n.

Anzahl der Elemente: $\left|\mathop{\times}_{i=1}^{n} M_i\right| = \prod_{i=1}^{n} |M_i|$.

Es gelten folgende Beziehungen:

$$A \times \bigcap_{i=1}^{n} M_i = \bigcap_{i=1}^{n} (A \times M_i)$$

$$A \times \bigcup_{i=1}^{n} M_i = \bigcup_{i=1}^{n} (A \times M_i)$$

$$A \subset B \wedge C \subset D \;\Leftrightarrow\; A \times C \subset B \times D$$

Eine ***n*-stellige Relation** R ist eine Teilmenge einer n-fachen Produktmenge:

$$R \subset M_1 \times \ldots \times M_n.$$

Ist $M_1 = M_2 = \ldots = M_n$, so ist R **Relation in** M_1. Ist $(a_1, \ldots, a_n) \in R$, so sagt man: „$a_1, \ldots, a_n$ stehen in Relation R zueinander“ oder „$a_1, \ldots, a_n$ erfüllen die Relation R“.

Schreibweise für $n = 2$: $aRb \;:\Leftrightarrow\; (a,b) \in R$.

Graphische Darstellung zweistelliger (**binärer**) Relationen als **Pfeildiagramme** in $M_1 \times M_2$:

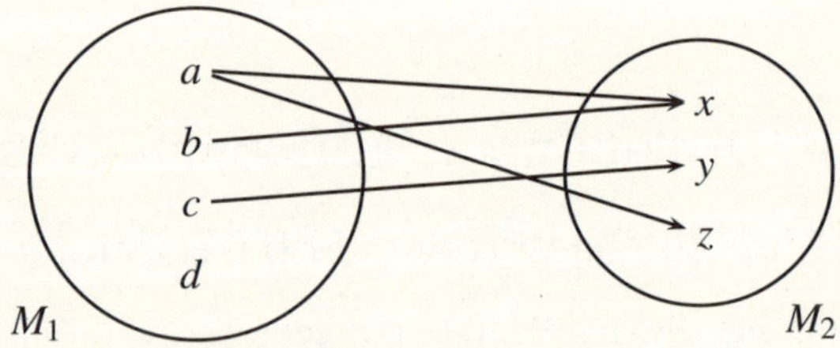

und in M_1:

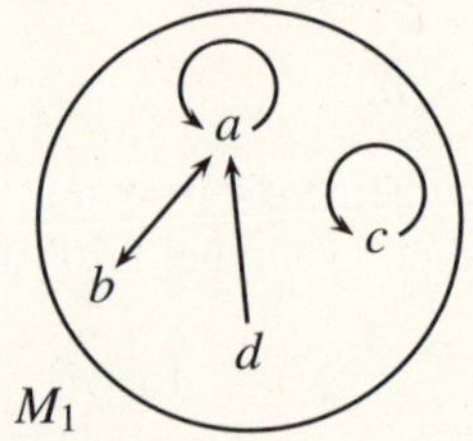

Vorbereich oder **Linksbereich**: Vb R $:= \{a \in M_1 \mid \exists b \in M_2 : aRb\}$

Nachbereich oder **Rechtsbereich**: Nb R $:= \{b \in M_2 \mid \exists a \in M_1 : aRb\}$

Nullrelation: $\bigwedge := \varnothing$

All- oder **universale Relation**: $\bigvee := M_1 \times M_2$

Umkehrrelation oder **inverse Relation** (in M): $R^{-1} := \{(b,a) : (a,b) \in R\}$.

Eigenschaften zweistelliger Relationen

Name	Definition	Charakteristikum des Pfeildiagramms
linkstotal	$\forall a \in M_1\ \exists b \in M_2 : aRb$	Von allen Elementen in M_1 gehen Pfeile aus.
rechtstotal	$\forall b \in M_2\ \exists a \in M_1 : aRb$	An allen Elementen in M_2 enden Pfeile.
bitotal	links- und rechtstotal	Kein Element in M_1 oder M_2 ist isoliert.
linkseindeutig	$\forall a,b \in M_1\ \forall c \in M_2 : aRc \wedge bRc \Rightarrow a = b$	An jedem Element in M_2 endet höchstens ein Pfeil.
rechtseindeutig	$\forall a,b \in M_2\ \forall c \in M_1 : cRa \wedge cRb \Rightarrow a = b$	Von jedem Element in M_1 geht höchstens ein Pfeil aus.
eineindeutig	links- und rechtseindeutig	Jedes Element in M_1 und M_2 hat höchstens eine Verbindung.
reflexiv	$\forall a : aRa$	Bei allen Elementen treten Schleifen auf.
irreflexiv	$\forall a : \neg aRa$	Bei keinem Element tritt eine Schleife auf.
symmetrisch	$\forall a,b : aRb \Rightarrow bRa$	Alle auftretenden Pfeile sind Doppelpfeile.
asymmetrisch	$\forall a,b : aRb \Rightarrow \neg bRa$	Es gibt weder Doppelpfeile noch Schleifen.
antisymmetrisch, identitiv	$\forall a,b : aRb \wedge bRa \Rightarrow a = b$	Es gibt keinen Doppelpfeil.
zusammenhängend, linear, vollständig	$\forall a,b : aRb \vee bRa$	Je zwei Elemente sind miteinander verbunden, und bei allen Elementen treten Schleifen auf.
schwach zusammenhängend, konnex	$\forall a,b : a \neq b \Rightarrow aRb \vee bRa$	Je zwei Elemente sind miteinander verbunden.
trichotom	$\forall a,b$: **entweder** aRb **oder** bRa **oder** $a = b$	Es gibt keine Schleifen, und je zwei Elemente sind durch einen einfachen Pfeil miteinander verbunden.
transitiv	$\forall a,b,c : aRb \wedge bRc \Rightarrow aRc$	Kommt man „irgendwie" von a nach c, so kommt man auch „direkt" hin.
intransitiv	$\forall a,b,c : aRb \wedge bRc \Rightarrow \neg\ \mathrm{aRc}$	Geht ein Pfeil von a nach b und einer von b nach c, so geht keiner von a nach c.

Name	Definition	Charakteristikum des Pfeildiagramms
negativ transitiv	$\forall a,b,c: \neg aRb \wedge \neg bRc \Rightarrow \neg aRc$	Führt kein Weg von a nach b und keiner von b nach c, so auch keiner von a nach c.
drittengleich	$\forall a,b,c:$ $aRc \wedge bRc$ $\Rightarrow aRb$	Enden bei einem Element zwei Pfeile, so sind die beiden Elemente am anderen Ende durch einen Doppelpfeil verbunden.

Äquivalenzrelation und Klasseneinteilung

Eine binäre Relation R in der Menge M heißt **Äquivalenzrelation**, wenn sie reflexiv, symmetrisch und transitiv bzw. reflexiv und drittengleich ist.

Schreibweise: $a \simeq b :\Leftrightarrow aRb.$
Sprechweise: „a ist **äquivalent** zu b."

Eine Menge $\mathcal{K}$ von Teilmengen einer Menge M heißt **Klasseneinteilung** oder **Zerlegung** von M, wenn gilt:

1. $\varnothing \notin \mathcal{K}$,
2. $\forall K_1, K_2 \in \mathcal{K} : K_1 \neq K_2 \Rightarrow K_1 \cap K_2 = \varnothing$,
3. $\forall a \in M\ \exists K \in \mathcal{K} : a \in K$.

Die Elemente von $\mathcal{K}$ heißen **Klassen** von M. Jedes Element a der Klasse K heißt **Repräsentant** von K.
Schreibweise: $[a] := K$, falls $a \in K$.

Satz

Jede Äquivalenzrelation R in M erzeugt eine Klasseneinteilung in M. Die Klassen sind die Teilmengen einander äquivalenter Elemente von M. Sie heißen **Äquivalenzklassen** oder **Restklassen**. Umgekehrt definiert jede Klasseneinteilung von M durch

$$a \simeq b :\Leftrightarrow [a] = [b]$$

eine Äquivalenzrelation in M.

Die Menge der Äquivalenzklassen heißt **Faktormenge** oder **Quotient von M nach R**:

$$M/R := \{[a] : a \in M\}$$

Jede Menge von Repräsentanten verschiedener, aber aller Äquivalenzklassen heißt **vollständiges Repräsentantensystem** von M/R.

Ordnungen

Sei R eine binäre Relation auf der Menge M. Im Hinblick auf die Anordnungsmöglichkeit der Elemente von M unterscheidet man Relationen mit bestimmten Eigenschaften. Allen **Ordnungsrelationen** der folgenden Tabelle gemeinsam ist die – nicht mehr extra aufgeführte – **Transitivität**.

	reflexiv	irreflexiv
Quasiordnung, Vorordnung, Präordnung, Quasihalbordnung	keine weitere Eigenschaft	keine weitere Eigenschaft
Halbordnung	antisymmetrisch	asymmetrisch
Ordnung, Totalordnung, Vollordnung	antisymmetrisch und linear	asymmetrisch und konnex

Ein Paar (M,R), bestehend aus einer Menge M und einer (reflexiven oder irreflexiven) Halbordnung R auf M, heißt **geordnete Menge**. Ist R eine (reflexive oder irreflexive) Totalordnung auf M, so heißt (M,R) **totalgeordnete** oder **vollgeordnete Menge** oder **linear** bzw. **konnex geordnete Menge** oder **Kette**.

Alternative Schreibweisen für reflexive und irreflexive Ordnungsrelationen:

reflexive Ordnung R in M:	irreflexive Ordnung R in M:
aRb **oder** $a \leq b$ **oder** $a \sqsubseteq b$ **oder** $a \subseteq b$	aRb **oder** $a < b$ **oder** $a \sqsubset b$ **oder** $a \subset b$
gelesen: a kleiner/gleich b	gelesen: a kleiner b

$D := \{(d,d) : d \in M\}$ heißt **Diagonale** in $M \times M$.

Es gilt: 1) $\leq \setminus D = <$,

2) $< \cup D = \leq$,

d. h., durch Entfernen bzw. Hinzufügen der Diagonalen erhält man aus einer reflexiven bzw. einer irreflexiven Ordnung eine irreflexive bzw. reflexive.

Für endliche Mengen lassen sich Ordnungsstrukturen im so genannten **HASSE-Diagramm** darstellen (HELMUT HASSE, 1898 – 1979). Elemente von M werden miteinander verbunden, falls sie in Relation stehen und kein Element „zwischen“ ihnen existiert, d. h. aRb **und** $\forall c \in M : c \neq a, c \neq b \Rightarrow \neg aRc \vee \neg cRb$.

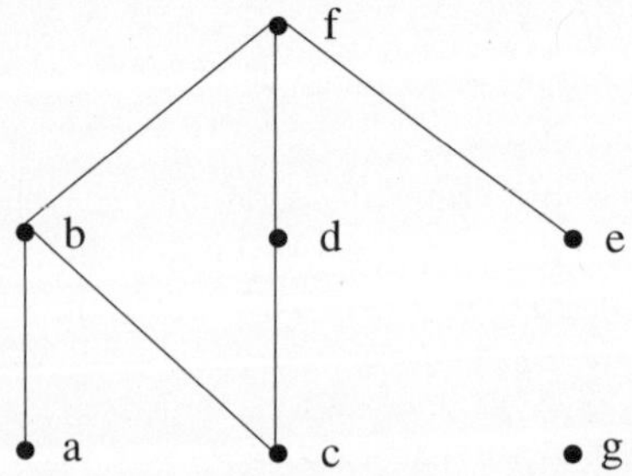

Die kleineren Elemente werden jeweils unter den größeren abgetragen. Miteinander verbundene Elemente heißen **unmittelbare Nachbarn**, das kleinere heißt **unmittelbarer Vorgänger** des größeren, dieses **unmittelbarer Nachfolger** des kleineren. a und b heißen **vergleichbar**, falls aRb oder bRa, ansonsten **unvergleichbar**.

Sei $A \subset M$. Dann heißt die Einschränkung

$$R|A := \{(a,b) \in R : \; a,b \in A\}$$

der Halb- oder Totalordnung R auf M **Teilordnung von R in A**. Die Ordnungsstruktur überträgt sich von M auf A. Eventuell kommen zusätzliche Eigenschaften hinzu.

Sei im Folgenden $(M, \leq)$ eine geordnete Menge und $A \subset M$. a heißt **größtes Element** oder **Maximum** von A, falls es Element von A ist und alle Elemente von A kleiner/gleich a sind:

$$a = \max A \; :\Leftrightarrow \; a \in A \wedge \forall b : b \in A \; \Rightarrow \; b \leq a$$

a heißt **maximales Element** in A, falls es Element von A ist und kein anderes Element in A größer/gleich a ist:

$$a = \text{maxEl}\, A \; :\Leftrightarrow \; a \in A \wedge \forall b : \; b \in A \wedge a \leq b \; \Rightarrow \; a = b$$

a heißt **obere Schranke** von A, falls alle Elemente von A kleiner/gleich a sind:

$$a = \text{obSch}\, A \; :\Leftrightarrow \; a \in M \wedge \forall b : \; b \in A \; \Rightarrow \; b \leq a$$

Besitzt A eine obere Schranke, so heißt A **nach oben beschränkt**. a heißt **obere Grenze** oder **Supremum** von A, falls a kleinste obere Schranke von A ist:

$$a = \sup A \; :\Leftrightarrow \; a = \text{obSch}\, A \wedge \forall b : b = \text{obSch}\, A \; \Rightarrow \; a \leq b$$

Die Begriffe

- **kleinstes Element** oder **Minimum** ($\min A$)
- **minimales Element** ($\text{minEl}\, A$)
- **untere Schranke** ($\text{untSch}\, A$)
- **nach unten beschränkt**
- **untere Grenze** oder **Infimum** ($\inf A$)

werden analog definiert. Eine nach unten und nach oben beschränkte Menge heißt **beschränkt**.

Beziehungen

- Eine geordnete Menge muss weder Maximum, noch ein maximales Element oder eine obere Schranke besitzen.
- Sie kann mehrere maximale Elemente besitzen.
- Hat sie ein Maximum, so ist es eindeutig und das einzige maximale Element.
- Eine linear bzw. konnex geordnete Menge hat höchstens ein maximales Element, das Maximum.
- Hat eine Teilmenge ein Maximum, so ist es zugleich obere Grenze.
- Eine obere Grenze ist Maximum einer Teilmenge, falls sie Element dieser Teilmenge ist.

Die Beziehungen gelten analog für Minimum, minimales Element, untere Schranke und untere Grenze.

Eine geordnete Menge $(M, \leq)$ heißt **wohlgeordnet**, wenn jede nichtleere Teilmenge von M ein Minimum besitzt. $\leq$ heißt dann **Wohlordnung**. Eine Wohlordnung ist insbesondere linear, d. h. eine wohlgeordnete Menge ist eine Kette. Außerdem hat jedes Element einer wohlgeordneten Menge, wenn es nicht Maximum ist, genau einen unmittelbaren Nachfolger.

Hat jede Kette einer geordneten Menge ein Supremum, so heißt die Menge **induktiv geordnet**.

Wohlordnungssatz von ZERMELO (ERNST ZERMELO, 1871 – 1953)

Jede Menge kann wohlgeordnet werden.

ZORNsches Lemma (MAX ZORN, 1906 – 1993)

Jede nichtleere, induktiv geordnete Menge besitzt mindestens ein maximales Element.

Wohlordnungssatz und ZORNsches Lemma sind äquivalent und auch äquivalent zum **Auswahlaxiom** der axiomatischen Mengenlehre:

Zu jeder Menge M nichtleerer Mengen A gibt es eine Funktion $f : M \to \cup A$ mit $f(A) \in A$ für alle $A \in M$.

Abbildungen

Eine binäre Relation $K \subset M \times N$ heißt **Korrespondenz** zwischen M und N. Seien $A \subset M$ und $B \subset N$.

$K(A) \quad := \quad \{b \in N |\ \exists a \in A:\ aKb\}$ heißt **Bild** von A unter K.

$K^{-1}(B) \quad := \quad \{a \in M |\ \exists b \in B:\ aKb\}$ heißt **Urbild** von B unter K.

$\mathbb{D}(K) \quad :=$ Vb K heißt **Definitionsbereich** von K.

$\mathbb{W}(K) \quad :=$ Nb K heißt **Wertebereich** von K.

Ist $\mathbb{D}(K) \subset M$, so ist K Korrespondenz **aus** M.
Ist $\mathbb{D}(K) = M$, so ist K Korrespondenz **von** M.
Ist $\mathbb{W}(K) \subset N$, so ist K Korrespondenz **in** N.
Ist $\mathbb{W}(K) = N$, so ist K Korrespondenz **auf** N.

Eine linkstotale und rechtseindeutige Korrespondenz $f \subset M \times N$ heißt **Abbildung** oder **Funktion von** M **in** N. Eine Abbildung von M in N ist also eine **eindeutige Korrespondenz** von M in N, d. h.:

$$\forall a,b,c:\ (a,b) \in f \wedge (a,c) \in f \ \Rightarrow\ b = c$$

Schreibweisen: $f: M \to N,\ x \mapsto f(x)$ **oder** $x \mapsto f(x),\ x \in M$

Eine Abbildung von M in N kann als Tripel (f,M,N) aufgefasst werden, bestehend aus der Zuordnungsvorschrift f, dem Definitionsbereich M und einer den Wertebereich enthaltenden Menge N. Wenn M und N bekannt sind, wird oft abkürzend von der Abbildung f gesprochen.

$$G(f) := \Big\{ \big(x, f(x)\big) \,:\, x \in M \Big\} \subset M \times N$$

heißt **Graph** von f und kann als zweidimensionale Punktmenge in einem kartesischen Koordinatensystem dargestellt werden. x heißt **Stelle** oder **Abszisse**, $f(x)$ heißt **Funktionswert** oder **Ordinate** an der Stelle x.

Die Abbildung $f: M \to N$ heißt:	, wenn gilt:
Abbildung von M **auf** N, **surjektiv, Surjektion, rechtstotal**	$\mathbb{W}(f) = N$
Einbettung von M **in** N, **injektiv, Injektion, eineindeutig**	$\forall x,y,z:\ f(x) = z \wedge f(y) = z \ \Rightarrow\ x = y$
eineindeutige Abbildung von M **auf** N, **bijektiv, Bijektion**	f ist surjektiv und injektiv

Spezielle Abbildungen

Eine **konstante Abbildung** ordnet jedem Element des Definitionsbereichs dasselbe Element $z \in N$ zu, d. h. $\mathbb{W}(f) = \{z\} \subset N$:

$$\forall x, y: \ x, y \in \mathbb{D}(f) \ \Rightarrow \ f(x) = f(y) = z.$$

Schreibweise: $f \equiv z$
Leseweise: „f ist **identisch gleich** z"

Die Abbildung $\mathbb{1}_A : M \to \{0,1\}$ mit $A \subset M$ und

$$\mathbb{1}_A(x) := \begin{cases} 1, & \text{falls } x \in A \\ 0, & \text{falls } x \in M \setminus A \end{cases}$$

heißt **Indikatorfunktion** oder **charakteristische Funktion** der Menge A.

Die **Identität** id_M (**Identitätsfunktion, identische Abbildung**) ordnet jedem Element $x \in M$ wiederum $x \in M$ zu, wobei $M \subset N$ vorausgesetzt wird:

$$\forall x: \ x \in M \ \Rightarrow \ \mathrm{id}_M(x) = x.$$

$g: A \to N$ heißt **Einschränkung** oder **Restriktion** von $f: M \to N$ auf A, wenn $A \subset M$ und $g(x) = f(x)$ für alle $x \in A$.
Schreibweise: $g := f|A$.

$g: A \to B$ heißt **Fortsetzung** von $f: M \to N$ auf A, wenn $M \subset A$, $N \subset B$ und $g|M = f$.

Existieren Mengen $M_1, \ldots, M_n$ mit $\mathbb{D}(f) \subset M_1 \times \ldots \times M_n$, so heißt f **Funktion von *n* Variablen**.

Ist $\mathbb{W}(f) \subset \mathbb{R}$, so heißt f **reellwertig**. Ist zusätzlich $\mathbb{D}(f) \subset \mathbb{R}$, so heißt f **reelle Funktion**. Eine (reellwertige) Funktion aus $\mathbb{Z}$ heißt (reelle) **Zahlenfolge** oder **Folge**.
Schreibweise: $(a_n)_{n \in A}$ mit $a_n := f(n)$, $n \in A \subset \mathbb{Z}$.

Die **Komposition (Verknüpfung, Produktfunktion, zusammengesetzte Abbildung)** $g \circ f$ zweier Abbildungen $f: A \to B$ und $g: D \to C$ ist die Hintereinanderausführung beider Abbildungen und nur definiert, falls $\mathbb{D}(g) \subset \mathbb{W}(f)$:

$$g \circ f: A \to C, \ \ (g \circ f)(x) := g\big(f(x)\big).$$

Leseweise: „g **komponiert mit** f" oder
„g **verknüpft mit** f" oder
„g **nach** f".

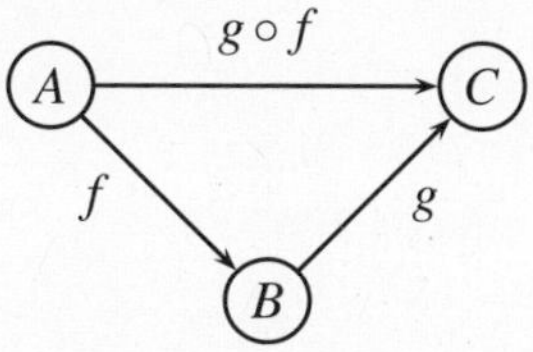

Für die Verknüpfung gilt das **Assoziativgesetz**:

$$(h \circ g) \circ f = h \circ (g \circ f).$$

Die Identität ist das **neutrale Element** der Komposition:

$$\mathrm{id}_B \circ f = f \quad \text{und} \quad f \circ \mathrm{id}_a = f.$$

Die folgenden beiden Aussagen sind äquivalent:
(1) $f : A \to B$ ist bijektiv
(2) $\exists f^{-1}: \; f^{-1} : B \to A \;\wedge\; f^{-1} \circ f = \mathrm{id}_a \;\wedge\; f \circ f^{-1} = \mathrm{id}_B$

f^{-1} heißt **Umkehrabbildung** oder **inverse Abbildung** von f.

Sind f und g surjektiv bzw. injektiv bzw. bijektiv, so ist auch $g \circ f$ surjektiv bzw. injektiv bzw. bijektiv.

Seien $f : A \to B$, $g : B \to C$, $D \subset A$, $E \subset B$, $F \subset C$. Das **Bild** von D unter der Abbildung f ist die Menge aller Elemente $y \in B$, auf die mindestens ein $x \in D$ abgebildet wird:

$$f(D) := \{y \in B \mid \exists x \in D : f(x) = y\}.$$

Das **Urbild** von E unter der Abbildung f ist die Menge aller Elemente $x \in A$, die unter f nach E abgebildet werden:

$$f^{-1}(E) := \{x \in A \mid f(x) \in E\}.$$

Die Existenz der Umkehrabbildung ist dafür nicht erforderlich.

Mengenbeziehungen

$f(\bigcap D_i) \subset \bigcap f(D_i)$, $D_i \subset A$
Die Gleichheit dieser Mengen gilt bei Injektivität von f.
$f(\bigcup D_i) = \bigcup f(D_i)$, $D_i \subset A$

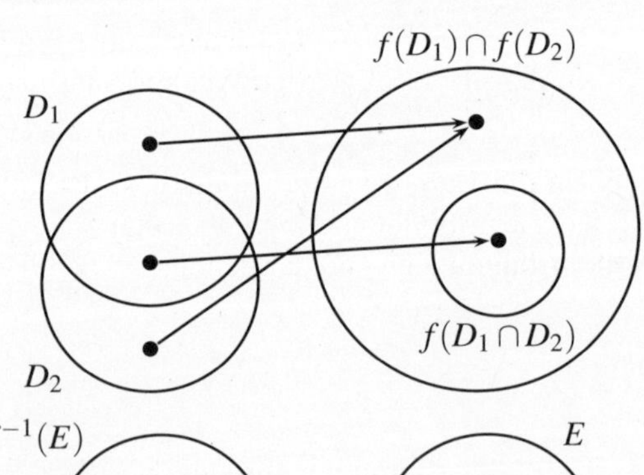

$f\left(f^{-1}(E)\right) \subset E$
Die Gleichheit dieser Mengen gilt bei Surjektivität von f.

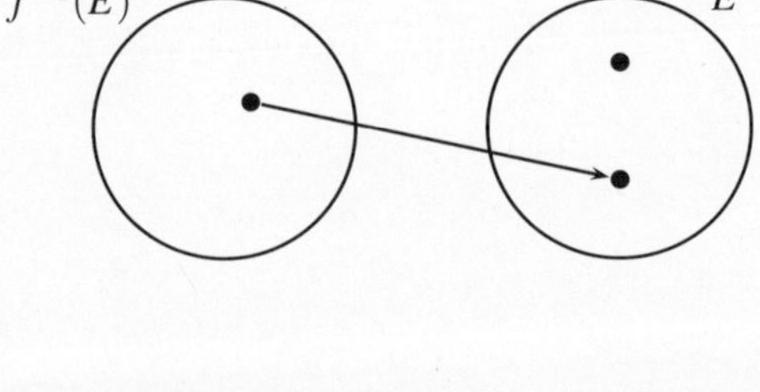

$f^{-1}\big(f(D)\big) \supset D$
Die Gleichheit dieser Mengen gilt bei Injektivität von f.

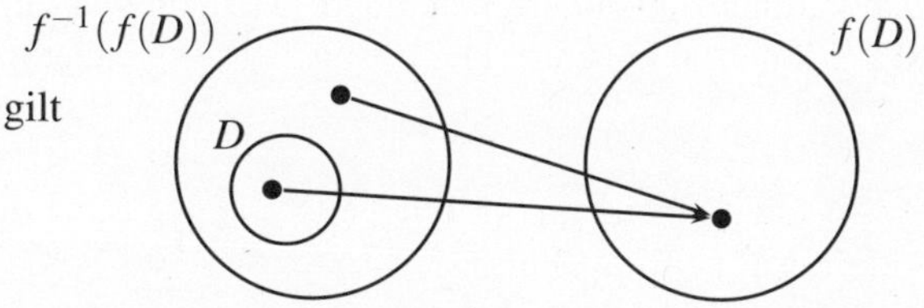

$f^{-1}(E_1 \setminus E_2) = f^{-1}(E_1) \setminus f^{-1}(E_2), \quad E_1, E_2 \subset B$
$(g \circ f)^{-1}(F) = f^{-1}\left(g^{-1}(F)\right)$

Mächtigkeit von Mengen

Die Mengen A und B heißen **gleichmächtig** (in Zeichen: $A \sim B$), wenn eine Bijektion $f: A \to B$ existiert. Sie heißen **nicht gleichmächtig** (in Zeichen: $A \not\sim B$), falls keine Bijektion existiert. Die Gleichmächtigkeit von Mengen ist eine **Äquivalenzrelation** in einem Mengensystem $\mathbb{M}$, das nicht die Menge aller Mengen sei. Die Äquivalenzklasse $[A] \in \mathbb{M}/\sim$ heißt **Mächtigkeit** oder **Kardinalzahl** von A.

Schreibweise: $|A| := [A]$.

Die Menge A heißt **endlich**, wenn es keine echte Teilmenge von gleicher Mächtigkeit gibt:

$$|A| < \infty \;:\Leftrightarrow\; \forall B:\; B \subsetneqq A \;\Rightarrow\; A \not\sim B.$$

Ist A nicht endlich, so heißt A **unendlich**. Die Kardinalzahl einer endlichen Menge heißt **natürliche** (**finite**, **endliche**) Kardinalzahl, die einer unendlichen Mengen **transfinite** Kardinalzahl.

Auf der Menge der Kardinalzahlen eines Mengensystems ist wie folgt eine reflexive Ordnung definiert

$$|A| \le |B| \;:\Leftrightarrow\; \exists C:\; C \subset B \wedge A \sim C.$$

Analog ist eine irreflexive Ordnung definiert:

$$|A| < |B| \;:\Leftrightarrow\; |A| \le |B| \wedge A \not\sim B.$$

Regeln zur Mächtigkeit von Mengen

$\forall A: |A| < |\mathfrak{P}(A)|$

$|\mathbb{N}| = |\mathbb{Q}|$ (CANTORs Diagonalverfahren)

$|\mathbb{N}| = |\mathbb{Q}^n|, \; n \in \mathbb{N}$

$\forall n \in \mathbb{N}\; \forall A_1, \ldots, A_n: |A_1| = |A_2| = \ldots = |\mathbb{N}| \;\Rightarrow\; \left|\bigcup\limits_{i=1}^{n} A_i\right| = |\mathbb{N}|$

$|\mathbb{N}| < |\mathbb{R}|, \quad |\mathbb{R}| = |\mathbb{R}^n|, \; n \in \mathbb{N}, \quad |\mathbb{R}| = |\mathbb{C}|$

Die Kardinalzahlen der unendlichen Mengen werden mittels des ersten Buchstabens $\aleph$ (lies: aleph) im hebräischen Alphabet bezeichnet:

$$\aleph_0 := |\mathbb{N}|$$

Eine Menge A heißt **abzählbar**, falls $|A| \leq \aleph_0$, **abzählbar unendlich**, falls $|A| = \aleph_0$, und **überabzählbar**, falls $\aleph_0 < |A|$.

1.6 Funktionen einer Variablen

Eine **Funktion** ist im weiteren Sinne genau dasselbe wie eine Abbildung, im engeren Sinne versteht man darunter nur die Abbildungsvorschrift (ohne Definitionsbereich und Nachbereich). Die **unabhängige Variable** wird häufig mit x bezeichnet, das Ergebnis der Abbildung f, die **abhängige Größe**, mit $f(x)$ oder y.

Darstellungsformen

Die Darstellung einer reellen Funktion einer Variablen kann erfolgen in Gestalt

- einer Funktionsgleichung,
- einer Wertetabelle und/oder
- eines Graphen.

Funktionsgleichungen

Die Darstellung einer Funktion mittels Funktionsgleichung heißt **analytische Darstellung** und kann in vier Varianten erfolgen.

1. **Explizite einfache Funktionsgleichung**

$$y = f(x), \; x \in \mathbb{D}(f),$$

wobei links nur die abhängige Größe und rechts ein Term steht, der nur von der Variablen x, nicht aber von y abhängt.

2. **Explizite zusammengesetzte Funktionsgleichung**

$$y = \begin{cases} f_1(x), & x \in A_1 \\ f_2(x), & x \in A_2 \\ \vdots & \\ f_n(x) & \text{sonst, d. h. } x \in \mathbb{D}(f) \setminus \bigcup\limits_{i=1}^{n-1} A_i \end{cases}$$

mit Funktionen $f_1, \ldots, f_n$, die ihrerseits wieder beliebige Darstellungen haben können, im Allgemeinen aber in expliziter einfacher Form vorliegen, und mit Mengen $A_i \subset \mathbb{D}(f)$, die paarweise disjunkt sind.

3. **Implizite Funktionsgleichung**

$$g(x,y) = 0,\ x \in \mathbb{D}(f),$$

mit einer Funktion g der zwei Variablen x und $y = f(x)$.

4. **Funktionsgleichung in Parameterform**

$$(x,y) = \big(g(t), h(t)\big),\ t \in g^{-1}(\mathbb{D}(f)),$$

mit zwei Funktionen g und h von t. Formal ist eine Funktion in Parameterdarstellung eine $\mathbb{R}^2$-wertige Funktion der Variablen t. Im Allgemeinen wird es sich **nicht** um eine Funktion $y = f(x)$ im Sinne einer **eindeutigen** Abbildung handeln.

Wertetabelle

Die Darstellung einer Funktion f von einer Variablen x mittels Wertetabelle kann zeilenweise oder spaltenweise erfolgen. Die Auswahl der aufgeführten Abszissenwerte x_i sollte sich danach richten, welcher Abschnitt des Funktionsverlaufes besonders interessiert und wie stark die Funktionswerte sich ändern. Bei starker Veränderung der Funktionswerte sollten die Abszissenwerte dichter gewählt werden. Je nach Definitionsbereich, z. B. bei **diskreten** Funktionen mit abzählbarem Definitionsbereich, ist die Auswahl der Stellen x_i manchmal eingeschränkt. Häufig und vor allem bei graphischen Computerprogrammen werden die Abszissenwerte **äquidistant** gewählt, d. h. es ist $x_i - x_{i-1} = c\ \forall i$.

x_i	x_1	x_2	x_3	$\cdots$	x_n
$f(x_i)$	y_1	y_2	y_3	$\cdots$	y_n

Graph

Der Graph einer Funktion $y = f(x)$ ist definiert als

$$\{(x, f(x)) : x \in \mathbb{D}(f)\}\,.$$

Damit handelt es sich im Prinzip um eine **vollständige Wertetabelle**. Da der Graph einer reellen Funktion einer Variablen eine Teilmenge des $\mathbb{R}^2$ ist, kann man ihn in einem kartesischen Koordinatensystem „graphisch“ darstellen. Von dieser Darstellung wird im weiteren Sinne als vom **Graphen** der Funktion f gesprochen. Da man in praxi nur endlich viele Punkte eintragen kann, beruht der Graph im weiteren Sinne, die graphische Darstellung, auf einer Teilmenge des Graphen im eigentlichen Sinne, also auf einer Wertetabelle (vgl. oben). Die endlich vielen Punkte im kartesischen Koordinatensystem werden im Allgemeinen zur besseren Augenführung durch **Strecken** verbunden. Liegen diese Punkte dicht genug beieinander, so entsteht der Eindruck einer „glatten“ Kurve. (Vgl. hierzu bspw. die Darstellung der Polynome auf S. 88.) Die vier **Quadranten** des Koordinatensystems werden, beginnend mit dem Quadranten rechts oben, gegen den Uhrzeigersinn nummeriert.

Eigenschaften von Funktionen

Eine Funktion kann nach folgenden Eigenschaften typisiert werden. Sie kann die entsprechende Eigenschaft eventuell auch auf einer Teilmenge des Definitionsbereiches besitzen. Die Definition ist dann analog abzuwandeln.

Symmetrie

Eine Funktion f heißt **gerade** oder **spiegelsymmetrisch zur y-Achse**, wenn $f(x) = f(-x)$ für alle $x \in \mathbb{D}(f)$. Sie heißt **spiegelsymmetrisch zur Geraden** $x = x_0$, wenn $f(x_0 + x) = f(x_0 - x)$ für alle $x \in \mathbb{D}(f)$.

Sie heißt **ungerade** oder **punktsymmetrisch zum Ursprung**, wenn $f(x) = -f(-x)$ für alle $x \in \mathbb{D}(f)$. Sie heißt **punktsymmetrisch zum Punkt** (x_0, y_0), wenn $f(x_0 + x) = 2y_0 - f(2x_0 - x)$ für alle $x \in \mathbb{D}(f)$.

Beschränktheit

Eine Funktion f heißt **nach oben beschränkt**, wenn ein $y_0 \in \mathbb{R}$ existiert mit $f(x) \leq y_0$ für alle $x \in \mathbb{D}(f)$.

Sie heißt **nach unten beschränkt**, wenn ein $y_0 \in \mathbb{R}$ existiert mit $f(x) \geq y_0$ für alle $x \in \mathbb{D}(f)$.

Sie heißt **beschränkt**, wenn ein $y_0 \in \mathbb{R}^+$ existiert mit $|f(x)| \leq y_0$ für alle $x \in \mathbb{D}(f)$. Sie ist dann nach oben (durch y_0) und nach unten (durch $-y_0$) beschränkt.

Monotonie

Eine Funktion f heißt **monoton wachsend**, wenn für alle $x_1, x_2 \in \mathbb{D}(f)$ mit $x_1 < x_2$ gilt: $f(x_1) \leq f(x_2)$. Sie heißt **streng monoton wachsend**, wenn für alle $x_1, x_2 \in \mathbb{D}(f)$ mit $x_1 < x_2$ gilt: $f(x_1) < f(x_2)$.

Eine Funktion f heißt **monoton fallend**, wenn für alle $x_1, x_2 \in \mathbb{D}(f)$ mit $x_1 < x_2$ gilt: $f(x_1) \geq f(x_2)$. Sie heißt **streng monoton fallend**, wenn für alle $x_1, x_2 \in \mathbb{D}(f)$ mit $x_1 < x_2$ gilt : $f(x_1) > f(x_2)$.

Sie heißt **monoton**, wenn sie entweder monoton wachsend oder monoton fallend ist. Sie heißt **streng monoton**, wenn sie entweder streng monoton wachsend oder streng monoton fallend ist.

Eine streng monotone Funktion f ist insbesondere injektiv und damit umkehrbar auf $\mathbb{W}(f)$. Hat die Funktion f „Sprungstellen“, so hat die Umkehrfunktion „Löcher“ im Definitionsbereich. Die Monotonieeigenschaft – wachsend oder fallend – wird auf die Inverse f^{-1} vererbt. Eine Stelle, an der eine Funktion ihre Monotonie ändert, heißt **lokale Extremstelle**.

Krümmung

Eine Funktion f heißt **(von unten) konvex**, wenn für alle $x_1, x_2 \in \mathbb{D}(f)$ und für alle $\lambda \in (0,1)$ mit $\lambda x_1 + (1-\lambda)x_2 \in \mathbb{D}(f)$ gilt:

$$f(\lambda x_1 + (1-\lambda)x_2) \leq \lambda f(x_1) + (1-\lambda) f(x_2).$$

Sie heißt **streng konvex**, wenn für alle $x_1, x_2 \in \mathbb{D}(f)$ und für alle $\lambda \in (0,1)$ mit $\lambda x_1 + (1-\lambda)x_2 \in \mathbb{D}(f)$ gilt:

$$f(\lambda x_1 + (1-\lambda)x_2) < \lambda f(x_1) + (1-\lambda) f(x_2).$$

Sie heißt **(von unten) konkav**, wenn $-f$ (von unten) konvex ist. Sie heißt **streng konkav**, wenn $-f$ streng konvex ist.

Die Strecke zwischen je zwei beliebigen Punkten des Graphen einer streng konvexen (streng konkaven) Funktion liegt stets oberhalb (unterhalb) des Funktionsgraphen.

Manche Verfasser setzen für die Konvexität die Stetigkeit von f voraus. Die Bedingung $\lambda x_1 + (1-\lambda)x_2 \in \mathbb{D}(f)$ entfällt dann. Eine Stelle, an der eine Funktion ihre Krümmung ändert, heißt **Wendepunkt**.

Periodizität

Eine Funktion f heißt **periodisch**, wenn ein $p \in \mathbb{R}^+$ existiert mit $f(x) = f(x + n \cdot p)$ für alle $x \in \mathbb{D}(f)$ und für alle $n \in \mathbb{Z}$ mit $x + n \cdot p \in \mathbb{D}(f)$. Die kleinste positive Zahl p mit dieser Eigenschaft heißt **Periode** von f.

Homogenität

Eine Funktion f heißt **homogen vom Grad *r***, wenn für alle $x \in \mathbb{D}(f)$ und für alle $\lambda \in \mathbb{R}$ mit $\lambda x \in \mathbb{D}(f)$ gilt:

$$f(\lambda x) = \lambda^r \cdot f(x).$$

r heißt dann **Homogenitätsgrad**.

Extrema

Sei $f : A \to \mathbb{R}$ mit $A \subset \mathbb{R}$. Die Stelle $x_0 \in A$ heißt (**globale** oder **absolute**) **Maximalstelle** von f, wenn für alle $x \in A$ gilt: $f(x_0) \geq f(x)$. $f(x_0)$ heißt dann (**globales** oder **absolutes**) **Maximum** von f. Die Stelle $x_0 \in A$ heißt (**globale** oder **absolute**) **Minimalstelle** von f, wenn für alle $x \in A$ gilt: $f(x_0) \leq f(x)$. $f(x_0)$ heißt dann (**globales** oder **absolutes**) **Minimum** von f.

Sei $\delta \in \mathbb{R}^+$, $x_0 \in \mathbb{R}$.

$$U_\delta(x_0) := (x_0 - \delta,\ x_0 + \delta) \subset \mathbb{R}$$

heißt (offene) **δ-Umgebung** von x_0.

Die Stelle $x_0 \in A$ heißt **lokale Maximalstelle** von f, wenn ein $\delta > 0$ existiert, so dass für alle $x \in U_\delta(x_0) \cap \mathbb{D}(f)$ gilt: $f(x_0) \geq f(x)$. $f(x_0)$ heißt dann **lokales Maximum** von f.

Die Stelle $x_0 \in A$ heißt **lokale Minimalstelle** von f, wenn ein $\delta > 0$ existiert, so dass für alle $x \in U_\delta(x_0) \cap \mathbb{D}(f)$ gilt: $f(x_0) \leq f(x)$. $f(x_0)$ heißt dann **lokales Minimum**.

Maximalstellen und Minimalstellen heißen **Extremstellen**, Maxima und Minima heißen **Extrema**. Das Konzept der lokalen Extrema setzt sinnvollerweise die Stetigkeit von f voraus. Gelten die obigen Ungleichungen für $x \neq x_0$ strikt, so heißen die Extremstellen **eindeutig** und die Extrema **echt**.

Eine globale Extremstelle bzw. Extremum ist stets auch eine lokale Extremstelle bzw. Extremum. Lokale Extremstellen sind Abszissenwerte, an denen sich das **Monotonieverhalten** einer Funktion **ändert**.

Transformationen

Sei $f : A \to \mathbb{R}$, $A \subset \mathbb{R}$, $x \mapsto y := f(x)$. Durch geometrisch anschauliche Manipulationen des (x,y)-Koordinatensystems geht der Graph der Funktion f in einen anderen Graphen über. Solche Manipulationen sind Funktionen von $\mathbb{R}^2$ in $\mathbb{R}^2$, die jeden Punkt (x,y) in einen Punkt $(x^\star, y^\star)$ abbilden. Sie heißen **Transformationen**.

Koordinatentranslationen

Eine Koordinatentranslation ist eine Verschiebung des Koordinatenursprungs. Soll der Punkt (x_0, y_0) zum neuen Ursprung werden und werden die Koordinaten des neuen Systems mit einem Stern gekennzeichnet, so lauten die Transformationsgleichungen:

$$x^\star = x - x_0 \quad \text{bzw.} \quad x = x^\star + x_0$$
$$y^\star = y - y_0 \quad \text{bzw.} \quad y = y^\star + y_0.$$

Der Graph $G := \{(x, f(x)) : x \in \mathbb{D}(f)\}$ der Funktion f im Koordinatensystem mit dem Ursprung $(0,0)$ geht also über in den Graphen $G^\star := \{(x - x_0, f(x) - y_0) : x \in D(f)\}$ im Koordinatensystem mit dem Ursprung (x_0, y_0).

Symmetrietransformationen

Drehung um den Ursprung um 180°:

$$x^\star = -x \quad \text{bzw.} \quad x = -x^\star$$
$$y^\star = -y \quad \text{bzw.} \quad y = -y^\star$$
$$f^\star(x^\star) = -f(-x)$$

Drehung um den Punkt (x_0, y_0) um 180°:

$$x^\star = 2x_0 - x \quad \text{bzw.} \quad x = 2x_0 - x^\star$$
$$y^\star = 2y_0 - y \quad \text{bzw.} \quad y = 2y_0 - y^\star$$
$$f^\star(x^\star) = 2y_0 - f(2x_0 - x)$$

Spiegelung an der x-Achse:

$x^\star = x$

$y^\star = -y$ bzw. $y = -y^\star$

$f^\star(x^\star) = -f(x)$

Spiegelung an der y-Achse:

$x^\star = -x$ bzw. $x = -x^\star$

$y^\star = y$

$f^\star(x^\star) = f(-x)$

Spiegelung an der Geraden $x = x_0$:

$x^\star = 2x_0 - x$ bzw. $x = 2x_0 - x^\star$

$y^\star = y$

$f^\star(x^\star) = f(2x_0 - x)$

Spiegelung an der Geraden $y = y_0$:

$x^\star = x$

$y^\star = 2y_0 - y$ bzw. $y = 2y_0 - y^\star$

$f^\star(x^\star) = 2y_0 - f(x)$

Affine Abbildungen

Eine affine Abbildung eines Funktionsgraphen in einem kartesischen Koordinatensystem entspricht der **Stauchung** oder **Dehnung** einer oder beider Koordinatenachsen:

$x^\star = \alpha \cdot x$ bzw. $x = x^\star/\alpha, \quad \alpha \in \mathbb{R}^+$

$y^\star = \beta \cdot y$ bzw. $y = y^\star/\beta, \quad \beta \in \mathbb{R}^+$

Längenverhältnisse bleiben unter affinen Abbildungen erhalten.

Lineare Transformationen

$x^\star = \alpha x + \beta$ bzw. $x = (x^\star - \beta)/\alpha, \quad \alpha \in \mathbb{R}\backslash\{0\}, \quad \beta \in \mathbb{R}$

$y^\star = \gamma y + \delta$ bzw. $y = (y^\star - \delta)/\gamma, \quad \gamma \in \mathbb{R}\backslash\{0\}, \quad \delta \in \mathbb{R}$

Koordinatentranslationen, Drehungen, Spiegelungen und affine Abbildungen sind Spezialfälle der linearen Transformation.

Nichtlineare Transformationen

Nichtlineare Transformationen einer oder beider Koordinatenachsen dienen der Vereinfachung (im Allgemeinen Linearisierung) eines Funktionsgraphen:

$$\left.\begin{aligned} x^\star &= g(x) \\ y^\star &= h(y) \end{aligned}\right\} \text{mit (prinzipiell beliebigen) Abbildungen } g \text{ und } h$$

$f^\star(x^\star) = h(f(g(x))) = (h \circ f \circ g)(x)$.

Häufig werden die **logarithmischen Transformationen** benötigt, da mit ihrer Hilfe Exponential- und Potenzfunktionen linearisiert werden können.

Einfach-logarithmische Transformation

$$\left.\begin{aligned} y &= a^x \\ g(x) &= x \cdot \log a \\ h(y) &= \log y \end{aligned}\right\} h(y) = x \cdot \log a = g(x)$$

Doppelt-logarithmische Transformation

$$\left.\begin{aligned} y &= ax^b \\ g(x) &= \log a + b \cdot \log x \\ h(y) &= \log y \end{aligned}\right\} h(y) = g(x)$$

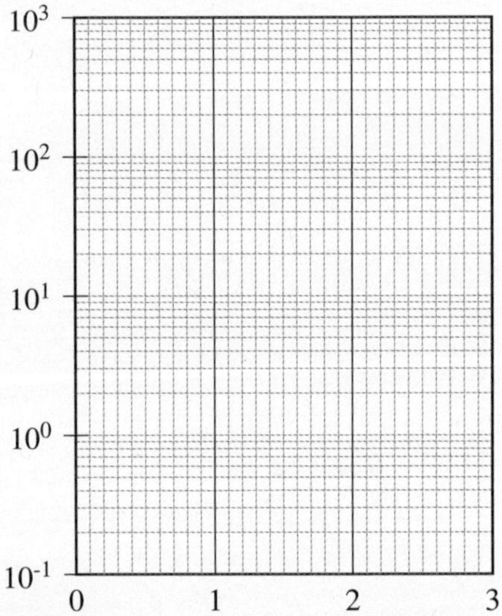

Einfach-logarithmisches oder halblogarithmisches Papier (eine Achse logarithmisch, die andere Achse linear skaliert)

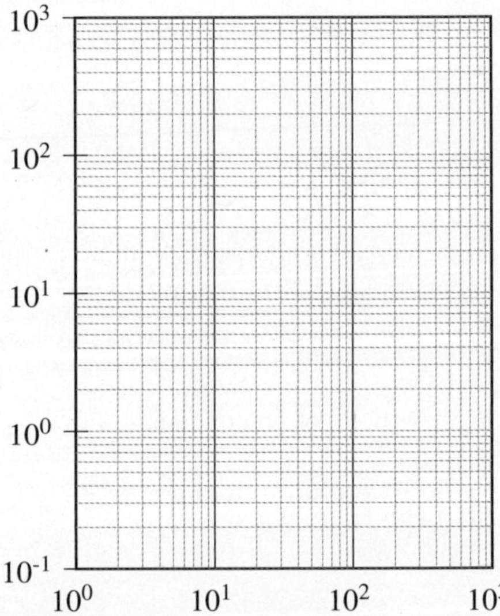

Doppelt-logarithmisches Papier (beide Achsen logarithmisch skaliert)

Trägt man Punkte (x_i, y_i), deren Ordinaten y_i aus den Abszissen x_i durch eine Exponentialfunktion (bzw. Potenzfunktion) hervorgehen, auf einfach-logarithmischem (bzw. doppelt-logarithmischem) Papier ab, so liegen sie auf einer Geraden und umgekehrt, d. h. liegen Punkte auf einer Geraden, so stehen sie in einem entsprechenden funktionalen Zusammenhang.

Algebraische Funktionen

Algebraische Funktionen können in drei Klassen eingeteilt werden:

1. ganz-rationale Funktionen oder Polynome,
2. gebrochen-rationale Funktionen und
3. irrationale Funktionen.

Potenzfunktionen

$$f(x) = x^a$$

sind spezielle algebraische Funktionen, die je nach Ausprägung von a und x allen drei Klassen zugeordnet werden können:

1. $a \in \mathbb{N},\ x \in \mathbb{R}$ – **Parabel a-ter Ordnung**, d. h. f ist ein spezielles Polynom
2. $-a \in \mathbb{N},\ x \in \mathbb{R} \setminus \{0\}$ – f ist eine spezielle gebrochen-rationale Funktion
3. $a \in \mathbb{Q},\ x \in \mathbb{R}_0^+$ – **Wurzelfunktion**, d. h. f ist eine spezielle irrationale Funktion

Polynome

Ein **Polynom** ist eine **ganz-rationale Funktion**. (Zu Polynomen siehe auch Seite 45ff. in Abschnitt 1.3.) Bei Kenntnis der Nullstellen $z_1, \ldots, z_n \in \mathbb{C}$ zerfällt ein Polynom in ein Produkt von n Linearfaktoren in $\mathbb{C}$:

$$p_n(z) = \sum_{i=0}^{n} a_i z^i = a_n(z - z_1)(z - z_2) \cdot \ldots \cdot (z - z_n),\ z \in \mathbb{C}.$$

Betrachtet man ein Polynom nur über den reellen Zahlen, so zerfällt es in lineare und/oder quadratische Faktoren:

$$p_n(x) = \sum_{i=0}^{n} a_i x^i = a_n \cdot (x^2 + b_1 x + c_1) \cdot \ldots \cdot (x^2 + b_k x + c_k) \cdot (x - x_1) \cdot \ldots \cdot (x - x_\ell),\ x \in \mathbb{R},$$

mit $2k + \ell = n$. Zerfallen die quadratischen Faktoren über $\mathbb{R}$ nicht mehr in Linearfaktoren, haben sie also keine reelle Nullstelle, so heißen sie **irreduzibel**.

Hinweis: Die Zerlegung eines Polynoms in lineare und/oder quadratische Faktoren kann mittels der **Polynomdivision** (vgl. S. 137) druchgeführt werden.

Addition, Subtraktion und Multiplikation von Polynomen führen wieder zu einem Polynom, wobei der Grad des Ergebnispolynoms höchstens gleich dem größten Grad der Summandenpolynome (bei Addition und Subtraktion) und höchstens gleich dem Produkt der Faktorpolynome (bei Multiplikation) ist.

Darstellung von Polynomen

Typische Verläufe von Polynomen 2. Grades

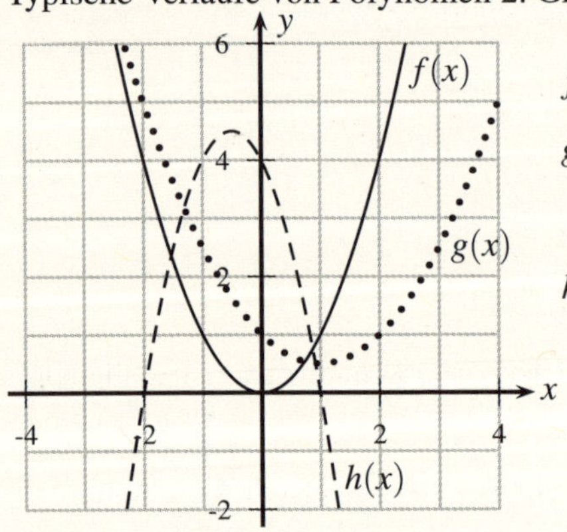

$$\begin{aligned} f(x) &= x^2 \text{ (Normalparabel)} \\ g(x) &= 0,5x^2 - 1x + 1 \\ &= \frac{1}{2}(x-(1+i))(x-(1-i)) \\ h(x) &= -2x^2 - 2x + 4 \\ &= -2(x+2)(x-1) \end{aligned}$$

Typische Verläufe von Polynomen 3. Grades

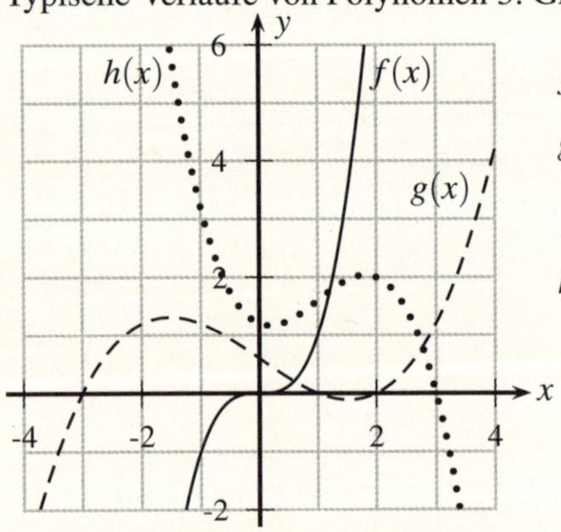

$$\begin{aligned} f(x) &= x^3 \\ g(x) &= 0,1x^3 - 0,7x + 0,6 \\ &= \frac{1}{10}(x+3)(x-1)(x-2) \\ h(x) &= -0,4x^3 + 1,2x^2 - 0,4x + 1,2 \\ &= -\frac{2}{5}(x-3)(x+i)(x-i) \end{aligned}$$

Typische Verläufe von Polynomen 4. Grades

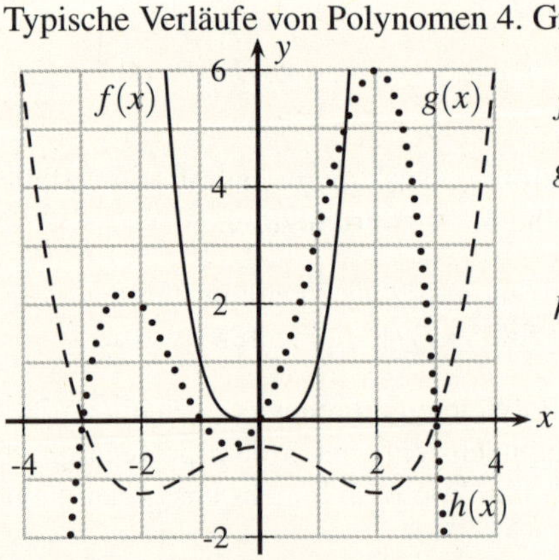

$$\begin{aligned} f(x) &= x^4 \\ g(x) &= 0,05x^4 - 0,4x^2 - 0,45 \\ &= \frac{1}{20}(x+3)(x-3)(x+i)(x-i) \\ h(x) &= -0,2x^4 - 0,2x^3 + 1,8x^2 + 1,8x \\ &= -\frac{1}{5}x(x+3)(x+1)(x-3) \end{aligned}$$

Polynomapproximation

Stetige Funktionen können in einem beschränkten Bereich beliebig genau durch Polynome approximiert werden (Karl Weierstrass, 1815 – 1897). Kennt man die Werte einer stetigen Funktion f an den Stellen $x_0, x_1, \ldots, x_n$ mit

$$y_i := f(x_i),\ i = 0, 1, \ldots, n,$$

so gibt es ein eindeutig bestimmtes Polynom $L(x)$ vom Grad n, das an den **Stützstellen** $x_0, x_1, \ldots, x_n$ die **Stützwerte** $y_0, y_1, \ldots, y_n$ als Werte annimmt, nämlich das **Interpolationspolynom von Lagrange** (Joseph Louis Lagrange, 1736 – 1813):

$$L(x) = \sum_{i=0}^{n} \left(y_i \prod_{(i\neq)\, j=0}^{n} \frac{x - x_j}{x_i - x_j} \right).$$

Für $n = 1$ erhält man die Formel der **linearen Interpolation** zweier Punkte (x_0, y_0) und (x_1, y_1) für eine beliebige Zwischenstelle $x \in (x_0, x_1)$:

$$L(x) = y_0 \frac{x - x_1}{x_0 - x_1} + y_1 \frac{x - x_0}{x_1 - x_0} = y_0 + \frac{x - x_0}{x_1 - x_0}(y_1 - y_0).$$

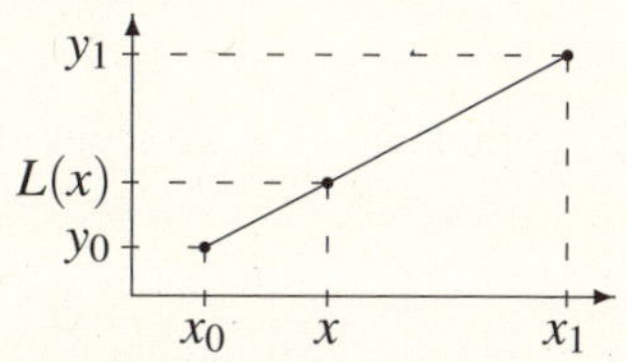

Gebrochen-rationale Funktionen

Eine **gebrochen-rationale Funktion** r ist der Quotient zweier Polynome p_n und q_m:

$$r(x) = \frac{p_n(x)}{q_m(x)},\ x \in \mathbb{R} \backslash \{x_i : q_m(x_i) = 0\}.$$

Für $n < m$ heißt $r(x)$ **echt gebrochen**, für $n \geq m$ **unecht gebrochen**. Eine unecht gebrochen-rationale Funktion kann (durch Polynomdivision) in die Summe aus einem Polynom vom Grad $n - m$ und einer echt gebrochenen Funktion umgeformt werden. Haben p_n und q_m keine gemeinsamen Nullstellen, so heißen die Nullstellen des Nennerpolynoms q_m **Polstellen** oder **Pole** von r.

Irrationale Funktionen

Irrationale Funktionen im weitesten Sinne sind alle nicht-rationalen Funktionen. Häufig versteht man darunter jedoch Funktionen, die über die Operationen der rationalen Funktionen hinaus Wurzeln (mit beliebigen Wurzelexponenten), also Potenzen mit rationalen Exponenten zulassen.

Transzendente Funktionen

Alle nichtalgebraischen Funktionen heißen **transzendent**. Aus der Vielfalt transzendenter Funktionen haben einige eine besondere Bedeutung.

Exponentialfunktionen

Die **allgemeine Exponentialfunktion** $f:\ \mathbb{R} \to \mathbb{R}^+$ mit

$$f(x) = a^{g(x)},\ a > 0,\ g \text{ algebraische Funktion,}$$

lässt sich stets mit Hilfe der natürlichen Logarithmusfunktion von der **Basis** a auf die „natürliche" Basis $e \approx 2{,}71828$ umbasieren:

$$a^{g(x)} = e^{g(x)\cdot \ln a}.$$

Daher kann man sich im Weiteren auf die **natürliche Exponentialfunktion** (oder einfach: Exponentialfunktion) $\exp : \mathbb{R} \to \mathbb{R}^+$ mit

$$\exp(x) = e^x$$

beschränken. Die Exponentialfunktion ist

- streng monoton wachsend,
- streng konvex und
- positiv.

Sie hat in der Abszisse eine horizontale Asymptote.

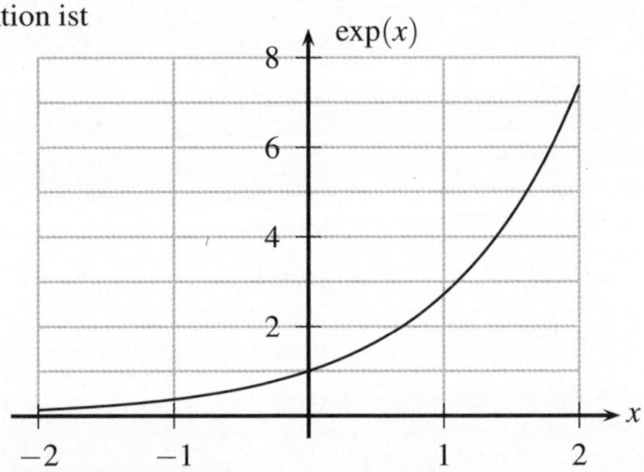

Eigenschaften der natürlichen Exponentialfunktion

$$\exp(x) = \sum_{i=0}^{\infty} \frac{x^i}{i!},\ x \in \mathbb{R} \qquad \text{Potenzreihendarstellung}$$

$$\exp(x) = \lim_{n\to\infty} \left(1 + \frac{x}{n}\right)^n,\ x \in \mathbb{R} \qquad \text{Limesdarstellung}$$

$$\left.\begin{aligned} \exp(x_1 + x_2) &= \exp(x_1)\cdot\exp(x_2) \\ \exp(x_1 - x_2) &= \exp(x_1)/\exp(x_2) \\ \exp(x_1 \cdot x_2) &= (\exp(x_1))^{x_2} \end{aligned}\right\}\ \text{Funktionalgleichungen}$$

$$\lim_{x \to -\infty} \exp(x) = 0$$

$$\lim_{x \to \infty} \exp(x) = \infty$$

$$\exp(0) = 1$$

$$\lim_{x \to 0} \frac{\exp(x) - 1}{x} = 1$$

$$\lim_{x \to \infty} \frac{\exp(x)}{x^q} = \infty, \; q \in \mathbb{R},$$

d. h. die Exponentialfunktion wächst schneller als jede Potenz von x.

$$\exp^{-1}(x) = \ln x, \; x \in \mathbb{R}^+,$$

d. h. der natürliche Logarithmus ist Umkehrfunktion der Exponentialfunktion.

Logarithmusfunktionen

Die **allgemeine Logarithmusfunktion** $\log_a : \mathbb{R}^+ \to \mathbb{R}$ mit

$$\log_a g(x) = f^{-1}(x), \; a \in \mathbb{R}^+ \setminus \{1\},$$

wobei $f(x) = a^{g(x)}$ und g eine algebraische Funktion ist, lässt sich stets von der **Basis** a auf die „natürliche" Basis $e \approx 2{,}71828$ umbasieren:

$$\log_a g(x) = \frac{\log_e g(x)}{\log_e a} = \frac{\ln g(x)}{\ln a}.$$

Daher kann man sich im Weiteren auf die **natürliche Logarithmusfunktion** (oder einfach: Logarithmus) $\ln : \mathbb{R}^+ \to \mathbb{R}$ mit

$$\ln x = \exp^{-1}(x)$$

beschränken. Der Logarithmus ist

- streng monoton wachsend,
- streng konkav und
- surjektiv.

Er hat in der Ordinate eine vertikale Asymptote.

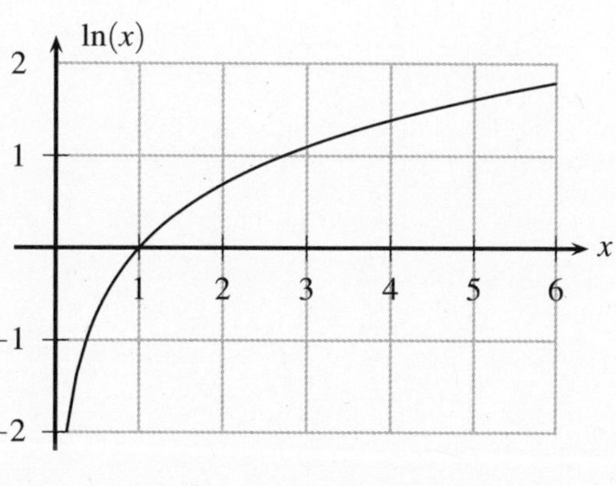

Eigenschaften der natürlichen Logarithmusfunktion

$\ln(1+x) = \sum_{i=1}^{\infty} (-1)^{i-1} \cdot \frac{x^i}{i}, \ |x| < 1$ Potenzreihendarstellung

$$\left.\begin{array}{lcl} \ln(x_1 \cdot x_2) & = & \ln x_1 + \ln x_2 \\ \ln(x_1/x_2) & = & \ln x_1 - \ln x_2 \\ \ln\left(x_1^{x_2}\right) & = & x_2 \cdot \ln x_1 \end{array}\right\} \text{Funktionalgleichungen}$$

$\lim\limits_{x \downarrow 0} \ln x = -\infty$

$\lim\limits_{x \to \infty} \ln x = \infty$

$\ln 1 = 0$

$\lim\limits_{x \to 1} \frac{\ln x}{x-1} = 1$

$\lim\limits_{x \downarrow 0} x^a \cdot \ln x = 0, \ a \in \mathbb{R}^+,$

$\lim\limits_{x \to \infty} \frac{\ln x}{x^a} = 0, \ a \in \mathbb{R}^+,$

d. h. der Logarithmus wächst langsamer als jede positive Potenz von x.

$\ln^{-1}(x) = \exp(x), \ x \in \mathbb{R},$

d. h. die Exponentialfunktion ist Umkehrfunktion des natürlichen Logarithmus.

Hyperbolische Funktionen

Die **hyperbolischen Funktionen** oder **Hyperbelfunktionen** sind

- hyperbolischer Sinus (sinus hyperbolicus; sinh),
- hyperbolischer Kosinus (cosinus hyperbolicus; cosh),
- hyperbolischer Tangens (tangens hyperbolicus; tanh),
- hyperbolischer Kotangens (cotangens hyperbolicus; coth)

mit

$$\sinh: \ \mathbb{R} \to \mathbb{R}, \qquad \sinh(x) = \frac{e^x - e^{-x}}{2}$$

$$\cosh: \ \mathbb{R} \to \mathbb{R}, \qquad \cosh(x) = \frac{e^x + e^{-x}}{2}$$

$$\tanh: \ \mathbb{R} \to \mathbb{R}, \qquad \tanh(x) = \frac{\sinh(x)}{\cosh(x)}$$

$$\coth: \ \mathbb{R}\backslash\{0\} \to \mathbb{R}, \quad \coth(x) = \frac{\cosh(x)}{\sinh(x)} = \frac{1}{\tanh(x)}$$

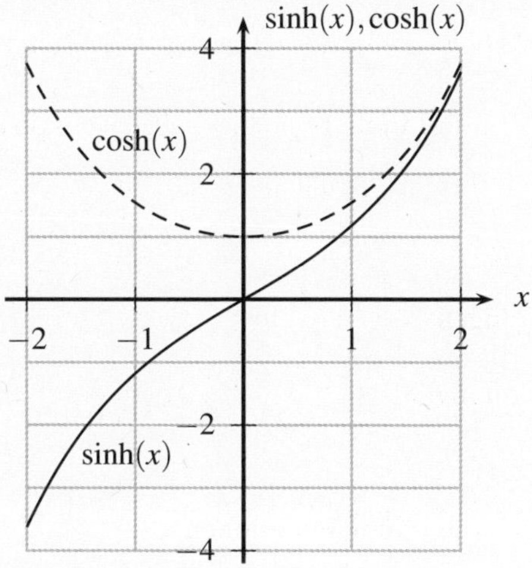

Der **hyperbolische Sinus** ist

- ungerade,
- streng monoton wachsend,
- streng konkav auf $\mathbb{R}^-$,
- streng konvex auf $\mathbb{R}^+$.

Der **hyperbolische Kosinus** ist

- gerade,
- streng monoton fallend auf $\mathbb{R}^-$,
- streng monoton wachsend auf $\mathbb{R}^+$,
- streng konvex.

Regeln zum hyperbolischen Sinus und Kosinus

$$\cosh^2(x) - \sinh^2(x) = 1,\ x \in \mathbb{R}$$

$$\left.\begin{array}{rcl} \cosh(x_1+x_2) & = & \cosh(x_1)\cdot\cosh(x_2)+\sinh(x_1)\cdot\sinh(x_2) \\ \sinh(x_1+x_2) & = & \sinh(x_1)\cdot\cosh(x_2)+\cosh(x_1)\cdot\sinh(x_2) \end{array}\right\} x_1, x_2 \in \mathbb{R}$$

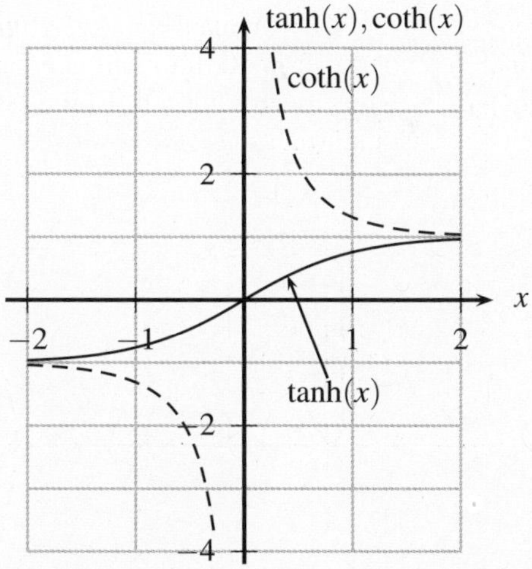

Der **hyperbolische Tangens** ist

- ungerade,
- streng monoton wachsend,
- streng konvex auf $\mathbb{R}^-$,
- streng konkav auf $\mathbb{R}^+$

und es gilt

$$\lim_{x\to-\infty} \tanh(x) = -1,$$
$$\lim_{x\to\infty} \tanh(x) = 1.$$

Der **hyperbolische Kotangens** ist

- ungerade,
- streng monoton fallend auf $\mathbb{R}^-$,
- streng monoton fallend auf $\mathbb{R}^+$,
- streng konkav auf $\mathbb{R}^-$,
- streng konvex auf $\mathbb{R}^+$

und es gilt $\lim\limits_{x\to-\infty} \coth(x) = -1$, $\lim\limits_{x\to\infty} \coth(x) = 1$,

$\lim\limits_{x\uparrow 0} \coth(x) = -\infty$, $\lim\limits_{x\downarrow 0} \coth(x) = \infty$.

Areafunktionen

Die **Areafunktionen** sind die Umkehrfunktionen der hyperbolischen Funktionen.

Areasinus: arsinh: $\mathbb{R} \to \mathbb{R}$, $\operatorname{arsinh}(x) = \ln(x + \sqrt{x^2+1})$

Areakosinus: arcosh: $[1, \infty) \to \mathbb{R}$, $\operatorname{arcosh}(x) = \ln(x + \sqrt{x^2-1})$

Areatangens: artanh: $(-1, 1) \to \mathbb{R}$, $\operatorname{artanh}(x) = \frac{1}{2} \ln \frac{1+x}{1-x}$

Areakotangens: arcoth: $\mathbb{R} \setminus [-1, 1] \to \mathbb{R}$, $\operatorname{arcoth}(x) = \frac{1}{2} \ln \frac{x+1}{x-1}$

Trigonometrische Funktionen

Die **trigonometrischen (dreiecksmessenden) Funktionen** sind

- Sinus (sin)
- Kosinus (cos)
- Tangens (tan)
- Kotangens (cot)
- Secans (sec) und
- Kosecans (cosec)

Die trigonometrischen Funktionen ordnen einem Winkel eines rechtwinkligen Dreiecks das Verhältnis zweier Dreiecksseiten zu. Die längste Seite im rechtwinkligen Dreieck heißt **Hypotenuse** (mit der Länge h), die beiden kürzeren **Katheten** (mit den Längen k_1 und k_2). Der Winkel kann in **Altgrad** oder **Neugrad** angegeben werden (Gradmaß α) oder aber in **Radiant** (Bogenmaß x_α), der dem Winkel α entsprechenden Länge des Kreisbogens auf dem **Einheitskreis**. Die Länge h der Hypotenuse im Einheitskreis ist natürlich 1.

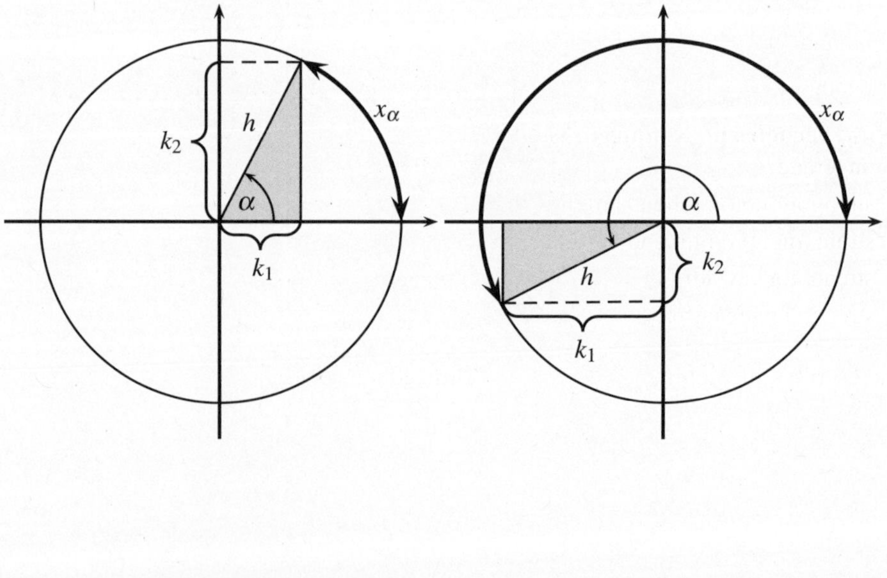

Definitionen

$$\sin\alpha := \frac{k_2}{h} = \frac{\text{Gegenkathete}}{\text{Hypothenuse}}$$
$$\cos\alpha := \frac{k_1}{h} = \frac{\text{Ankathete}}{\text{Hypothenuse}}$$
$$\tan\alpha := \frac{k_2}{k_1} = \frac{\text{Gegenkathete}}{\text{Ankathete}}$$
$$\cot\alpha := \frac{k_1}{k_2} = \frac{\text{Ankathete}}{\text{Gegenkathete}}$$
$$\sec\alpha := \frac{h}{k_1} = \frac{\text{Hypothenuse}}{\text{Ankathete}}$$
$$\operatorname{cosec}\alpha := \frac{h}{k_2} = \frac{\text{Hypothenuse}}{\text{Gegenkathete}}$$

Im Folgenden werden die Argumente der trigonometrischen Funktionen in Radiant angegeben. Die Umrechnung kann nach folgender Tabelle geschehen:

Umrechnung		erfolgt durch	Umrechnung		erfolgt durch
von	in	Multiplikation mit	von	in	Multiplikation mit
Radiant	Altgrad	$360^\circ/(2\pi)$	Radiant	Neugrad	$400^\circ/(2\pi)$
Altgrad	Radiant	$2\pi/360^\circ$	Altgrad	Neugrad	$400^\circ/360^\circ = 1,\overline{11}$
Neugrad	Radiant	$2\pi/400^\circ$	Neugrad	Altgrad	$360^\circ/400^\circ = 0,9$

Bemerkung: Auf Taschenrechnern werden Radiant grundsätzlich mit *RAD*, Altgrad mit *DEG* und Neugrad mit *GRA* abgekürzt.

Regeln für Sinus und Kosinus

Seien im Folgenden $x, x_1, x_2 \in \mathbb{R}$ und $k \in \mathbb{Z}$.

$$\sin(x) = \sum_{i=0}^{\infty} (-1)^i \frac{x^{2i+1}}{(2i+1)!}, \; x \in \mathbb{R}$$
$$\cos(x) = \sum_{i=0}^{\infty} (-1)^i \frac{x^{2i}}{(2i)!}, \; x \in \mathbb{R}$$
$$\sin(x) = -\sin(-x), \; x \in \mathbb{R}$$
$$\cos(x) = \cos(-x), \; x \in \mathbb{R}$$
$$\sin(x) = \sin(x + k \cdot 2\pi)$$
$$\cos(x) = \cos(x + k \cdot 2\pi)$$
$$\sin(x_1 \pm x_2) = \sin(x_1)\cos(x_2) \pm \cos(x_1)\sin(x_2)$$
$$\cos(x_1 \pm x_2) = \cos(x_1)\cos(x_2) \mp \sin(x_1)\sin(x_2)$$

$$\sin(x_1)+\sin(x_2) = 2\sin\left(\frac{x_1+x_2}{2}\right)\cos\left(\frac{x_1-x_2}{2}\right)$$

$$\sin(x_1)-\sin(x_2) = 2\cos\left(\frac{x_1+x_2}{2}\right)\sin\left(\frac{x_1-x_2}{2}\right)$$

$$\cos(x_1)+\cos(x_2) = 2\cos\left(\frac{x_1+x_2}{2}\right)\cos\left(\frac{x_1-x_2}{2}\right)$$

$$\cos(x_1)-\cos(x_2) = -2\sin\left(\frac{x_1+x_2}{2}\right)\sin\left(\frac{x_1-x_2}{2}\right)$$

$$\sin(2x) = 2\sin(x)\cos(x)$$

$$\cos(2x) = 1-2\sin^2(x)$$

$$\sin(3x) = 3\sin(x)-4\sin^3(x)$$

$$\cos(3x) = 4\cos^3(x)-3\cos(x)$$

$$\sin\left(\frac{x}{2}\right) = \operatorname{sign}\big(\big||x-\pi| \bmod (4\pi)-2\pi\big|-\pi\big)\cdot\sqrt{\frac{1-\cos(x)}{2}}$$

$$\cos\left(\frac{x}{2}\right) = \operatorname{sign}\big(\big||x-\pi| \bmod (4\pi)-2\pi\big|-\pi\big)\cdot\sqrt{\frac{1+\cos(x)}{2}}$$

$$\sin^2(x)+\cos^2(x) = 1, \quad x\in\mathbb{R}$$

$$\sin(x) = \cos(x-\pi/2), \quad x\in\mathbb{R}$$

$$\cos(x) = \sin(x+\pi/2), \quad x\in\mathbb{R}$$

$$\left.\begin{aligned}\sin(x) &= \frac{1}{2i}(e^{ix}-e^{-ix})\\ \cos(x) &= \frac{1}{2}(e^{ix}+e^{-ix})\end{aligned}\right\}\ x\in\mathbb{R},\ i^2=-1$$

$$\sin(x)\in[-1;\,1]\ \forall x\in\mathbb{R}$$

$$\cos(x)\in[-1;\,1]\ \forall x\in\mathbb{R}$$

$$\lim_{x\to 0}\frac{\sin(x)}{x}=1$$

Regeln für Tangens und Kotangens

Seien im Folgenden $\mathbb{T} := \mathbb{R}\setminus\left\{x_k | x_k = k\pi+\frac{\pi}{2}\right\}$, $\mathbb{S} := \mathbb{R}\setminus\{x_k|x_k=k\pi\}$ mit $k\in\mathbb{Z}$.

$$\tan(x)=\frac{\sin(x)}{\cos(x)},\ x\in\mathbb{T}$$

$$\cot(x)=\frac{\cos(x)}{\sin(x)},\ x\in\mathbb{S}$$

$\tan(x) = -\tan(-x),\ x \in \mathbb{T}$
$\cot(x) = -\cot(-x),\ x \in \mathbb{S}$

$\tan(x) = \tan(x + k\pi),\ x \in \mathbb{T},\ k \in \mathbb{Z}$
$\cot(x) = \cot(x + k\pi),\ x \in \mathbb{S},\ k \in \mathbb{Z}$

$$\tan(x_1 \pm x_2) = \frac{\tan(x_1) \pm \tan(x_2)}{1 \mp \tan(x_1)\tan(x_2)}, \quad x_1, x_2, x_1 + x_2 \in \mathbb{T}$$

$$\cot(x_1 \pm x_2) = \frac{\cot(x_1)\cot(x_2) \mp 1}{\cot(x_1) \pm \cot(x_2)}, \quad x_1, x_2, x_1 + x_2 \in \mathbb{S}$$

$$\tan(2x) = \frac{2\tan(x)}{1 - \tan^2(x)}, \quad x \in \mathbb{T}$$

$$\cot(2x) = \frac{\cot^2(x) - 1}{2\cot(x)}, \quad x \in \mathbb{S}$$

$$\tan\left(\frac{x}{2}\right) = \frac{\sin(x)}{1 + \cos(x)}, \quad x \in \mathbb{T}$$

$$\tan^2(x) = \frac{1}{\cos^2(x)} - 1,\ x \in \mathbb{T}$$

$$\cot^2(x) = \frac{1}{\sin^2(x)} - 1,\ x \in \mathbb{S}$$

$$\left.\begin{aligned} \tan(x) &= -i\,\frac{e^{ix} - e^{-ix}}{e^{ix} + e^{-ix}}, \quad x \in \mathbb{T} \\ \cot(x) &= i\,\frac{e^{ix} + e^{-ix}}{e^{ix} - e^{-ix}}, \quad x \in \mathbb{S} \end{aligned}\right\}\ i^2 = -1$$

tan ist streng monoton wachsend auf $\left(k\pi - \frac{\pi}{2},\ k\pi + \frac{\pi}{2}\right),\ k \in \mathbb{Z}$

cot ist streng monoton fallend auf $(k\pi,\ k\pi + \pi),\ k \in \mathbb{Z}$

$$\lim_{x \uparrow k\pi + \pi/2} \tan(x) = \infty \qquad \lim_{x \downarrow k\pi + \pi/2} \tan(x) = -\infty$$

$$\lim_{x \uparrow k\pi} \cot(x) = -\infty \qquad \lim_{x \downarrow k\pi} \cot(x) = \infty$$

$$\lim_{x \to k\pi} \frac{\tan(x)}{x - k\pi} = 1 \qquad \lim_{x \to k\pi + \pi/2} \frac{\cot(x)}{x - (k\pi + \pi/2)} = -1$$

Darstellung der trigonometrischen Funktionen

(von oben nach unten: Sinus bzw. Kosinus, Tangens bzw. Kotangens, Secans bzw. Kosecans)

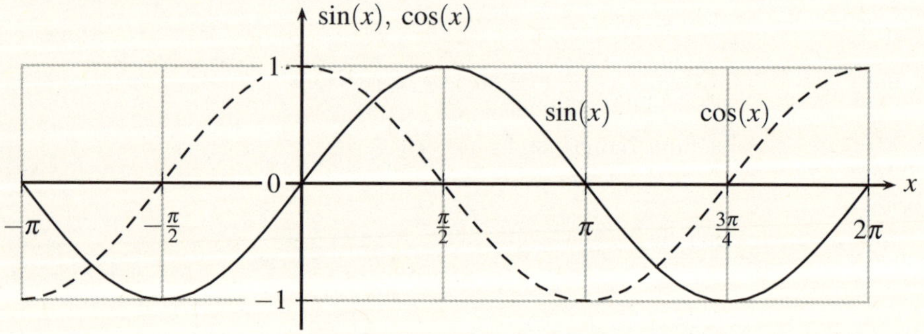

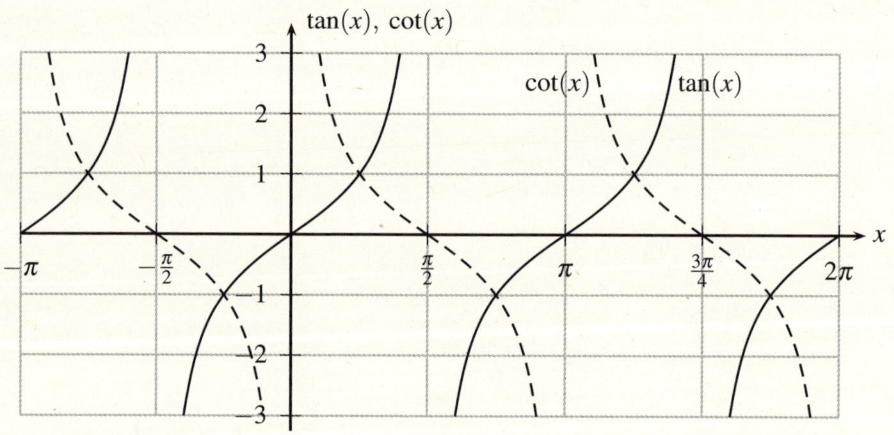

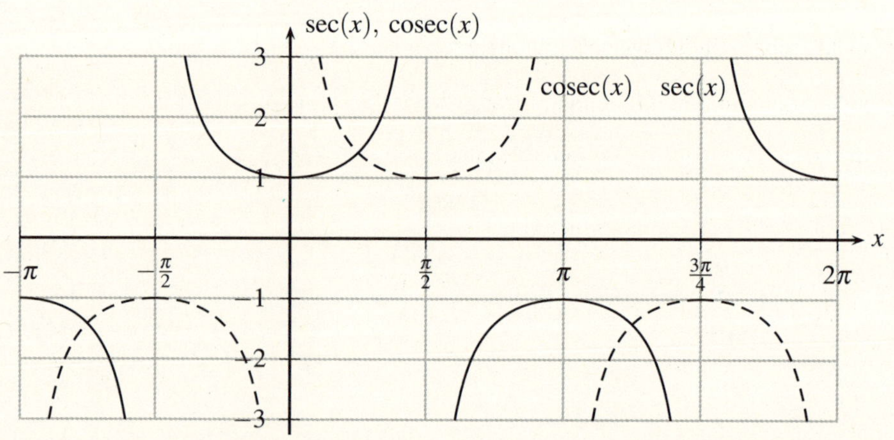

Die Beziehungen zwischen den trigonometrischen Funktionen ergeben sich aus folgenden Tabellen:

	$\sin(x)$	$\cos(x)$	$\tan(x)$	$\cot(x)$	$\sec(x)$	$\operatorname{cosec}(x)$
$\sin(x)$	—	$\sqrt{1-\cos^2(x)}$	$\frac{\tan(x)}{\sqrt{1+\tan^2(x)}}$	$\frac{1}{\sqrt{1+\cot^2(x)}}$	$\frac{\sqrt{\sec^2(x)-1}}{\sec(x)}$	$\frac{1}{\operatorname{cosec}(x)}$
$\cos(x)$	$\sqrt{1-\sin^2(x)}$	—	$\frac{1}{\sqrt{1+\tan^2(x)}}$	$\frac{\cot(x)}{\sqrt{1+\cot^2(x)}}$	$\frac{1}{\sec(x)}$	$\frac{\sqrt{\operatorname{cosec}^2(x)-1}}{\operatorname{cosec}(x)}$
$\tan(x)$	$\frac{\sin(x)}{\sqrt{1-\sin^2(x)}}$	$\frac{\sqrt{1-\cos^2(x)}}{\cos(x)}$	—	$\frac{1}{\cot(x)}$	$\sqrt{\sec^2(x)-1}$	$\frac{1}{\sqrt{\operatorname{cosec}^2(x)-1}}$
$\cot(x)$	$\frac{\sqrt{1-\sin^2(x)}}{\sin(x)}$	$\frac{\cos(x)}{\sqrt{1-\cos^2(x)}}$	$\frac{1}{\tan(x)}$	—	$\frac{1}{\sqrt{\sec^2(x)-1}}$	$\sqrt{\operatorname{cosec}^2(x)-1}$
$\sec(x)$	$\frac{1}{\sqrt{1-\sin^2(x)}}$	$\frac{1}{\cos(x)}$	$\sqrt{1+\tan^2(x)}$	$\frac{\sqrt{1+\cot^2(x)}}{\cot(x)}$	—	$\frac{\operatorname{cosec}(x)}{\sqrt{\operatorname{cosec}^2(x)-1}}$
$\operatorname{cosec}(x)$	$\frac{1}{\sin(x)}$	$\frac{1}{\sqrt{1-\cos^2(x)}}$	$\frac{\sqrt{1+\tan^2(x)}}{\tan(x)}$	$\sqrt{1+\cot^2(x)}$	$\frac{\sec(x)}{\sqrt{\sec^2(x)-1}}$	—

Argument in Radiant Altgrad Neugrad	$\pi/2 \pm \alpha$ $90° \pm \alpha$ $100° \pm \alpha$	$\pi \pm \alpha$ $180° \pm \alpha$ $200° \pm \alpha$	$3\pi/2 \pm \alpha$ $270° \pm \alpha$ $300° \pm \alpha$	$2\pi - \alpha\ (\hat{=} -\alpha)$ $360° - \alpha\ (\hat{=} -\alpha)$ $400° - \alpha\ (\hat{=} -\alpha)$
sin	$\cos\alpha$	$\mp\sin\alpha$	$-\cos\alpha$	$-\sin\alpha$
cos	$\mp\sin\alpha$	$-\cos\alpha$	$\pm\sin\alpha$	$\cos\alpha$
tan	$\mp\cot\alpha$	$\pm\tan\alpha$	$\mp\cot\alpha$	$-\tan\alpha$
cot	$\mp\tan\alpha$	$\pm\cot\alpha$	$\mp\tan\alpha$	$-\cot\alpha$

Beispiel: $\cos(\pi/2+x) = -\sin x$

Besondere Werte und Grenzwerte der trigonometrischen Funktionen:

Argument in Radiant Altgrad Neugrad	0 $0°$ $0°$	$\pi/6$ $30°$ $33,\overline{3}°$	$\pi/4$ $45°$ $50°$	$\pi/3$ $60°$ $66,\overline{6}°$	$\pi/2$ $90°$ $100°$
sin	0	$\frac{1}{2}$	$\frac{1}{2}\sqrt{2}$	$\frac{1}{2}\sqrt{3}$	1
cos	1	$\frac{1}{2}\sqrt{3}$	$\frac{1}{2}\sqrt{2}$	$\frac{1}{2}$	0
tan	0	$\frac{\sqrt{3}}{3}$	1	$\sqrt{3}$	$\pm\infty$
cot	$\pm\infty$	$\sqrt{3}$	1	$\frac{\sqrt{3}}{3}$	0

Beispiel: $\cos(\pi/3) = 1/2$

Zyklometrische Funktionen

Die **zyklometrischen (kreismessenden) Funktionen** oder **Arkusfunktionen** sind die Umkehrfunktionen der trigonometrischen Funktionen. Sie sind nur in Bereichen definiert, in denen die trigonometrische Funktion injektiv ist. Da dies jeweils unendlich viele Bereiche sind, gibt es auch unendlich viele Arkusfunktionen, die sich im Wertebereich unterscheiden. Im Allgemeinen operiert man mit den folgenden **Hauptzweigen** der Arkusfunktionen:

Arkussinus:	arcsin:	$[-1, 1] \to [-\pi/2, \pi/2]$
Arkuskosinus:	arccos:	$[-1, 1] \to [0, \pi]$
Arkustangens:	arctan:	$\mathbb{R} \to (-\pi/2, \pi/2)$
Arkuskotangens:	arccot:	$\mathbb{R} \to (0, \pi)$
Arkussecans:	arcsec:	$\mathbb{R}\setminus(-1, 1) \to [0, \pi]\setminus\{\pi/2\}$
Arkuskosecans:	arccosec:	$\mathbb{R}\setminus(-1, 1) \to [-\pi/2, \pi/2]\setminus\{0\}$

Nichtelementare Funktionen

Viele nichtelementare Funktionen sind als **Grenzwerte** (Limites) definiert. Diese können in speziellen Gestalten auftreten, z. B. als

- **Summe einer unendlichen Reihe** (= Limes der Partialsummenfolge),
- **Wert eines unendlichen Produkts**,
- **bestimmtes RIEMANN-Integral** (= Limes der Unter- oder Obersumme), wobei die Variable als **Integrationsgrenze** oder als **Parameter des Integranden** auftreten kann.

Eine weitere Gruppe nichtlinearer Funktionen ist implizit gegeben als Lösungen von **Differenzen-, Differential- oder Integralgleichungen**. Diese sind Spezialfälle der durch **Funktionalgleichungen** implizit definierten Funktionen. Als solche kann z. B. die Gamma-Funktion aufgefasst werden, da jede positive Funktion $f : (0,\infty) \to \mathbb{R}$ mit $f(1) = 1$, deren Logarithmus $\ln f(x)$ konvex ist, bereits durch die Funktionalgleichung

$$f(x+1) = x \cdot f(x)$$

als Gamma-Funktion (s. S. 58) identifiziert ist.

1.7 Folgen und Reihen

Eine reelle **Zahlenfolge**, im Allgemeinen kurz **Folge** genannt, ist eine Abbildung von einer Teilmenge der ganzen Zahlen in die reellen Zahlen. Häufig ist der Definitionsbereich die Menge $\mathbb{N}$ der natürlichen Zahlen oder $\mathbb{N}_0$. Das Argument wird bei Folgen üblicherweise als Index an das die Folge bezeichnende Symbol geschrieben, z. B.

$$(a_0,)\ a_1, a_2, a_3, \ldots, a_n, \ldots$$

Die Folge selbst wird als Tupel ihrer Glieder notiert:

$$\left(a_n\right)_{n\in\mathbb{N}}$$

Eine Folge kann **explizit**, d. h. nur unter Verwendung des Index, definiert werden oder **rekursiv**, d. h. auch unter Verwendung „früherer" Folgenglieder.

Arithmetische Folgen

Eine **arithmetische Folge** (1. Ordnung) zeichnet sich durch die konstante Differenz zweier aufeinanderfolgender Glieder aus:

$$a_{n+1} - a_n = d \ \ \forall n.$$

Daraus ergibt sich die rekursive Definition

$$a_n := a_{n-1} + d \ \ \forall n,$$

und die (bei bekanntem a_1) explizite Definition

$$a_n := a_1 + (n-1)d \ \ \forall n.$$

Jede **konstante Folge** (a_n) mit $a_n = c \ \ \forall n$ kann als spezielle arithmetische Folge mit $d = 0$ aufgefasst werden.

Die ***k*-te Differenzenfolge** $(\Delta^k a_n)_n$, $k \in \mathbb{N}$, einer Folge $(a_n)_n$ ist, wie folgt, rekursiv definiert:

$$\Delta^k a_n := \Delta^{k-1} a_{n+1} - \Delta^{k-1} a_n$$

mit $\Delta^0 a_n := a_n$. Δ heißt **Vorwärtsdifferenzenoperator**. Ein Operator ist eine Abbildung. Die k-te Differenzenfolge ist also die (1.) Differenzenfolge der $(k-1)$-ten Differenzenfolge:

$$\Delta^k a_n = \Delta(\Delta^{k-1} a_n).$$

Die explizite Definition lautet:

$$\Delta^k a_n := \sum_{i=0}^{k} (-1)^i \binom{k}{i} a_{n+k-i}.$$

Eine **arithmetische Folge k-ter Ordnung** zeichnet sich dadurch aus, dass die $(k-1)$-te Differenzenfolge eine (nichtkonstante) arithmetische Folge 1. Ordnung und damit die k-te Differenzenfolge eine konstante Folge ist. Eine Folge, deren k-te Differenzenfolge konstant ist, ist eine arithmetische Folge höchstens k-ter Ordnung. Eine arithmetische Folge k-ter Ordnung kann als Einschränkung eines Polynoms vom Grad k auf den Definitionsbereich der Folge aufgefasst werden. Das Polynom ist eindeutig und lässt sich aus $k+1$ aufeinander folgenden Folgegliedern $a_0, a_1, \dots, a_k$ nach der Formel von LAGRANGE bestimmen:

$$L(x) = \sum_{i=0}^{k} a_i \prod_{(i\neq)\, j=0}^{k} \frac{x-j}{i-j}.$$

Geometrische Folgen

Eine **geometrische Folge** (1. Ordnung) zeichnet sich durch den konstanten Quotienten zweier aufeinanderfolgender Glieder aus:

$$\frac{a_{n+1}}{a_n} = q \ \forall n.$$

Insbesondere sind alle Folgenglieder von null verschieden. Die rekursive Definition lautet:

$$a_n := a_{n-1} \cdot q \ \forall n,$$

die (bei bekanntem a_1) explizite Definition lautet:

$$a_n := a_1 \cdot q^{n-1} \ \forall n.$$

Jede konstante Folge kann als spezielle geometrische Folge mit $q = 1$ aufgefasst werden.

Rekursive Folgen

Einige Zahlenfolgen erlangen ihre Bedeutung durch die rekursive Definition.

Die **FIBONACCI-Zahlenfolge** (LEONARDO FIBONACCI, ca. 1180 – 1250) erfüllt die Rekursion

$$a_n := a_{n-2} + a_{n-1},\ n = 3, 4, 5, \dots,$$

mit $a_1 = a_2 = 1$. Auf diese FIBONACCI-Zahlen stößt man beispielsweise bei der Bestimmung der Konvergenzordnung der regula falsi. Diese erfordert jedoch die explizite Definition der FIBONACCI-Folge:

$$a_n := \frac{1}{\sqrt{5}} \left[\left(\frac{1+\sqrt{5}}{2} \right)^n - \left(\frac{1-\sqrt{5}}{2} \right)^n \right],\ n \in \mathbb{N}.$$

Die Folge der Seitenlängen s_{2^n} der dem Kreis mit Radius 1 einbeschriebenen regelmäßigen 2^n-Ecke lässt durch mehrfache Anwendung des Satzes von PYTHAGORAS folgende rekursive Definition zu:

$$s_{2^{n+1}} := \sqrt{2-\sqrt{4-s_{2^n}^2}},\quad n=2,3,4,\ldots,$$

mit $s_4=\sqrt{2}$. Definiert man nun

$$u_{n+1}^2 := 4-s_{2^n}^2,\quad n=2,3,4,\ldots,$$

so gilt für die Folge $(u_n)_{n\geq 3}$ offenbar die Rekursion

$$u_{n+1}^2 - u_n = 2,\quad n=3,4,5,\ldots,$$

mit $u_3=\sqrt{2}$. Für die Kreiskonstante π gilt damit die Grenzwertdarstellung

$$\pi = \lim_{n\to\infty} 2^n\sqrt{2-u_{n+1}}.$$

Taschenrechner und Computer benutzen zur Erzeugung von Zufallszahlen ebenfalls rekursive Folgen. Diese heißen **Zufallszahlengeneratoren**. Weit verbreitet ist der **lineare Kongruenzgenerator**:

$$x_{n+1} = a\cdot x_n + b \pmod{m},\quad n\in\mathbb{N}.$$

Alle vorkommenden Koeffizienten (a, b und m) sind nichtnegative ganze Zahlen. Da der Startwert x_0 in der Menge $\{0,1,\ldots,m-1\}$ gewählt wird, sind auch die x_n nichtnegativ und ganzzahlig. Ein Glied x_{n+1} der Folge ergibt sich aus dem Vorgänger x_n, indem man die Lineartransformation $a\cdot x_n+b$ bildet, diese durch m dividiert und den Divisionsrest als neues Folgenglied nimmt. Im Intervall $[0;1)$ gleichverteilte Zufallszahlen ergeben sich als

$$u_n = x_n/m.$$

Die Wahl von a, b und m bestimmt die Periodenlänge der Folge, die Lagedichte der u_n und die stochastischen Eigenschaften (etwa die Autokorrelation) der x_n. Die Wahl von a und m hängt von der internen Zahlendarstellung im Rechner ab. Ein Spezialfall des linearen Kongruenzgenerators ist

$$x_{n+1} = a\cdot x_n \pmod{m};\ n\in\mathbb{N},$$

der **multiplikative Kongruenzgenerator**.

Beschränktheit, Monotonie und Konvergenz

Die Definitionen der Begriffe Beschränktheit und Monotonie ergeben sich aus den entsprechenden Definitionen für allgemeine Funktionen.

Eine Folge $(a_n)_{n\in\mathbb{D}\subset\mathbb{Z}}$ heißt **nach oben beschränkt**, wenn es ein $c \in \mathbb{R}$ gibt, so dass $a_n \leq c$ für alle $n \in \mathbb{D}$. c heißt dann **obere Schranke** der Folge.

Die Folge heißt **nach unten beschränkt**, wenn es ein $c \in \mathbb{R}$ gibt, so dass $a_n \geq c$ für alle $n \in \mathbb{D}$. c heißt dann **untere Schranke** der Folge.

Die Folge heißt **beschränkt**, wenn es ein $c \in \mathbb{R}$ gibt mit $|a_n| \leq c$ für alle $n \in \mathbb{D}$. c heißt dann **Schranke** der Folge.

Regeln

$(a_n)_{n\in\mathbb{D}}, (b_n)_{n\in\mathbb{D}}$ beschränkt $\Rightarrow (a_n + b_n)_{n\in\mathbb{D}}, \ (a_n \cdot b_n)_{n\in\mathbb{D}}$ beschränkt

$(a_n)_{n\in\mathbb{D}}$ nach oben beschränkt $\Leftrightarrow (-a_n)_{n\in\mathbb{D}}$ nach unten beschränkt

$(a_n)_{n\in\mathbb{D}}$ beschränkt und $|b_n| \leq |a_n|, \ n \in \mathbb{D} \Rightarrow (b_n)_{n\in\mathbb{D}}$ beschränkt

$(a_n)_{n\in\mathbb{D}}$ nach oben (bzw. unten) beschränkt und $b_n \leq a_n$ (bzw. $b_n \geq a_n$), $n \in \mathbb{D}$,
$\Rightarrow (b_n)_{n\in\mathbb{D}}$ nach oben (bzw. unten) beschränkt

Eine Folge $(a_n)_{n\in\mathbb{D}}$ heißt **monoton wachsend**, wenn $a_n \leq a_{n+1}$ für alle $n \in \mathbb{D}$. Sie heißt **streng monoton wachsend**, wenn $a_n < a_{n+1}$ für alle $n \in \mathbb{D}$.

Eine Folge $(a_n)_{n\in\mathbb{D}}$ heißt **monoton fallend**, wenn $a_n \geq a_{n+1}$ für alle $n \in \mathbb{D}$. Sie heißt **streng monoton fallend**, wenn $a_n > a_{n+1}$ für alle $n \in \mathbb{D}$.

Eine Folge heißt **monoton**, wenn sie monoton wachsend **oder** monoton fallend ist. Sie heißt **streng monoton**, wenn sie streng monoton wachsend **oder** streng monoton fallend ist.

Eine Folge $(a_n)_{n\in\mathbb{D}}$ heißt **alternierend um $c \in \mathbb{R}$**, wenn $(c - a_n)(c - a_{n+1}) < 0$ für alle $n \in \mathbb{D}$, d. h. wenn die Folgenglieder abwechselnd kleiner und größer c sind. Sie heißt **alternierend**, wenn sie alternierend um null ist.

Regeln

Eine konstante Folge ist monoton wachsend **und** monoton fallend, aber nicht streng monoton.

Eine arithmetische Folge mit $d > 0$ ist streng monoton wachsend.
Eine arithmetische Folge mit $d < 0$ ist streng monoton fallend.

Eine geometrische Folge mit $a_1 > 0$ und $q > 1$ ist streng monoton wachsend.
Eine geometrische Folge mit $a_1 > 0$ und $0 < q < 1$ ist streng monoton fallend.
Eine geometrische Folge mit $q < 0$ ist alternierend.

$(a_n), (b_n)$ monoton wachsend (fallend)
$\Rightarrow (a_n + b_n)$ monoton wachsend (fallend)

(a_n) monoton wachsend (fallend), (b_n) streng monoton wachsend (fallend)
$\Rightarrow (a_n + b_n)$ streng monoton wachsend (fallend)

(a_n) monoton wachsend (fallend), (b_n) monoton fallend (wachsend) $\Rightarrow$
$\Rightarrow (a_n - b_n)$ monoton wachsend (fallend)

Eine Folge $(a_n)_{n\in\mathbb{N}}$ heißt **konvergent** gegen $c \in \mathbb{R}$, wenn für jedes noch so kleine $\varepsilon > 0$ ein Index $n_0 \in \mathbb{N}$ existiert, so dass **alle** Folgenglieder a_n mit $n \geq n_0$ um höchstens ε von c entfernt liegen, d. h. wenn gilt:

$$\forall\, \varepsilon > 0\ \exists n_0 \in \mathbb{N}\ \forall n \geq n_0 :\ |a_n - c| \leq \varepsilon.$$

Man sagt auch: (a_n) konvergiert gegen c. Man schreibt dafür:

$$a_n \to c \quad \text{oder} \quad c = \lim_{n\to\infty} a_n.$$

c heißt **Grenzwert** oder **Limes** der Folge (a_n). Eine Folge mit dem Grenzwert null heißt **Nullfolge**.

Ist eine Folge $(a_n)_{n\in\mathbb{N}}$ nicht konvergent, so heißt sie **divergent**. Eine divergente Folge heißt **bestimmt divergent**, wenn sie den (uneigentlichen) Grenzwert ∞ (bzw. $-\infty$) hat, d. h. wenn zu jedem noch so großen $m \in \mathbb{R}^+$ ein Index $n_0 \in \mathbb{N}$ existiert, so dass alle Folgenglieder a_n mit $n \geq n_0$ größer m (bzw. kleiner $-m$) sind, d. h. wenn gilt:

$$\forall m \in \mathbb{R}^+\ \exists n_0 \in \mathbb{N}\ \forall n \geq n_0 :\ a_n > m \quad (\text{bzw. } a_n < -m).$$

Schreibweise: $a_n \to \infty$ oder $\lim a_n = \infty$
(bzw. $a_n \to -\infty$ oder $\lim a_n = -\infty$)

Ist eine divergente Folge nicht bestimmt divergent, so heißt sie **unbestimmt divergent**.

$c \in \mathbb{R}$ heißt **Häufungspunkt** oder **Berührungspunkt** der Folge $(a_n)_{n\in\mathbb{N}}$, wenn unendlich viele Folgenglieder in jeder noch so kleinen Umgebung von c liegen, d. h. wenn gilt:

$$\forall \varepsilon > 0\ \forall n \in \mathbb{N}\ \exists n_0 \geq n :\ |a_{n_0} - c| \leq \varepsilon.$$

Ist $\mathbb{M} \subset \mathbb{D}$, so heißt $(a_n)_{n\in\mathbb{M}}$ **Teilfolge** von $(a_n)_{n\in\mathbb{D}}$.

Regeln

Jede beschränkte Folge $(a_n)_{n\in\mathbb{N}}$ hat mindestens einen Häufungspunkt.
Jede beschränkte Folge $(a_n)_{n\in\mathbb{N}}$ hat eine konvergente Teilfolge.
Eine Folge kann mehrere Häufungspunkte haben, jedoch nur einen Grenzwert.

Gelte $a_n \to a$ und $b_n \to b$. Dann gilt auch:

$$a_n \pm b_n \to a \pm b;\ a_n \cdot b_n \to a \cdot b;\ c \cdot a_n \to c \cdot a,\ c \in \mathbb{R};$$
$$\frac{a_n}{b_n} \to \frac{a}{b},\ \text{falls } b_n, b \neq 0 \text{ für alle } n.$$

Jede konvergente Folge ist beschränkt.

Jede unendliche Teilfolge einer konvergenten Folge konvergiert gegen denselben Grenzwert.

Konvergenzkriterien

1. **CAUCHY-Kriterium**:
   Eine Folge $(a_n)_{n\in\mathbb{N}}$ ist **genau dann** konvergent, wenn
   $$\forall \varepsilon > 0\ \exists\, n_0 \in \mathbb{N}\ \forall n,m \geq n_0 :\ |a_n - a_m| \leq \varepsilon.$$
2. **Hinreichendes** Kriterium für monotone Folgen:
   Eine Folge $(a_n)_{n\in\mathbb{N}}$ ist konvergent, wenn sie monoton wachsend (bzw. fallend) und nach oben (bzw. nach unten) beschränkt ist.
3. **Hinreichendes** Einschließungskriterium:
   Seien $(a_n), (b_n), (c_n)$ Folgen mit $a_n \leq b_n \leq c_n$, $n \in \mathbb{N}$, und $a_n \to a$, $c_n \to a$. Dann ist auch (b_n) konvergent mit $b_n \to a$.
4. **Notwendiges** Konvergenzkriterium:
   Die Differenzenfolge $(a_{n+1} - a_n)_{n\in\mathbb{N}}$ einer konvergenten Folge $(a_n)_{n\in\mathbb{N}}$ ist eine Nullfolge.
5. **Notwendiges** Konvergenzkriterium:
   Die Folge der Absolutbeträge $|a_n|$ der Glieder einer gegen a konvergenten Folge $(a_n)_{n\in\mathbb{N}}$ konvergiert gegen $|a|$.

Arithmetische Reihe

Sei $(a_n)_{n\in\mathbb{N}}$ eine Folge. Dann heißt $s_n := a_1 + a_2 + \ldots + a_n$ ***n*-te Partialsumme** der Folge (a_n). Eine (reelle) **Zahlenreihe**, im Allgemeinen kurz **Reihe** genannt, ist die Partialsummenfolge $(s_n)_{n\in\mathbb{N}}$. Der Begriff der Reihe kann auch für endliche Folgen, also für Folgen mit endlicher Indexmenge $\mathbb{D}$ definiert werden. Man spricht dann von einer **endlichen Reihe**. Den Grenzwert einer (unendlichen) Reihe nennt man **Wert** oder **Summe** der Reihe und schreibt dafür

$$\sum_{n=1}^{\infty} a_n := \lim_{n\to\infty} \sum_{i=1}^{n} a_i.$$

Eine **arithmetische Reihe** ist die Partialsummenfolge einer arithmetischen Folge $(a_n)_{n\in\mathbb{N}}$. Ist d der konstante „Zuwachs" der arithmetischen Folge, so lautet die n-te Partialsumme:

$$s_n = \sum_{i=1}^{n} a_i = \frac{n}{2}(a_1 + a_n) = na_1 + \frac{(n-1)n}{2}d.$$

Beginnt die arithmetische Folge mit dem Glied a_0, so lautet die $(n+1)$-te Partialsumme:

$$s_{n+1} = \sum_{i=0}^{n} a_i = \frac{n+1}{2}(a_0 + a_n) = (n+1)a_0 + \frac{n(n+1)}{2}d.$$

Eine unendliche arithmetische Reihe ist

- für $d > 0$ bestimmt divergent gegen $+\infty$
- für $d < 0$ bestimmt divergent gegen $-\infty$
- für $d = 0$ und $a_1 \neq 0$ bestimmt divergent gegen $+\infty \cdot \operatorname{sign}(a_1)$
- für $d = 0$ und $a_1 = 0$ konstant null.

Geometrische Reihe

Eine **geometrische Reihe** ist die Partialsummenfolge einer geometrischen Folge $(a_n)_{n\in\mathbb{N}}$. Ist q der konstante „Wachstumsfaktor" der geometrischen Folge, so lautet die n-te Partialsumme:

$$s_n = \sum_{i=1}^{n} a_i = \sum_{i=1}^{n} a_1 \cdot q^{i-1} = a_1 \cdot \frac{1-q^n}{1-q}.$$

Beginnt die geometrische Folge mit dem Glied a_0, so lautet die $(n+1)$-te Partialsumme:

$$s_{n+1} = \sum_{i=0}^{n} a_i = \sum_{i=0}^{n} a_0 \cdot q^i = a_0 \cdot \frac{1-q^{n+1}}{1-q}.$$

Wert der unendlichen geometrischen Reihe:

$$\sum_{i=1}^{\infty} a_1 \cdot q^{i-1} = \begin{cases} \dfrac{a_1}{1-q}, & -1 < q < 1 \\ +\infty, & q \geq 1,\ a_1 > 0 \\ -\infty, & q \geq 1,\ a_1 < 0 \\ 0, & a_1 = 0 \\ \text{unbestimmt}, & q \leq -1,\ a_1 \neq 0 \end{cases}$$

$$\sum_{i=0}^{\infty} a_0 \cdot q^{i} = \begin{cases} \dfrac{a_0}{1-q}, & -1 < q < 1 \\ +\infty, & q \geq 1,\ a_0 > 0 \\ -\infty, & q \geq 1,\ a_0 < 0 \\ 0, & a_0 = 0 \\ \text{unbestimmt}, & q \leq -1,\ a_0 \neq 0. \end{cases}$$

Weitere spezielle Reihen

(Siehe auch spezielle Summen auf S. 35f. in Abschnitt 1.3.)

Harmonische Reihe

$$\sum_{i=1}^{\infty} \frac{1}{i} = 1 + \frac{1}{2} + \frac{1}{3} + \frac{1}{4} + \ldots$$

Die harmonische Reihe ist bestimmt divergent. Reihen der Bauart

$$\sum_{i=1}^{\infty} \frac{1}{i^c} = 1 + \frac{1}{2^c} + \frac{1}{3^c} + \frac{1}{4^c} + \ldots$$

mit $c > 1$ sind jedoch konvergent, so gilt z. B.

$$\sum_{i=1}^{\infty} \frac{1}{i^2} = 1 + \frac{1}{2^2} + \frac{1}{3^2} + \frac{1}{4^2} + \ldots = \frac{\pi^2}{6}.$$

Alternierende Reihe

Eine Reihe $\sum\limits_{i=1}^{\infty} a_i$ heißt **alternierend**, wenn $a_i \cdot a_{i+1} < 0,\ i \in \mathbb{N}$. Bilden die (a_i) keine Nullfolge, so ist die Reihe divergent. (Siehe auch LEIBNIZsches Konvergenzkriterium für alternierende Reihen, S. 110.)

Konvergenzkriterien

Da Reihen spezielle Folgen sind, können die Konvergenzkriterien für Folgen entsprechend übertragen werden.

1. **CAUCHY-Kriterium** für Reihen:
   Eine unendliche Reihe konvergiert **genau dann**, wenn gilt:
   $$\forall \varepsilon > 0\ \exists n_0 \in \mathbb{N}\ \forall n > m \geq n_0 : \left| \sum_{i=m+1}^{n} a_i \right| \leq \varepsilon.$$
2. **Hinreichendes** Kriterium für monotone Reihen:
   Eine Reihe $(s_n)_{n \in \mathbb{N}}$ konvergiert, wenn sie monoton wachsend, d. h. die Summanden nichtnegativ sind (bzw. monoton fallend, d. h. die Summanden nichtpositiv sind), und nach oben (bzw. nach unten) beschränkt ist.
3. **Hinreichendes** Einschließungskriterium:
   Seien $\left(\sum\limits_{i=1}^{n} a_i\right), \left(\sum\limits_{i=1}^{n} b_i\right), \left(\sum\limits_{i=1}^{n} c_i\right)$ Reihen mit $\sum\limits_{i=1}^{n} a_i \leq \sum\limits_{i=1}^{n} b_i \leq \sum\limits_{i=1}^{n} c_i,\ n \in \mathbb{N}$, und $\sum\limits_{i=1}^{\infty} a_i = \sum\limits_{i=1}^{\infty} c_i = a \in \mathbb{R}$. Dann konvergiert auch die eingeschlossene Reihe mit $\sum\limits_{i=1}^{\infty} b_i = a$.

4. **Notwendiges** Konvergenzkriterium:
   Die Summanden einer konvergenten Reihe bilden eine Nullfolge.
5. **Notwendiges** Konvergenzkriterium:
   Die absoluten Partialsummen $|s_n|$ einer mit Summe a konvergenten Reihe konvergieren gegen $|a|$.

Oft wird eine Reihe $\left(\sum\limits_{i=1}^{n} a_i\right)$ durch $\sum\limits_{i=1}^{\infty} a_i$ dargestellt. Die Reihe $\sum\limits_{i=1}^{\infty} a_i$ heißt **absolut konvergent**, wenn $\sum\limits_{i=1}^{\infty} |a_i|$ konvergiert, sie heißt **bedingt konvergent**, wenn sie konvergent, aber nicht absolut konvergent ist. Ist eine Reihe absolut konvergent, so ist sie auch konvergent.

Weitere Konvergenzkriterien

- **Majorantenkriterium**:
  Die Reihe $\sum\limits_{n=1}^{\infty} a_n$ ist absolut konvergent, wenn gilt:
  $$\exists n_0 \in \mathbb{N}\ \exists c_n,\ n \in \mathbb{N}, \forall n \geq n_0 :\ |a_n| \leq c_n \ \wedge\ \sum_{i=1}^{\infty} c_i \text{ konvergent.}$$
  Die Reihe $\sum\limits_{n=1}^{\infty} c_n$ heißt **Majorante** von $\sum\limits_{n=1}^{\infty} a_n$.
- **Minorantenkriterium**:
  Die Reihe $\sum\limits_{n=1}^{\infty} a_n$ ist bestimmt divergent gegen $+\infty$, wenn gilt :
  $$\exists n_0 \in \mathbb{N}\ \exists c_n,\ n \in \mathbb{N}, \forall n \geq n_0 :\ a_n \geq c_n \geq 0 \ \wedge\ \sum_{i=1}^{\infty} c_i \text{ divergent.}$$
  Die Reihe $\sum\limits_{n=1}^{\infty} c_n$ heißt **Minorante** von $\sum\limits_{n=1}^{\infty} a_n$.
- **Quotientenkriterium** (JEAN LE ROND D'ALEMBERT, 1717 – 1783):
  Die Reihe $\sum\limits_{n=1}^{\infty} a_n$ ist konvergent, wenn gilt:
  $$\exists n_0 \in \mathbb{N}\ \exists q < 1\ \forall n \geq n_0 :\ a_n > 0 \ \wedge\ \frac{a_{n+1}}{a_n} \leq q.$$
  Sie ist bestimmt divergent gegen $+\infty$, wenn gilt:
  $$\exists n_0 \in \mathbb{N}\ \forall n \geq n_0 :\ a_n > 0 \ \wedge\ \frac{a_{n+1}}{a_n} \geq 1.$$

- **Wurzelkriterium**:
  Die Reihe $\sum\limits_{n=1}^{\infty} a_n$ ist konvergent, wenn gilt:
  $$\exists n_0 \in \mathbb{N}\, \exists w < 1\, \forall n \geq n_0 : \; a_n \geq 0 \;\wedge\; \sqrt[n]{a_n} \leq w.$$
  Sie ist bestimmt divergent gegen $+\infty$, wenn gilt:
  $$\exists n_0 \in \mathbb{N}\, \forall n \geq n_0 : \; \sqrt[n]{a_n} \geq 1.$$
- **ABELsches Konvergenzkriterium** (NIELS HENRIK ABEL, 1802 – 1829):
  Ist die Reihe $\sum\limits_{n=1}^{\infty} a_n$ beschränkt und ist $(c_n)_{n\in\mathbb{N}}$ eine monoton fallende Nullfolge, dann ist $\sum\limits_{n=1}^{\infty} a_n c_n$ konvergent.
- **LEIBNIZsches Konvergenzkriterium für alternierende Reihen** (GOTTFRIED WILHELM LEIBNIZ, 1646 – 1716):
  Die alternierende Reihe $\sum\limits_{n=1}^{\infty} a_n$ konvergiert, wenn $|a_n|$ eine monotone Nullfolge ist. Für alle $m \in \mathbb{N}$ gilt:
  $$\sum_{n=1}^{m} a_n \leq \sum_{n=1}^{\infty} a_n \leq \sum_{n=1}^{m+1} a_n \quad \text{oder} \quad \sum_{n=1}^{m+1} a_n \leq \sum_{n=1}^{\infty} a_n \leq \sum_{n=1}^{m} a_n.$$
  Insbesondere folgt für solche Reihen die einfache Fehlerabschätzung:
  $$\left| \sum_{n=1}^{\infty} a_n - \sum_{n=1}^{m} a_n \right| \leq |a_{m+1}|.$$

Regeln

Bei einer konvergenten Reihe können endlich viele Summanden beliebig vertauscht werden, ohne den Wert der Reihe zu ändern.

Bei einer absolut konvergenten Reihe können beliebig viele Summanden beliebig vertauscht werden, ohne den Wert der Reihe zu ändern.

Bei einer bedingt konvergenten Reihe kann der Wert durch Vertauschen von Summanden jede reelle Zahl annehmen.

Seien $\sum\limits_{n=0}^{\infty} a_n$ oder $\sum\limits_{n=0}^{\infty} b_n$ absolut konvergent und sei
$$c_m := \sum_{i=0}^{m} a_i b_{m-i}, \; m \in \mathbb{N}_0.$$
Dann konvergiert $\sum\limits_{m=0}^{\infty} c_m$ absolut und es gilt
$$\sum_{m=0}^{\infty} c_m = \left(\sum_{n=0}^{\infty} a_n \right) \cdot \left(\sum_{n=0}^{\infty} b_n \right).$$
Die Folge (c_m) heißt **Faltung** der Folgen (a_n) und (b_n). Man schreibt dafür $(c_m) = (a_n) * (b_n)$.

1.8 Finanzmathematik

Zinsrechnung

Im Folgenden sei K_0 das **Anfangs-** oder **Startkapital**, K_n das **Endkapital** nach n Jahren, i der **Zinssatz** und $q = 1 + i$ der **Zinsfaktor**.

Einfache Verzinsung

Die Zinsen einer Periode werden in nachfolgenden Perioden **nicht** mitverzinst.

nachschüssig	vorschüssig
$K_n = K_0 \cdot (1 + i \cdot n)$	$K_n = K_0 \cdot (1 + i \cdot (n+1))$
$= K_0 + K_0 \cdot i \cdot n$	$= K_0 \cdot (1+i) + K_0 \cdot i \cdot n$

arithmetische Folge 1. Ordnung mit $d = K_0 \cdot i$

nachschüssig	vorschüssig
$n = \dfrac{K_n - K_0}{i \cdot K_0}$	$n = \dfrac{K_n - K_0 \cdot (1+i)}{i \cdot K_0}$
$i = \dfrac{K_n - K_0}{n \cdot K_0}$	$i = \dfrac{K_n - K_0}{(n+1) \cdot K_0}$
$K_0 = \dfrac{K_n}{1 + n \cdot i}$	$K_0 = \dfrac{K_n}{1 + (n+1) \cdot i}$

Zinseszinsen

Die Zinsen einer Periode werden dem Kapital zugeschlagen und ab dem Fälligkeitstag mitverzinst.

nachschüssig	vorschüssig
$K_n = K_0 \cdot (1+i)^n$	$K_n = K_0 \cdot (1+i)^{n+1}$

geometrische Folge 1. Ordnung mit $q = 1 + i$

nachschüssig	vorschüssig
$n = \dfrac{\ln(K_n/K_0)}{\ln(1+i)}$	$n = \dfrac{\ln(K_n/K_0)}{\ln(1+i)} - 1$
$i = \sqrt[n]{K_n/K_0} - 1$	$i = \sqrt[n+1]{K_n/K_0} - 1$
$K_0 = \dfrac{K_n}{(1+i)^n}$	$K_0 = \dfrac{K_n}{(1+i)^{n+1}}$

Unterjährige Verzinsung

Bei einem **nominellen Jahreszinssatz** i und bei m Zinsperioden pro Jahr ergibt sich das Endkapital nach n Jahren folgendermaßen:

nachschüssig	vorschüssig
$K_n = K_0 \cdot \left(1+\frac{i}{m}\right)^{m \cdot n}$	$K_n = K_0 \cdot \left(1+\frac{i}{m}\right)^{m \cdot n+1}$

Diese Regelung führt jedoch zu einem gegenüber dem nominellen Jahreszinssatz erhöhten **effektiven Jahreszinssatz** i_{eff}, der aus dem folgenden Ansatz berechnet werden kann:

nachschüssig	vorschüssig
$K_0 \cdot \left(1+\frac{i}{m}\right)^{m} = K_0 \cdot (1+i_{\text{eff}})$	$K_0 \cdot \left(1+\frac{i}{m}\right)^{m+1} = K_0 \cdot (1+i_{\text{eff}})$
$i_{\text{eff}} = \left(1+\frac{i}{m}\right)^{m} - 1$	$i_{\text{eff}} = \left(1+\frac{i}{m}\right)^{m+1} - 1$

Stetige Verzinsung, Augenblicksverzinsung

Ist die Anzahl m der Zinsperioden pro Jahr groß, so kann approximativ die für den Grenzübergang $m \to \infty$ erzielte einfachere Formel für den jährlichen **Aufzinsungsfaktor** $(1+i/m)^m$ verwendet werden (gilt vor– und nachschüssig gleichermaßen):

$$\left(1+\frac{i}{m}\right)^{m} \approx e^{i} \quad \text{wegen}$$

$$\left(1+\frac{i}{m}\right)^{m} = \left(1+\frac{1}{m/i}\right)^{\frac{m}{i}\cdot i}$$

$$= \left[\left(1+\frac{1}{x}\right)^{x}\right]^{i} \quad \text{mit } x := \frac{m}{i}$$

$$\lim_{x\to\infty}\left(1+\frac{1}{x}\right)^{x} = e \approx 2{,}7182818$$

Rentenrechnung

Unter einer **Rente** r versteht man eine regelmäßig in gleichen Zeitabständen wiederkehrende Zahlung. Der **Rentenendwert** lautet

nachschüssig	vorschüssig
$R_n = r + r\cdot q + \cdots + r\cdot q^{n-1} = r\cdot\sum_{i=0}^{n-1} q^i = r\cdot\frac{q^n-1}{q-1}$	$R_n = r\cdot q + r\cdot q^2 + \cdots + r\cdot q^n = r\cdot\sum_{i=1}^{n} q^i = r\cdot q\cdot\frac{q^n-1}{q-1}$,

wobei $\frac{q^n-1}{q-1}$ bzw. $q\cdot\frac{q^n-1}{q-1}$ der **Rentenendwertfaktor** ist.

Der **Rentenbarwert** ergibt sich durch Abzinsung des Rentenendwertes mit dem **Abzinsungsfaktor** $1/q^n$ bzw. $1/q^{n-1}$:

nachschüssig	vorschüssig
$R_0 = R_n\cdot\frac{1}{q^n} = r\cdot\underbrace{\frac{q^n-1}{q-1}\cdot\frac{1}{q^n}}_{\textbf{Rentenbarwertfaktor}}$	$R_0 = R_n\cdot\frac{1}{q^n} = r\cdot\underbrace{\frac{q^n-1}{q-1}\cdot\frac{1}{q^{n-1}}}_{\textbf{Rentenbarwertfaktor}}$.

Tilgungsrechnung

(nur nachschüssig, vorschüssig nicht sinnvoll)

Die Schulden werden nicht als ein Betrag, sondern in n Teilbeträgen getilgt. Der jährlich zu zahlende Betrag heißt **Annuität**:

$$\begin{aligned}\text{Annuität} &= \text{Zinsen auf Restschuld} + \text{Tilgungsrate}\\ A_j &= Z_j + T_j, \quad j = 1,2,\ldots,n\end{aligned}$$

Ratentilgung

Die Tilgungsrate bleibt während der Laufzeit konstant, d. h. $T_j = K_0/n,\ j = 1,\ldots,n$. Da die Zinsen auf die jeweilige Restschuld berechnet werden, verringert sich die Annuität während der Laufzeit:

$$\begin{aligned}A_j &= T_j + Z_j\\ &= \frac{K_0}{n} + \left(K_0 - \frac{j-1}{n}K_0\right)\cdot i\\ &= \frac{K_0}{n}\cdot(1 + i\cdot(n-j+1))\end{aligned}$$

Annuitätentilgung

Die Annuität bleibt während der Laufzeit konstant. Da die Restschuld mit jeder Tilgung abnimmt, ergibt sich ein steigender Tilgungsanteil und ein sinkender Zinsanteil der konstanten Annuität während der Laufzeit:

$$A_j = K_0 \cdot \underbrace{q^n \cdot \frac{q-1}{q^n-1}}_{\textbf{Annuitätenfaktor}}, \quad j = 1, \ldots, n$$

$$\begin{aligned} T_1 &= A_1 - K_0 \cdot i \\ T_j &= T_1 \cdot q^{j-1}, \quad j = 2, 3, \ldots, n \\ Z_j &= A_j - T_j, \quad j = 1, 2, \ldots, n \end{aligned}$$

Kurs- und Rentabilitätsrechnung

Es bedeuten im Folgenden:

K_{nom}	–	Nenn- oder Nominalwert einer Schuld
K_{real}	–	Realwert einer Schuld
$C := \frac{K_{\text{real}}}{K_{\text{nom}}} \cdot 100$	–	Kurs einer Schuld
n	–	Laufzeit in Jahren
i_{nom}	–	Nominalzinssatz
$i_{\text{real}} = \sqrt[n]{\frac{K_{\text{real}}}{K_{\text{nom}}}} - 1$	–	Realzinssatz, Rendite

Aus der TAYLOR-Reihe (s. S. 132) für den Logarithmus,

$$\ln x = (x-1) - \frac{1}{2}(x-1)^2 + \frac{1}{3}(x-1)^3 - \frac{1}{4}(x-1)^4 + \ldots,$$

folgt die „asymptotische Äquivalenz“ von $\ln x$ und $(x-1)$ für $x \approx 1$, also

$$\lim_{x \to 1} \frac{\ln x}{x-1} = 1,$$

und daraus für $n = 1$ die Approximation

$$i_{\text{real}}^{\text{stetig}} := \ln \frac{K_{\text{real}}}{K_{\text{nom}}} \approx \frac{K_{\text{real}} - K_{\text{nom}}}{K_{\text{nom}}} = i_{\text{real}}.$$

$i_{\text{real}}^{\text{stetig}}$ heißt **stetige Rendite**.

Kurs einer gesamtfälligen Schuld

$$C_n^G = \left(\frac{i_{\text{nom}}}{i_{\text{real}}} \cdot \left(1 - \frac{1}{(1+i_{\text{real}})^n}\right) + \frac{1}{(1+i_{\text{real}})^n}\right) \cdot 100$$

Kurs einer Annuitätenschuld

$$C_n^A = \frac{i_{\text{nom}}}{i_{\text{real}}} \cdot \frac{1 - \dfrac{1}{(1+i_{\text{real}})^n}}{1 - \dfrac{1}{(1+i_{\text{nom}})^n}} \cdot 100$$

Kurs einer Ratenschuld

$$C_n^R = \left(\frac{1 - \dfrac{1}{(1+i_{\text{real}})^n}}{n \cdot i_{\text{real}}} + \frac{i_{\text{nom}}}{i_{\text{real}}} \cdot \left(1 - \frac{1 - \dfrac{1}{(1+i_{\text{real}})^n}}{n \cdot i_{\text{real}}}\right)\right) \cdot 100$$

Für alle drei Schuldtypen gilt:

$$\lim_{n\to\infty} C_n^G = \lim_{n\to\infty} C_n^A = \lim_{n\to\infty} C_n^R = \frac{i_{\text{nom}}}{i_{\text{real}}} \cdot 100.$$

1.9 Grundlagen der ebenen Geometrie

Bezeichnungen: a, b, c, d – Seiten(-längen)

$\alpha, \beta, \gamma, \delta$ – Winkel

h – Höhe

U – Umfang

A – Fläche

Dreieck

Allgemeine Beziehungen

$$\alpha+\beta+\gamma=180^\circ$$

$$U = a+b+c$$

$$A = \frac{ch}{2}=\frac{bc}{2}\sin\alpha = \sqrt{s(s-a)(s-b)(s-c)}$$

mit $s=U/2$

Sinussatz

$$\frac{a}{\sin\alpha}=\frac{b}{\sin\beta}=\frac{c}{\sin\gamma}$$

Kosinussatz

$$a^2 = b^2+c^2-2bc\cos\alpha$$

$$b^2 = a^2+c^2-2ac\cos\beta$$

$$c^2 = a^2+b^2-2ab\cos\gamma$$

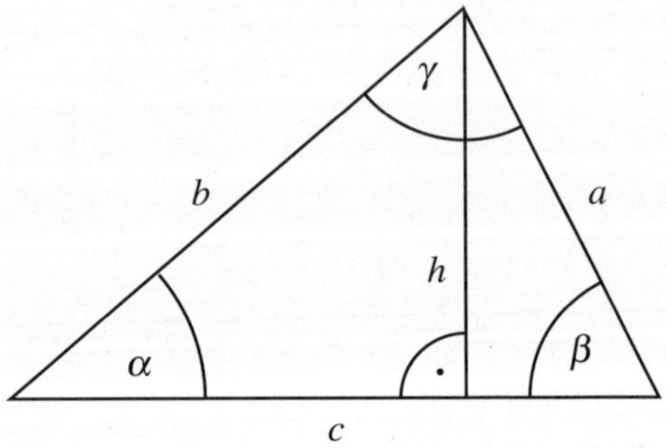

Rechtwinkliges Dreieck

Bezeichnungen: $\gamma=90^\circ$ – rechter Winkel
a,b – Katheten
c – Hypotenuse (gegenüber γ)
p,q – Hypotenusenabschnitte ($p+q=c$)

Formeln für rechtwinklige Dreiecke

Satz des Pythagoras
(Pythagoras von Samos, ca. 580 – 496 v. Chr.)

$$a^2+b^2=c^2$$

Höhensatz

$$h^2=p\cdot q$$

Kathetensatz

$$a^2=c\cdot p$$

$$b^2=c\cdot q$$

$$A=\frac{1}{2}hc=\frac{1}{2}ab$$

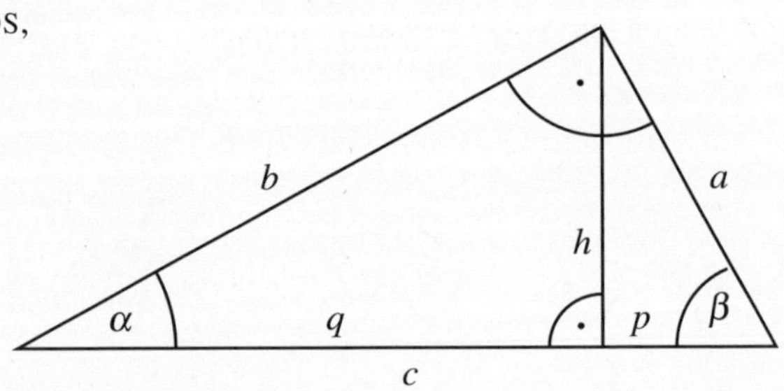

Gleichschenkliges Dreieck

Formeln für gleichschenklige Dreiecke

$$a = b$$
$$\alpha = \beta$$
$$h = \frac{1}{2}\sqrt{4a^2 - c^2}$$
$$U = 2a + c$$
$$A = \frac{1}{2}hc = \frac{1}{4}\sqrt{4a^2 - c^2}$$

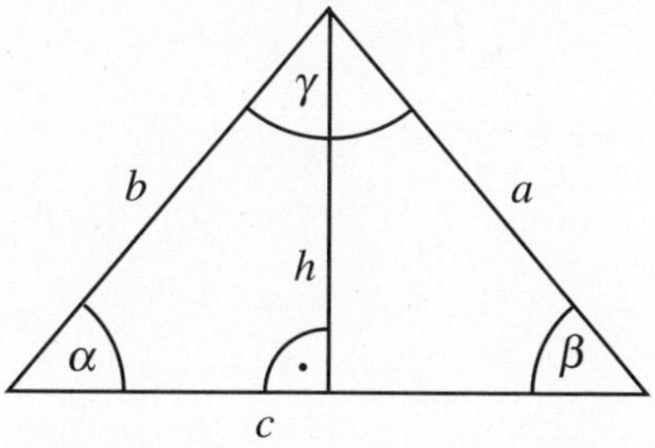

Gleichseitiges Dreieck

Formeln für gleichseitige Dreiecke

$$a = b = c$$
$$\alpha = \beta = \gamma = 60°$$
$$h = \frac{1}{2}a\sqrt{3}$$
$$U = 3a$$
$$A = \frac{1}{2}ah = \frac{1}{4}a^2\sqrt{3}$$

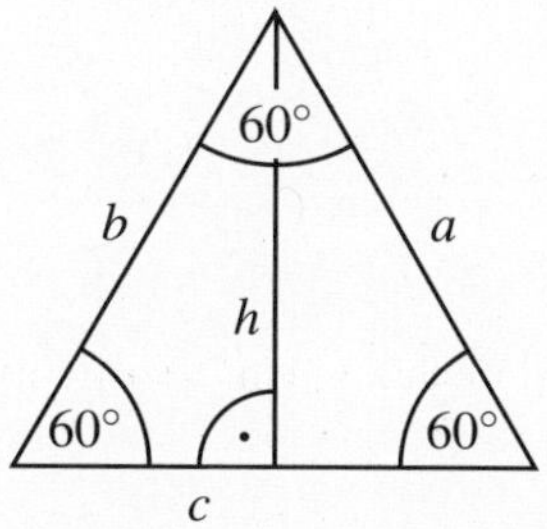

Viereck

Allgemeine Beziehungen

$$\alpha + \beta + \gamma + \delta = 360°$$
$$U = a + b + c + d$$

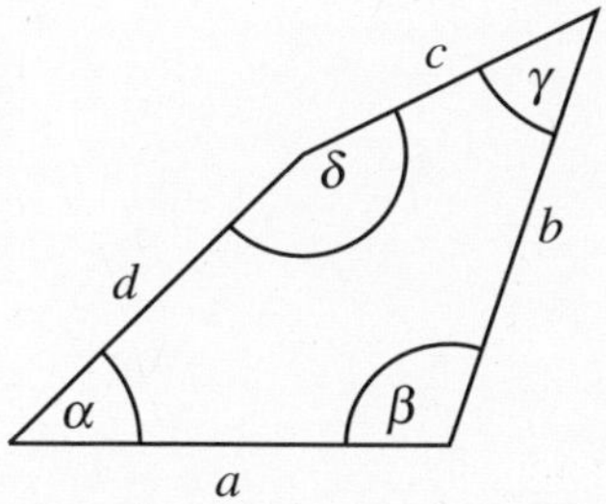

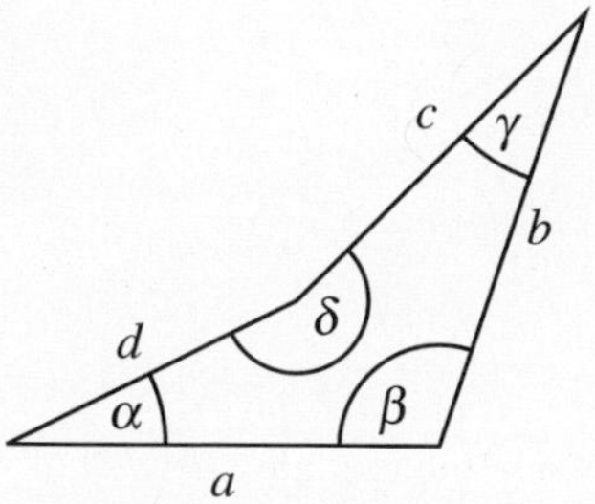

Quadrat

Formeln für Quadrate

$a = b = c = d$
$\alpha = \beta = \gamma = \delta = 90^\circ$
$d_1 = d_2 = a\sqrt{2}$
$U = 4a$
$A = a^2$
Die Diagonalen d_1, d_2 halbieren sich und stehen senkrecht aufeinander.

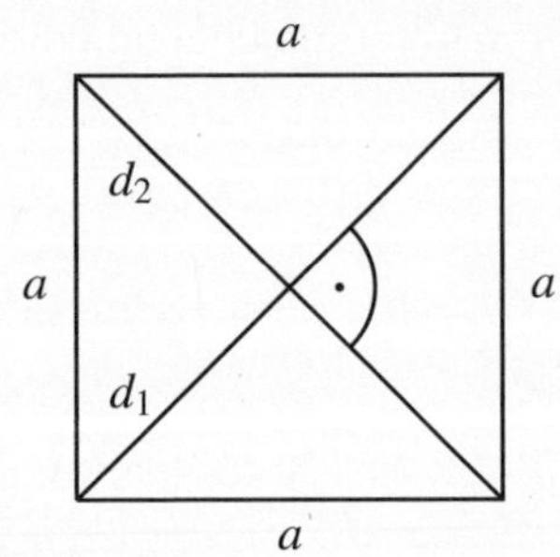

Rechteck

Formeln für Rechtecke

$a = c$ und $b = d$
$\alpha = \beta = \gamma = \delta = 90^\circ$
$d_1 = d_2 = \sqrt{a^2 + b^2}$
$U = 2(a + b)$
$A = ab$
Die Diagonalen d_1, d_2 halbieren sich.

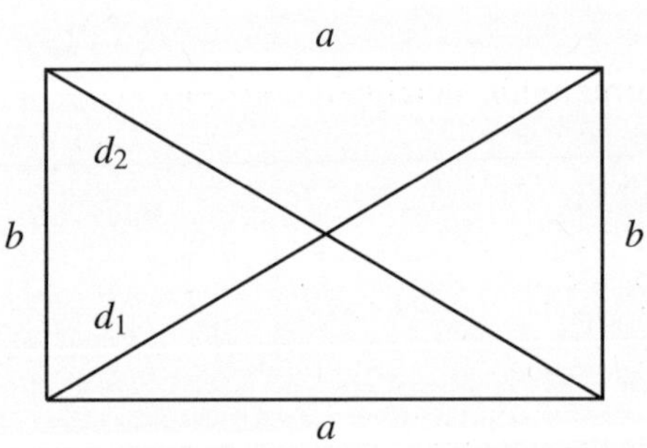

Parallelogramm

Ein Parallelogramm ist ein Viereck, dessen gegenüberliegende Seiten parallel und gleich lang sind.

Formeln für Parallelogramme

$a = c$ und $b = d$
$\alpha = \gamma$ und $\beta = \delta$
$h = b \sin\alpha$
$d_1, d_2 = \sqrt{a^2 + b^2 \pm 2a\sqrt{b^2 - h^2}}$
$U = 2(a + b)$
$A = ah = ab \sin\alpha$
Die Diagonalen d_1, d_2 halbieren sich.

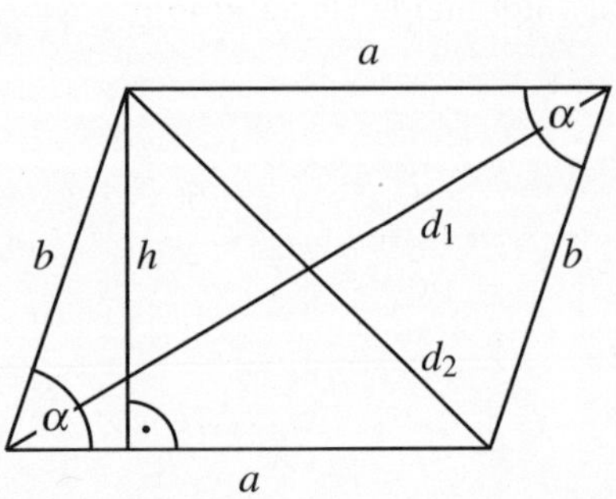

Rhombus oder Raute

Ein Rhombus oder eine Raute ist ein Parallelogramm, dessen Seiten gleich lang sind.

Formeln für Rauten

$a = b = c = d$

$\alpha = \gamma$ und $\beta = \delta$

$h = a \sin \alpha$

$d_1 = 2a \cos(\alpha/2)$

$d_2 = 2a \sin(\alpha/2)$

$U = 4a$

$A = ah = a^2 \sin \alpha = \frac{1}{2} d_1 d_2$

Die Diagonalen d_1, d_2 halbieren sich und stehen senkrecht aufeinander.

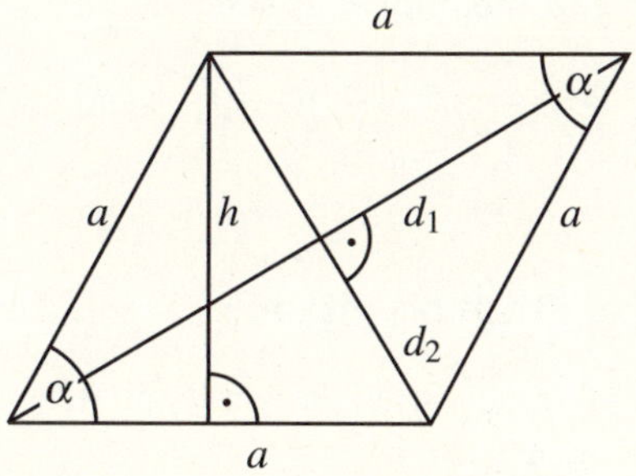

Trapez

Ein Trapez ist ein Viereck mit zwei parallelen Seiten.

Bezeichnungen: a, c – parallele Grundseiten

m – Mittellinie

Formeln für Trapeze

$m = \frac{1}{2}(a + c)$

$U = a + b + c + d$

$A = mh = \frac{1}{2}(a + c)h$

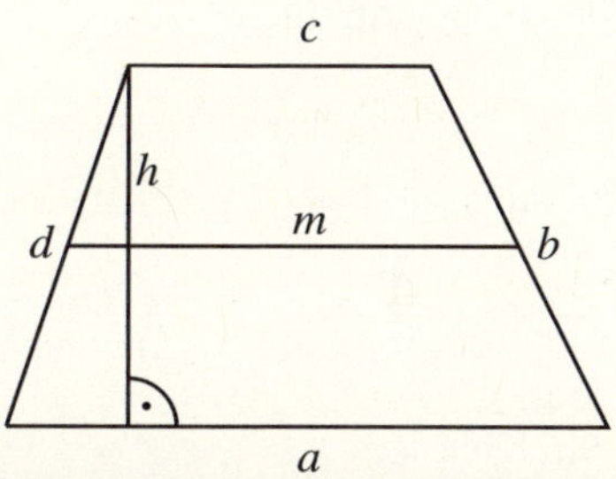

Kreis

Bezeichnungen: r – Radius

d – Durchmesser

Formeln für Kreise

$d = 2r$

$U = 2\pi r = d\pi$

$A = \pi r^2 = \frac{1}{4}\pi d^2$

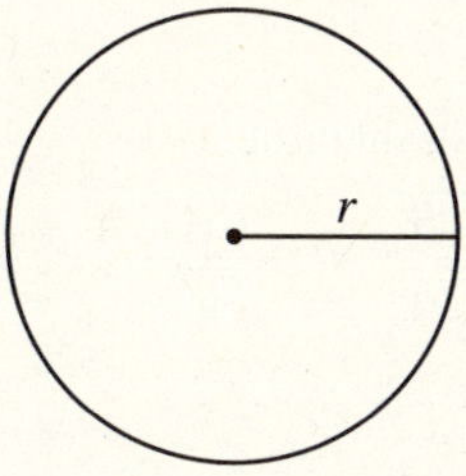

Ellipse

Bezeichnungen: a – große Halbachse
b – kleine Halbachse

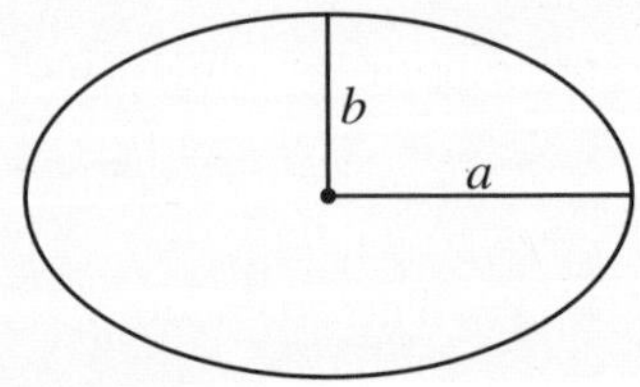

Formeln für Ellipsen

$$U \approx \pi\left(1,5(a+b)-\sqrt{ab}\right)$$
$$A = \pi ab$$

Strahlensätze

Werden Strahlen von Parallelen geschnitten, so verhalten sich hinsichtlich ihrer Längen

1. die Abschnitte auf einem Strahl wie die zwischen denselben Parallelen liegenden Abschnitte auf einem anderen Strahl,
2. die zwischen denselben Strahlen liegenden Parallelenabschnitte wie die vom Scheitelpunkt aus gemessenen zugehörigen Abschnitte auf einem Strahl,
3. die zwischen zwei Strahlen gelegenen Abschnitte auf zwei Parallelen wie die zwischen zwei anderen Strahlen gelegenen Abschnitte auf denselben Parallelen.

Die folgenden Graphiken und Formeln veranschaulichen die drei Strahlensätze. Die ersten beiden Strahlensätze können auf alle drei Graphiken angewandt werden.

1. Strahlensatz

$$\frac{\overline{SA_1}}{\overline{SA_2}} = \frac{\overline{SB_1}}{\overline{SB_2}} \text{ bzw. } \frac{\overline{SA_1}}{\overline{A_1A_2}} = \frac{\overline{SB_1}}{\overline{B_1B_2}}$$

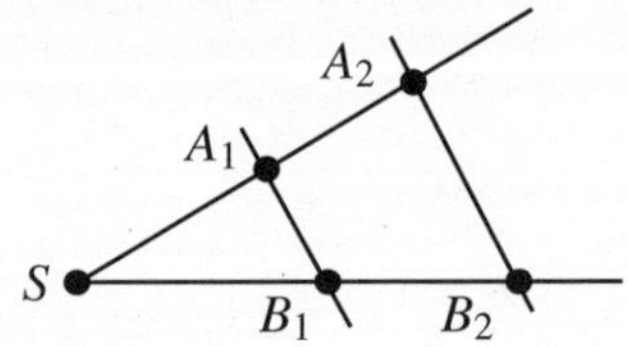

2. Strahlensatz

$$\frac{\overline{A_1B_1}}{\overline{A_2B_2}} = \frac{\overline{SA_1}}{\overline{SA_2}} = \frac{\overline{SB_1}}{\overline{SB_2}}$$

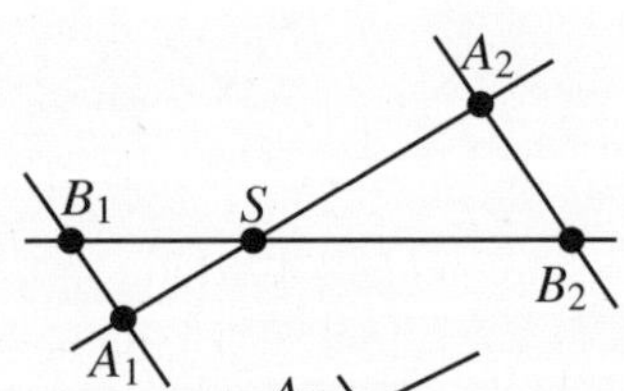

3. Strahlensatz

$$\frac{\overline{A_1B_1}}{\overline{A_2B_2}} = \frac{\overline{B_1C_1}}{\overline{B_2C_2}} = \frac{\overline{A_1C_1}}{\overline{A_2C_2}}$$

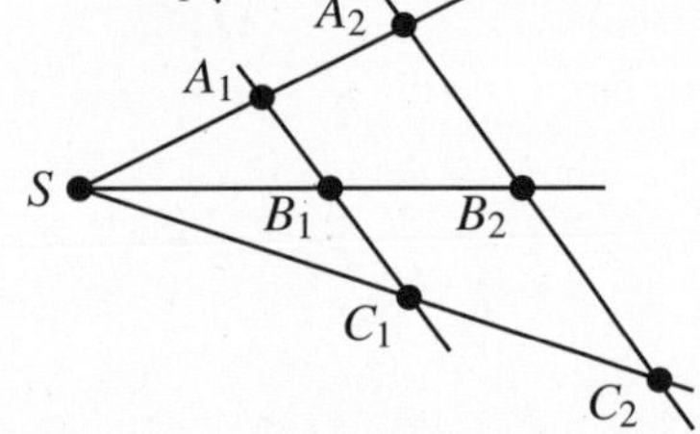

2 Analysis einer Variablen

2.1 Stetigkeit

Grenzwerte

Der **Grenzwert** der Funktion $f : \mathbb{R} \to \mathbb{R}$ an der Stelle $x_0 \in \mathbb{R}$ existiert und ist gleich y_0, wenn gilt:

$$\forall \varepsilon > 0 \, \exists \delta > 0 \, \forall x \in (x_0 - \delta, x_0 + \delta) \setminus \{x_0\} : \, |f(x) - y_0| < \varepsilon.$$

Schreibweise: $\lim\limits_{x \to x_0} f(x) = y_0$ oder $f(x) \underset{x \to x_0}{\longrightarrow} y_0$.

Der **linksseitige Grenzwert** von $f(x)$ an der Stelle x_0 existiert und ist gleich y_0, wenn gilt:

$$\forall \varepsilon > 0 \, \exists \delta > 0 \, \forall x \in (x_0 - \delta, x_0) : \, |f(x) - y_0| < \varepsilon.$$

Schreibweise: $\lim\limits_{x \uparrow x_0} f(x) = y_0$ oder $\lim\limits_{x \to x_0^-} f(x) = y_0$ oder $f(x) \underset{x \uparrow x_0}{\longrightarrow} y_0$.

Der **rechtsseitige Grenzwert** von $f(x)$ an der Stelle x_0 existiert und ist gleich y_0, wenn gilt:

$$\forall \varepsilon > 0 \, \exists \delta > 0 \, \forall x \in (x_0, x_0 + \delta) : \, |f(x) - y_0| < \varepsilon.$$

Schreibweise: $\lim\limits_{x \downarrow x_0} f(x) = y_0$ oder $\lim\limits_{x \to x_0^+} f(x) = y_0$ oder $f(x) \underset{x \downarrow x_0}{\longrightarrow} y_0$.

Der Grenzwert von $f(x)$ bei $+\infty$ existiert und ist gleich y_0, wenn gilt:

$$\forall \varepsilon > 0 \, \exists x_0 \in \mathbb{R}^+ \, \forall x > x_0 : \, |f(x) - y_0| < \varepsilon.$$

Schreibweise: $\lim\limits_{x \to \infty} f(x) = y_0$ oder $f(x) \underset{x \to \infty}{\longrightarrow} y_0$.

Der Grenzwert von $f(x)$ bei $-\infty$ existiert und ist gleich y_0, wenn gilt:

$$\forall \varepsilon > 0 \, \exists x_0 \in \mathbb{R}^+ \, \forall x < -x_0 : \, |f(x) - y_0| < \varepsilon.$$

Schreibweise: $\lim\limits_{x \to -\infty} f(x) = y_0$ oder $f(x) \underset{x \to -\infty}{\longrightarrow} y_0$.

Der Grenzwert von $f(x)$ an der Stelle x_0 **existiert uneigentlich** und ist gleich $+\infty$ (bzw. $-\infty$), wenn gilt:

$$\forall y \in \mathbb{R}^+ \; \exists \delta > 0 \; \forall x \in (x_0 - \delta, x_0 + \delta) \setminus \{x_0\} : \; f(x) > y \text{ (bzw. } < -y).$$

Schreibweise: $\lim\limits_{x \to x_0} f(x) = \pm\infty$ oder $f(x) \underset{x \to x_0}{\longrightarrow} \pm\infty$.

Die uneigentliche Existenz von **einseitigen** (d. h. linksseitigen und rechtsseitigen) Grenzwerten sowie von Grenzwerten bei $+\infty$ oder $-\infty$ wird analog definiert.

Schreibweise:

$$\begin{aligned}
\lim_{x \uparrow x_0} f(x) &= \pm\infty \text{ oder } \lim_{x \to x_0^-} f(x) = \pm\infty \text{ oder } f(x) \underset{x \uparrow x_0}{\longrightarrow} \pm\infty \\
\lim_{x \downarrow x_0} f(x) &= \pm\infty \text{ oder } \lim_{x \to x_0^+} f(x) = \pm\infty \text{ oder } f(x) \underset{x \downarrow x_0}{\longrightarrow} \pm\infty \\
\lim_{x \to \infty} f(x) &= \pm\infty \text{ oder } f(x) \underset{x \to \infty}{\longrightarrow} \pm\infty \\
\lim_{x \to -\infty} f(x) &= \pm\infty \text{ oder } f(x) \underset{x \to -\infty}{\longrightarrow} \pm\infty.
\end{aligned}$$

Die Definition des Grenzwertes einer Funktion bei x_0 (bzw. bei $\pm\infty$) setzt voraus, dass die Funktion in einer – eventuell sehr kleinen – Umgebung von x_0 (bzw. für alle reellen Zahlen größer bzw. kleiner einer gewissen Konstanten) definiert ist. Der Grenzwert von $f(x)$ bei x_0 existiert und ist gleich y_0 genau dann, wenn für **jede** Folge $(a_n)_{n \in \mathbb{N}}$ mit $a_n \neq x_0$, $n \in \mathbb{N}$, und $a_n \to x_0$ gilt: $f(a_n) \to y_0$. Entsprechende Äquivalenzen gelten für Grenzwerte bei $\pm\infty$ sowie uneigentliche und einseitige Grenzwerte.

Rechenregeln für Grenzwerte

(Alle genannten Grenzwerte mögen existieren)

$\lim\limits_{x \to x_0} f(x) = y_0 \Leftrightarrow \lim\limits_{x \uparrow x_0} f(x) = \lim\limits_{x \downarrow x_0} f(x) = y_0$

Im Folgenden steht $\lim f(x)$ zur Abkürzung für $\lim\limits_{x \to x_0} f(x)$, $\lim\limits_{x \uparrow x_0} f(x)$, $\lim\limits_{x \downarrow x_0} f(x)$, $\lim\limits_{x \to \infty} f(x)$ oder $\lim\limits_{x \to -\infty} f(x)$.

$\lim[f(x) \pm g(x)] = \lim f(x) \pm \lim g(x)$

$\lim[f(x) \cdot g(x)] = \lim f(x) \cdot \lim g(x)$

$\lim[f(x)/g(x)] = \lim f(x)/\lim g(x); \quad \lim g(x) \neq 0$

$\lim[a \cdot f(x)] = a \cdot \lim f(x); \quad a \in \mathbb{R}$

$\lim[f(x)]^a = [\lim f(x)]^a; \quad \lim f(x) > 0, \; a \in \mathbb{R}$

$\lim[a^{f(x)}] = a^{\lim f(x)}; \quad a > 0$

$\lim[\log_a f(x)] = \log_a[\lim f(x)]; \quad \lim f(x) > 0, \; a > 0$

$\lim\limits_{x \to x_0} f(x) = \lim\limits_{x \to x_0} h(x) = a \wedge f(x) \leq g(x) \leq h(x)$ in einer Umgebung von x_0
$\Rightarrow \lim\limits_{x \to x_0} g(x) = a$

Eine Funktion $f(x)$ wird an der Stelle $x_0 \in \mathbb{R}$ **unendlich klein**, wenn $\lim_{x\to x_0} f(x) = 0$ gilt. Analoge Definitionen gelten für einseitige Grenzwerte und für $x \to \pm\infty$. Betrachtet man den Quotienten zweier bei x_0 unendlich klein werdender Funktionen $f(x)$ und $g(x)$, so kann Folgendes eintreten:

- $\lim_{x\to x_0} \dfrac{f(x)}{g(x)} = 0$, d. h. $f(x)$ wird **von höherer Ordnung unendlich klein** als $g(x)$.
- $\lim_{x\to x_0} \dfrac{f(x)}{g(x)} = c$, $c \in \mathbb{R} \setminus \{0\}$, d. h. $f(x)$ und $g(x)$ werden **von derselben Ordnung unendlich klein** oder auch: $f(x)$ und $g(x)$ sind **asymptotisch proportional**. Für $c = 1$ heißen $f(x)$ und $g(x)$ **asymptotisch gleich**.
- $\lim_{x\to x_0} \dfrac{f(x)}{g(x)} = \pm\infty$, d. h. $f(x)$ wird **von niedrigerer Ordnung unendlich klein** als $g(x)$.
- $\lim_{x\to x_0} \dfrac{f(x)}{g(x)}$ existiert nicht, d. h. $\dfrac{f(x)}{g(x)}$ oszilliert bei x_0.

$f(x)$ wird bei x_0 **von erster Ordnung unendlich klein**, wenn gilt:

$$\lim_{x\to x_0} \left| \frac{f(x)}{x - x_0} \right| = c > 0.$$

$f(x)$ wird bei x_0 **von der Ordnung** $s > 0$ **unendlich klein**, wenn gilt:

$$\lim_{x\to x_0} \left| \frac{f(x)}{(x - x_0)^s} \right| = c > 0.$$

$f(x)$ wird für $x \to \pm\infty$ **von der Ordnung** $s > 0$ **unendlich klein**, wenn gilt:

$$\lim_{x\to\pm\infty} |x^s \cdot f(x)| = c > 0.$$

Es gibt Funktionen, die unendlich klein werden, jedoch schneller oder langsamer als jede Potenzfunktion, z. B.

$$\lim_{x\to-\infty} |x^s \cdot \exp(x)| = 0 \;\; \forall s > 0,$$

$$\lim_{x\to\infty} \left| x^s \cdot \frac{1}{\log_a(x)} \right| = \infty \;\; \forall s > 0 \; \forall a \in \mathbb{R}^+ \setminus \{1\}.$$

Gilt für $f(x)$ und $g(x)$

$$\lim_{x\to x_0}\frac{f(x)}{g(x)}=0 \text{ bzw. } \lim_{x\to\pm\infty}\frac{f(x)}{g(x)}=0,$$

so ist $f(x)$ **klein *o*** von $g(x)$ für $x\to x_0$ bzw. $x\to\pm\infty$.
Schreibweise: $f(x)=o(g(x))$. Dabei ist o der kleine Buchstabe.

Gibt es ein $c\in\mathbb{R}$, so dass gilt

$$\lim_{x\to x_0}\left|\frac{f(x)}{g(x)}\right|<c \text{ bzw. } \lim_{x\to\pm\infty}\left|\frac{f(x)}{g(x)}\right|<c,$$

so ist $f(x)$ **groß *O*** von $g(x)$ für $x\to x_0$ bzw. $x\to\pm\infty$.
Schreibweise: $f(x)=O(g(x))$. Dabei ist O der große Buchstabe.

o und O heißen **LANDAU-Symbole** (EDMUND LANDAU, 1877 – 1938).

Lokale Stetigkeit

Die Funktion $f(x)$ heißt an der Stelle $x_0\in\mathbb{D}(f)$ **(lokal) stetig**, wenn gilt:

$$\lim_{x\to x_0} f(x)=f(x_0).$$

Dies setzt offenbar die eigentliche Existenz und die Übereinstimmung der einseitigen Limites voraus. Ist x_0 ein Randpunkt des Definitionsbereichs von f, so ist der Limes durch den jeweils zulässigen einseitigen Grenzwert zu ersetzen.

$f(x)$ heißt **linksseitig stetig** oder **stetig von links** in $x_0\in\mathbb{D}(f)$, wenn gilt:

$$\lim_{x\uparrow x_0} f(x)=f(x_0).$$

$f(x)$ heißt **rechtsseitig stetig** oder **stetig von rechts** in $x_0\in\mathbb{D}(f)$, wenn gilt:

$$\lim_{x\downarrow x_0} f(x)=f(x_0).$$

Ist $f(x)$ stetig bei x_0, so heißt x_0 **Stetigkeitsstelle** von f. Ist $f(x)$ nicht stetig bei $x_0\in\mathbb{D}(f)$, so heißt x_0 **Unstetigkeitsstelle** von f. Ist in diesem Fall

$$\lim_{x\uparrow x_0} f(x)=\pm\infty \text{ und/oder } \lim_{x\downarrow x_0} f(x)=\pm\infty,$$

so heißt x_0 **Pol** oder **Polstelle** von f. Existieren die einseitigen Grenzwerte eigentlich, sind aber verschieden, so heißt x_0 **Sprungstelle** von f. Die absolute Differenz der einseitigen Limites heißt **Sprunghöhe** an der Stelle x_0. Die Unstetigkeit heißt **hebbar**, wenn die einseitigen Grenzwerte eigentlich existieren und gleich sind, jedoch f an der Stelle x_0 nicht definiert ist oder $\lim\limits_{x\to x_0} f(x)\neq f(x_0)$.

Globale Stetigkeit

Die Funktion $f(x)$ heißt im Intervall $I \subset \mathbb{D}(f)$ **(global) stetig**, wenn sie in jedem **inneren** Punkt des Intervalls stetig ist und rechtsseitig stetig am linken Rand, falls dieser zum Intervall I gehört, sowie linksseitig stetig am rechten Rand, falls dieser zum Intervall I gehört. Die Funktion $f(x)$ heißt einfach **stetig**, wenn sie im gesamten Definitionsbereich stetig ist.

Regeln und Sätze zur Stetigkeit

Sind f und g stetig (lokal oder global), so sind auch $f \pm g$, $f \cdot g$, $c \cdot f$ mit $c \in \mathbb{R}$ und f/g für $g \neq 0$ stetig.
Ist f stetig in $x_0 \in \mathbb{D}(f)$ und g stetig in $f(x_0) \in \mathbb{D}(g)$, so ist die Komposition $h := g \circ f$ stetig in $x_0 \in \mathbb{D}(h)$.
Eine stetige Funktion nimmt in einem abgeschlossenen Intervall Minimum und Maximum an.
Eine stetige Funktion ist in einem abgeschlossenen Intervall beschränkt.
Eine in einem Intervall bijektive, stetige Funktion besitzt eine stetige Inverse.
Das Bild eines Intervalls unter einer stetigen Funktion ist wieder ein Intervall.
Zwischenwertsatz: Ist f stetig im abgeschlossenen Intervall $[a,b]$, so gibt es zu jedem y im Intervall $\left(\min\limits_{x\in[a,b]} f(x), \max\limits_{x\in[a,b]} f(x)\right)$ ein $x \in (a,b)$ mit $f(x) = y$.
Jedes Polynom ungeraden Grades hat mindestens eine Nullstelle.

Gleichmäßige Stetigkeit

Die ε-δ-Definition der Stetigkeit von f in $x_0 \in \mathbb{D}(f)$ lautet:

$$\forall \varepsilon > 0\ \exists \delta > 0\ \forall x \in \mathbb{D}(f) : |x - x_0| < \delta \ \Rightarrow\ |f(x) - f(x_0)| < \varepsilon.$$

Dabei hängt das zu bestimmende δ nicht nur von ε, sondern auch von der Stelle x_0 ab. Möchte man eine entsprechende Aussage für ein ganzes Intervall haben, so muss man die Unabhängigkeit von der Stelle x_0 erreichen.

Die Funktion $f(x)$ heißt im Intervall $I \subset \mathbb{D}(f)$ **gleichmäßig stetig**, wenn gilt:

$$\forall \varepsilon > 0\ \exists \delta > 0\ \forall x_1, x_2 \in I :\ |x_1 - x_2| < \delta \ \Rightarrow\ |f(x_1) - f(x_2)| < \varepsilon.$$

Eine gleichmäßig stetige Funktion ist insbesondere in jedem Punkt des Intervalls stetig. Eine in einem beschränkten und abgeschlossenen – also **kompakten** – Intervall stetige Funktion ist dort auch gleichmäßig stetig.

2.2 Differentialrechnung

Differenzen- und Differentialquotient

Der **Differenzenquotient** $\frac{\Delta y}{\Delta x}$ der Funktion $y = f(x)$ an den Stellen x_0 und x ist definiert als:

$$\left.\frac{\Delta y}{\Delta x}\right|_{x,x_0} := \frac{f(x) - f(x_0)}{x - x_0}.$$

Der Differenzenquotient ist die Steigung der **Sekante** durch die Punkte $(x_0, f(x_0))$ und $(x, f(x))$, also der Tangens des Winkels zwischen Sekante und Abszisse.

Der **Differentialquotient** $\left.\frac{df(x)}{dx}\right|_{x=x_0}$ der Funktion $y = f(x)$ an der Stelle x_0 ist – falls existent – wie folgt definiert:

$$\left.\frac{df(x)}{dx}\right|_{x=x_0} := \lim_{x \to x_0} \frac{f(x) - f(x_0)}{x - x_0}$$

Sprechweise: $df(x)$ nach dx an der Stelle $x = x_0$.
Andere Schreibweisen: $\frac{df}{dx}(x_0)$; $f'(x_0)$; $\left.\frac{dy}{dx}\right|_{x=x_0}$; $y'_{x=x_0}$.

Der Differentialquotient ist die Steigung der **Tangente** an den Graphen der Funktion f im Punkt $\big(x_0, f(x_0)\big)$, also der Tangens des Winkels zwischen Tangente und Abszisse.

Fasst man den Differentialquotienten als Funktion (von x_0) auf, so heißt er **Ableitung** von $f(x)$. Existiert der Differentialquotient von f an der Stelle x_0, so heißt f bei x_0 **differenzierbar**. Ist eine Funktion in jedem inneren Punkt eines Intervalls I differenzierbar und an den Rändern – falls sie zum Intervall gehören – einseitig differenzierbar, d. h. existieren die jeweiligen einseitigen Grenzwerte der Differentialquotienten, so heißt sie in I **(global) differenzierbar**. Ist eine Funktion (lokal oder global) differenzierbar, so ist sie auch stetig, die Umkehrung gilt nicht unbedingt.

Ist die Ableitung $f'(x)$ einer Funktion $f(x)$ (lokal oder global) differenzierbar, so heißt

$$f''(x) := f^{(2)}(x) := \frac{d^2 f(x)}{dx^2} := (f'(x))'$$

zweite Ableitung von $f(x)$. Ist die $(n-1)$-te Ableitung differenzierbar, so heißt

$$f^{(n)}(x) := \frac{d^n f(x)}{dx^n} := \left(f^{(n-1)}(x)\right)'$$

n*-te Ableitung** oder **Ableitung der Ordnung *n von $f(x)$.

Erste Ableitungen einiger Funktionen

$f(x)$	$f'(x)$	$f(x)$	$f'(x)$
c (konstant)	0	$\tan x$	$\frac{1}{\cos^2 x}$
x	1	$\cot x$	$\frac{-1}{\sin^2 x}$
$c \cdot x$	c	$\sec x$	$\frac{\sin x}{\cos^2 x}$
$x^\alpha,\ x > 0$	$\alpha x^{\alpha-1},\ \alpha \in \mathbb{R}$	$\operatorname{cosec} x$	$\frac{-\cos x}{\sin^2 x}$
x^n	$nx^{n-1},\ n \in \mathbb{N}$	$\arcsin x$	$\frac{1}{\sqrt{1-x^2}}$
$\frac{1}{x}$	$\frac{-1}{x^2}$	$\arccos x$	$\frac{-1}{\sqrt{1-x^2}}$
$\frac{1}{x^n}$	$\frac{-n}{x^{n+1}}$	$\arctan x$	$\frac{1}{1+x^2}$
$\sqrt{x}$	$\frac{1}{2\sqrt{x}}$	$\operatorname{arccot} x$	$\frac{-1}{1+x^2}$
$\sqrt[n]{x}$	$\frac{1}{n\sqrt[n]{x^{n-1}}}$	$\operatorname{arcsec} x$	$\frac{1}{x\sqrt{x^2-1}}$
a^x	$a^x \cdot \ln a$	$\operatorname{arccosec} x$	$\frac{-1}{x\sqrt{x^2-1}}$
e^x	e^x	$\sinh x$	$\cosh x$
$\log_a x$	$\frac{1}{x \ln a}$	$\cosh x$	$\sinh x$
$\ln x$	$\frac{1}{x}$	$\tanh x$	$\frac{1}{\cosh^2 x}$
$\operatorname{ld} x$	$\frac{1}{x \ln 2}$	$\coth x$	$\frac{-1}{\sinh^2 x}$
$\lg x$	$\frac{1}{x \ln 10}$	$\operatorname{arsinh} x$	$\frac{1}{\sqrt{x^2+1}}$
$\sin x$	$\cos x$	$\operatorname{arcosh} x$	$\frac{1}{\sqrt{x^2-1}}$
$\cos x$	$-\sin x$	$\operatorname{artanh} x$	$\frac{1}{1-x^2}$
		$\operatorname{arcoth} x$	$\frac{-1}{x^2-1}$

Ableitungsregeln

Seien $f_1(x),\ldots,f_n(x)$ differenzierbar an einer Stelle x_0 oder in einem Intervall I.

Summenregel

Für $g(x) := \sum\limits_{i=1}^{n} \pm f_i(x)$ ist

$$g'(x) = \sum_{i=1}^{n} \pm f_i'(x).$$

Kurzform: $(u \pm v)' = u' \pm v'$

Produktregel

Für $g(x) := \prod\limits_{i=1}^{n} f_i(x)$ ist

$$g'(x) = \sum_{i=1}^{n} f_i'(x) \cdot \prod_{\substack{j=1 \\ j \neq i}}^{n} f_j(x).$$

Speziell: Für $g(x) := f_1(x) \cdot f_2(x)$ ist

$$g'(x) = f_1'(x) \cdot f_2(x) + f_1(x) \cdot f_2'(x).$$

Kurzform: $(u \cdot v)' = u'v + uv'$

Quotientenregel

Für $g(x) := f_1(x)/f_2(x),\ f_2(x) \neq 0$, ist

$$g'(x) = \frac{f_1'(x) \cdot f_2(x) - f_1(x) \cdot f_2'(x)}{f_2^2(x)}.$$

Kurzform: $\left(\frac{u}{v}\right)' = \frac{u'v - uv'}{v^2}$

Kettenregel

Sei $f(x)$ differenzierbar in x_0 und $g(x)$ differenzierbar in $f(x_0)$. Dann ist $h(x) := (g \circ f)(x)$ differenzierbar in x_0 und es ist im gesamten Differenzierbarkeitsbereich von h

$$h'(x) = g'\big(f(x)\big) \cdot f'(x).$$

„Äußere Ableitung multipliziert mit der inneren Ableitung.“

Falls alle genannten Ableitungen existieren, lautet die Ableitung einer n-fach geschachtelten Funktion $f(x) := (f_n \circ f_{n-1} \circ \ldots \circ f_1)(x)$

$$\begin{aligned} f'(x) &= \prod_{i=1}^{n} (f_i' \circ f_{i-1} \circ \ldots \circ f_1)(x) \\ &= f_n'(f_{n-1}(f_{n-2}(\ldots f_1(x)))) \cdot f_{n-1}'(f_{n-2}(f_{n-3}(\ldots f_1(x)))) \cdot \ldots \cdot f_2'(f_1(x)) \cdot f_1'(x) \end{aligned}$$

Ableitung der Umkehrfunktion

Sei $f(x)$ in einem Intervall I stetig und streng monoton sowie in $x_0 \in I$ differenzierbar. Ist $f'(x_0) \neq 0$, so ist die Umkehrfunktion f^{-1} an der Stelle $y_0 = f(x_0)$ differenzierbar und es gilt

$$\left(f^{-1}\right)'(y_0) = \frac{1}{f'(x_0)}.$$

Logarithmische Ableitung

Gelegentlich ist es einfacher, den Logarithmus einer Funktion statt die Funktion selbst abzuleiten – insbesondere bei Produkten und Exponentialfunktionen. Sei $f(x)$ differenzierbar in x_0 und sei $f(x_0) > 0$. Dann ist

$$f'(x_0) = f(x_0) \cdot \left. \frac{d(\ln f(x))}{dx} \right|_{x=x_0}.$$

Unbestimmte Ausdrücke

Bei der Grenzwertbildung können sich folgende **unbestimmte Ausdrücke** ergeben:

$$\frac{0}{0},\ \frac{\infty}{\infty},\ 0 \cdot \infty,\ \infty - \infty,\ 1^{\infty},\ \infty^{0},\ 0^{0}.$$

Alle diese Ausdrücke lassen sich wie folgt in unbestimmte Ausdrücke der Form $0/0$ überführen:

- $\lim f(x) = \infty$, $\lim g(x) = \infty$, $h(x) = f(x)/g(x)$
  $\Rightarrow \lim h(x) = \frac{\infty}{\infty} = \lim \frac{1/g(x)}{1/f(x)} = \frac{0}{0}$
- $\lim f(x) = 0$, $\lim g(x) = \infty$, $h(x) = f(x) \cdot g(x)$
  $\Rightarrow \lim h(x) = 0 \cdot \infty = \lim \frac{f(x)}{1/g(x)} = \frac{0}{0}$

- $\lim f(x) = \infty,\ \lim g(x) = \infty,\ h(x) = f(x) - g(x)$
  $\Rightarrow \lim h(x) = \infty - \infty = \lim \dfrac{1/g(x) - 1/f(x)}{1/(f(x) \cdot g(x))} = \dfrac{0}{0}$

- $\lim f(x) = 1,\ \lim g(x) = \infty,\ h(x) = f(x)^{g(x)}$
  $\Rightarrow \lim h(x) = 1^\infty = \exp\left(\lim \dfrac{\ln f(x)}{1/g(x)}\right) = \exp\left(\dfrac{0}{0}\right)$

- $\lim f(x) = \infty,\ \lim g(x) = 0,\ h(x) = f(x)^{g(x)}$
  $\Rightarrow \lim h(x) = \infty^0 = \exp\left(\lim \dfrac{g(x)}{1/\ln f(x)}\right) = \exp\left(\dfrac{0}{0}\right)$

- $\lim f(x) = 0,\ \lim g(x) = 0,\ h(x) = f(x)^{g(x)}$
  $\Rightarrow \lim h(x) = 0^0 = \exp\left(-\lim \dfrac{g(x)}{-1/\ln f(x)}\right) = \exp\left(-\dfrac{0}{0}\right)$

Regel von DE L'HOSPITAL

Nach der Regel von DE L'HOSPITAL (GUILLAUME FRANÇOIS ANTOINE MARQUIS DE L'HOSPITAL, 1661 – 1704) können unbestimmte Ausdrücke der Gestalt 0/0 berechnet werden. Seien $f(x)$ und $g(x)$ differenzierbar im Innern des Intervalls I und seien dort die Ableitungen $f'(x)$ und $g'(x)$ stetig. Sei weiter $a := \inf I,\ b := \sup I$ und existiere der Grenzwert

$$\lim_{x \downarrow a} \frac{f'(x)}{g'(x)} \quad \text{bzw.} \quad \lim_{x \uparrow b} \frac{f'(x)}{g'(x)}.$$

Ist dann

$$\lim_{x \downarrow a} f(x) = \lim_{x \downarrow a} g(x) = 0 \quad \text{bzw.} \quad \lim_{x \uparrow b} f(x) = \lim_{x \uparrow b} g(x) = 0,$$

so gilt:

$$\lim_{x \downarrow a} \frac{f(x)}{g(x)} = \lim_{x \downarrow a} \frac{f'(x)}{g'(x)} \quad \text{bzw.} \quad \lim_{x \uparrow b} \frac{f(x)}{g(x)} = \lim_{x \uparrow b} \frac{f'(x)}{g'(x)}.$$

Potenzreihen

Seien $f_i(x),\ i \in \mathbb{N}$, Funktionen, die alle auf einem Intervall I definiert sind. Die Reihe

$$\sum_{i=1}^{\infty} f_i(x)$$

heißt **Funktionenreihe**. Die Menge der Punkte, für die die Funktionenreihe konvergiert, heißt **Konvergenzbereich** der Funktionenreihe. Im Konvergenzbereich K ist durch den Wert der Reihe eine neue Funktion

$$f(x) := \sum_{i=1}^{\infty} f_i(x),\ x \in K,$$

definiert. Die Konvergenz ist die aus 1.7 bekannte Konvergenz für Zahlenfolgen. Sie gilt für jeden Punkt $x \in K$ und heißt deshalb auch **punktweise Konvergenz**. Für Funktionenreihen kann man noch eine andere Art der Konvergenz definieren:

Die Funktionenreihe $\sum\limits_{i=1}^{\infty} f_i(x)$ heißt **gleichmäßig konvergent** in I, wenn gilt:

$$\forall \varepsilon > 0\ \exists n_0 \in \mathbb{N}\ \ \forall n \geq n_0\ \forall x \in I : \left| \sum_{i=n}^{\infty} f_i(x) \right| < \varepsilon.$$

Ist eine Funktionenreihe gleichmäßig konvergent in I, so ist sie dort auch punktweise konvergent. Gleichmäßig konvergente Funktionenreihen stetiger Funktionen sind stetig. Funktionenreihen von besonderer Bedeutung sind die **Potenzreihen**:

$$\sum_{i=0}^{\infty} a_i (x - x_0)^i,\ \ a_i, x_0 \in \mathbb{R}.$$

Diese Potenzreihe ist absolut konvergent für $|x - x_0| < \rho$ mit

$$\rho := 1 / \lim_{n \to \infty} \left| \frac{a_{n+1}}{a_n} \right| = 1 / \lim_{n \to \infty} \sqrt[n]{|a_n|}.$$

Sind die Grenzwerte null, so ist $\rho = \infty$. Existieren die Grenzwerte nicht, sind sie durch den jeweiligen limes superior zu ersetzen. Es heißt

$$\limsup_{n \to \infty} b_n := \overline{\lim_{n \to \infty}}\, b_n := \lim_{n \to \infty} \sup\{b_k : k \geq n\}$$

limes superior der Folge $(b_n)_{n \in \mathbb{N}}$. Es ist also

$$\rho = 1 / \limsup_{n \to \infty} \left| \frac{a_{n+1}}{a_n} \right| = 1 / \limsup_{n \to \infty} \sqrt[n]{|a_n|}.$$

ρ heißt **Konvergenzradius** der Potenzreihe. Für $|x - x_0| > \rho$ ist die Potenzreihe divergent. Für $|x - x_0| = \rho$ kann sie konvergieren oder divergieren. Konvergiert sie für ein $x_1 \neq x_0$, so konvergiert sie absolut für jedes x mit $|x - x_0| < |x_1 - x_0|$.

Satz von ABEL

Konvergiert $\sum\limits_{i=0}^{\infty} a_i(x - x_0)^i$ für $x_1 > x_0$, so konvergiert die Reihe gleichmäßig im Intervall $[2x_0 - x_1 + \varepsilon,\, x_1]$ für jedes $\varepsilon > 0$.

Satz von TAYLOR

(BROOK TAYLOR, 1685 – 1731)

Hat $f(x)$ im Intervall I Ableitungen bis zur Ordnung $n+1$ und ist $f^{(n+1)}(x)$ stetig in I, so gilt für jeden inneren Punkt x_0 von I und für alle $x \in I$ die **TAYLOR-Entwicklung** von $f(x)$ um x_0

$$f(x) = \sum_{i=0}^{n} \frac{f^{(i)}(x_0)}{i!} \cdot (x - x_0)^i + R_n(x)$$

mit einem **Restglied**

$$R_n(x) := \frac{f^{(n+1)}(x_0 + \theta(x - x_0))}{(n+1)!} \cdot (x - x_0)^{n+1}$$

und einer Zahl $\theta \in [0,1]$.

Ist $f(x)$ beliebig oft differenzierbar, so heißt

$$\sum_{i=0}^{\infty} \frac{f^{(i)}(x_0)}{i!} \cdot (x - x_0)^i \qquad (*)$$

TAYLOR-Reihe von $f(x)$ mit der **Entwicklungsstelle** x_0. Die TAYLOR-Reihe muss jedoch auch im Konvergenzbereich nicht gegen $f(x)$ konvergieren. Eine Funktion $f(x)$ heißt **analytisch** in x_0, wenn für alle x in einer Umgebung von x_0 gilt

$$f(x) = \sum_{i=0}^{\infty} \frac{f^{(i)}(x_0)}{i!} (x - x_0)^i.$$

Ein Beispiel zur Anwendung von TAYLOR-Reihen bieten stetige Renditen (s. S. 114). Ist $x_0 = 0$, so heißt $(*)$ auch **MACLAURINsche Reihe** (COLIN MACLAURIN, 1698 – 1746).

Mittelwertsätze

Satz von Rolle

(Michael Rolle, 1652 – 1719)

Ist $f(x)$ stetig in $[a,b]$, differenzierbar in (a,b) und ist $f(a) = f(b)$, so existiert $c \in (a,b)$ mit $f'(c) = 0$.

1. Mittelwertsatz

Ist $f(x)$ stetig in $[a,b]$ und differenzierbar in (a,b), so existiert $c \in (a,b)$ mit

$$\frac{f(b)-f(a)}{b-a} = f'(c).$$

2. Mittelwertsatz

Sind $f(x)$ und $g(x)$ stetig in $[a,b]$ und differenzierbar in (a,b) und ist $g(a) \neq g(b)$ sowie $g'(x) \neq 0$ für alle $x \in (a,b)$, so existiert $c \in (a,b)$ mit

$$\frac{f(b)-f(a)}{g(b)-g(a)} = \frac{f'(c)}{g'(c)}.$$

Steigung, Krümmung, Extrema und Wendepunkte

Die erste Ableitung einer Funktion $f(x)$ an der Stelle x_0 gibt die **Steigung** der Funktion $f(x)$ bei x_0, d. h. die Steigung der Tangente an den Funktionsgraphen im Punkt $(x_0, f(x_0))$ an. Die Funktion $f(x)$ heißt an der Stelle x_0

– **steigend**, falls $f'(x_0) > 0$,

– **stationär**, falls $f'(x_0) = 0$,

– **fallend**, falls $f'(x_0) < 0$.

Lokale Extremstellen einer Funktion $f(x)$ sind Stellen, an denen sich ihr Steigungsverhalten ändert. Insbesondere ist eine Funktion an einer lokalen Extremstelle stationär, d. h. $f'(x_0) = 0$ ist eine notwendige Bedingung für eine Extremstelle.

Die zweite Ableitung einer Funktion $f(x)$ gibt die **Krümmung** der Funktion $f(x)$, d. h. die Steigung der ersten Ableitung an. Die Funktion $f(x)$ ist im Intervall I

- **konvex** (oder linksgekrümmt), wenn $f''(x) \geq 0 \; \forall x \in I$,
- **streng konvex**, wenn $f''(x) > 0 \; \forall x \in I$,
- **konkav** (oder rechtsgekrümmt), wenn $f''(x) \leq 0 \; \forall x \in I$,
- **streng konkav**, wenn $f''(x) < 0 \; \forall x \in I$.

Wendepunkte einer Funktion $f(x)$ sind Stellen, an denen sich ihr Krümmungsverhalten ändert. Insbesondere hat die zweite Ableitung an einem Wendepunkt eine Nullstelle, d. h. $f''(x_0) = 0$ ist die notwendige Bedingung für einen Wendepunkt.

Ist $f'(x_0) = 0$ und existieren die erforderlichen höheren Ableitungen, so kann nach der **Methode der höheren Ableitungen** entschieden werden, ob x_0 lokale Extremstelle oder Wendepunkt ist. Sei dazu n die kleinste Ordnung einer Ableitung in x_0, die nicht verschwindet, d. h. $f^{(i)}(x_0) = 0,\; i = 1, \ldots, n-1,\; f^{(n)}(x_0) \neq 0$. Dann hat $f(x)$ in x_0

- ein lokales Maximum, falls n gerade und $f^{(n)}(x_0) < 0$,
- ein lokales Minimum, falls n gerade und $f^{(n)}(x_0) > 0$,
- einen Wendepunkt von konvex zu konkav, falls n ungerade und $f^{(n)}(x_0) < 0$,
- einen Wendepunkt von konkav zu konvex, falls n ungerade und $f^{(n)}(x_0) > 0$.

Elastizitäten

Die **Elastizität** einer Funktion $y = f(x)$ gibt die Reaktivität einer Größe y auf die Änderung einer verursachenden Größe x an. Die **Bogenelastizität** wird als Verhältnis der relativen Änderung von y zur relativen Änderung von x definiert:

$$\frac{\Delta y}{y} \Big/ \frac{\Delta x}{x} = \frac{\Delta y}{\Delta x} \cdot \frac{x}{y} = \frac{f(x+\Delta x) - f(x)}{\Delta x} \cdot \frac{x}{f(x)}.$$

Während die Bogenelastizität von der Größe der Änderung Δx abhängt, ist die **Punktelastizität** η von y im Punkt x durch die Grenzwertbildung

$$\lim_{\Delta x \to 0} \frac{\Delta y}{\Delta x} = \frac{dy}{dx}$$

davon unabhängig:

$$\eta(y|x) := \frac{dy}{dx} \cdot \frac{x}{y} = \frac{d(\ln y)}{d(\ln x)}.$$

Die letzte Darstellung zeigt, dass die Elastizität von y im Punkt x die Steigung der Tangente an den Funktionsgraphen ist, wenn beide Achsen logarithmisch skaliert sind. Die logarithmische Transformation beider Achsen muss mit derselben Basis erfolgen.

y heißt bezüglich x

- **elastisch**, falls $|\eta(y|x)| > 1$,
- **vollkommen elastisch**, falls $|\eta(y|x)| = \infty$,
- **unelastisch**, falls $0 < |\eta(y|x)| < 1$,
- **vollkommen unelastisch**, falls $|\eta(y|x)| = 0$,
- **proportional**, falls $|\eta(y|x)| = 1$.

Die Punktelastizität als Funktion von x heißt **Elastizitätsfunktion**.

Rechenregeln zur Elastizität

Seien y und z Funktionen von x.

$$\eta(y|x) = \eta(ay|bx);\ a,b \in \mathbb{R} \setminus \{0\}$$

$$\eta(y|x) = c \Leftrightarrow y = ax^c;\ a,c \in \mathbb{R},\ a \neq 0$$

$$\eta(y \pm z|x) = \frac{y\,\eta(y|x) \pm z\,\eta(z|x)}{y \pm z}$$

$$\eta(y \cdot z|x) = \eta(y|x) + \eta(z|x)$$

$$\eta(y/z|x) = \eta(y|x) - \eta(z|x)$$

$$\eta(f(g(x))|x) = \eta(f(g(x))|g(x)) \cdot \eta(g(x)|x)$$

$$\eta(f(x)|x) = \frac{1}{\eta(f^{-1}(f(x))|f(x))} = \frac{1}{\eta(x|f(x))}$$

$$f(ax) = a^r \cdot f(x) \Rightarrow \eta(f(x)|x) = r$$

2.3 Integralrechnung

Unbestimmtes Integral

Seien die Funktionen $F(x)$ und $f(x)$ auf dem Intervall I definiert und $F(x)$ in I differenzierbar. $F(x)$ heißt **Stammfunktion** von $f(x)$ in I, wenn dort $F'(x) = f(x)$ gilt. Ist $F(x)$ Stammfunktion von $f(x)$ in I, so ist auch $G(x) := F(x) + c$, $c \in \mathbb{R}$, Stammfunktion von $f(x)$. Die Menge aller Stammfunktionen einer Funktion $f(x)$ heißt **unbestimmtes Integral** von $f(x)$ und wird mit

$$\int f(x)\,dx$$

bezeichnet. $f(x)$ heißt hier **Integrand**, x **Integrationsvariable** und dx **Integrationsdifferential**. Ist $f(x)$ stetig an der Stelle x bzw. im Intervall I, so existiert dort eine Stammfunktion $F(x)$.

Einige Stammfunktionen

$f(x)$	$F(x)$	$f(x)$	$F(x)$
c (konstant)	cx	$\sin x$	$-\cos x$
x	$x^2/2$	$\cos x$	$\sin x$
$x^a,\ x>0, a\in\mathbb{R}\setminus\{-1\}$	$\frac{x^{a+1}}{a+1}$	$\tan x,\ x\neq\left(k+\frac{1}{2}\right)\pi$	$-\ln\lvert\cos x\rvert$
$x^n,\ n\in\mathbb{Z}\setminus\{-1\}$	$\frac{x^{n+1}}{n+1}$	$\cot x,\ x\neq k\pi$	$\ln\lvert\sin x\rvert$
$\frac{1}{x}$	$\ln\lvert x\rvert$	$\arcsin\frac{x}{a}$	$x\arcsin\frac{x}{a}+\sqrt{a^2-x^2}$
$\sqrt{x}$	$\frac{2}{3}\sqrt{x^3}$	$\arccos\frac{x}{a}$	$x\arccos\frac{x}{a}-\sqrt{a^2-x^2}$
$\sqrt[n]{x}$	$\frac{n}{n+1}\sqrt[n]{x^{n+1}}$	$\arctan\frac{x}{a}$	$x\arctan\frac{x}{a}-\frac{a}{2}\ln(a^2-x^2)$
$a^x,\ a\in\mathbb{R}^+\setminus\{1\}$	$\frac{a^x}{\ln a}$	$\operatorname{arccot}\frac{x}{a}$	$x\operatorname{arccot}\frac{x}{a}+\frac{a}{2}\ln(a^2-x^2)$
e^x	e^x	$\sinh x$	$\cosh x$
$\log_a x$	$\frac{x\ln x-x}{\ln a}$	$\cosh x$	$\sinh x$
$\ln x$	$x\ln x-x$	$\tanh x$	$\ln(\cosh x)$
$\lg x$	$\frac{x\ln x-x}{\ln 10}$	$\coth x,\ x\neq 0$	$\ln\lvert\sinh x\rvert$

Regeln zur Herleitung weiterer Stammfunktionen

$$\int cf(x)\,dx = c\int f(x)\,dx,\ c\in\mathbb{R}$$

$$\int\sum_{i=1}^{n} f_i(x)\,dx = \sum_{i=1}^{n}\int f_i(x)\,dx$$

$$\int\frac{f'(x)}{f(x)}\,dx = \ln\lvert f(x)\rvert + c,\ c\in\mathbb{R}$$

Partielle unbestimmte Integration

Die partielle Integration ist die Umkehrung der Produktregel des Differenzierens. Für unbestimmte Integrale lautet die Regel:

$$\int f(x) \cdot g'(x)\, dx = f(x) \cdot g(x) - \int f'(x) \cdot g(x)\, dx.$$

Substitution bei unbestimmten Integralen

Die Substitution ist die Umkehrung der Kettenregel des Differenzierens. Für unbestimmte Integrale lautet die Regel:

$$\int f(x)\, dx = \int f(g(y)) \cdot g'(y)\, dy.$$

Die Substitution $x = g(y)$ und $dx = g'(y)\, dy$ kann in beiden Richtungen erfolgen.

Integration gebrochen–rationaler Funktionen

$$f(x) = \frac{Z(x)}{N(x)} = \frac{a_m x^m + a_{m-1} x^{m-1} + \cdots + a_1 x + a_0}{b_n x^n + b_{n-1} x^{n-1} + \cdots + b_1 x + b_0}$$

$m \geq n \longrightarrow f(x)$ heißt **unechte gebrochen-rationale Funktion**

$m < n \longrightarrow f(x)$ heißt **echte gebrochen-rationale Funktion**

Polynomdivision

Unechte gebrochen-rationale Funktionen sind zunächst durch eine **Polynomdivision** in eine Summe aus einem Polynom und einer echten gebrochen-rationalen Funktion zu überführen. Der erste Schritt dazu lautet:

$$\begin{array}{llllll} & (a_m x^m & + a_{m-1} x^{m-1} & + \ldots & + a_0) : & (b_n x^n + b_{n-1} x^{n-1} + \cdots + b_0) = \\ - & (a_m x^m & + \frac{a_m}{b_n} b_{n-1} x^{m-1} & + \ldots & + \frac{a_m}{b_n} b_0 x^{m-n}) & = \frac{a_m}{b_n} x^{m-n} + \ldots \\ \hline \end{array}$$

$$\underbrace{(a_{m-1} - \frac{a_m}{b_n} b_{n-1})}_{=: a_{m-1}^{(1)}} x^{m-1} + \cdots + \underbrace{(a_{m-n} - \frac{a_m}{b_n} b_0)}_{=: a_{m-n}^{(1)}} x^{m-n} + \underbrace{a_{m-n-1}}_{=: a_{m-n-1}^{(1)}} x^{m-n-1} + \cdots + \underbrace{a_0}_{=: a_0^{(1)}}$$

$$\Rightarrow \quad f(x) = \frac{a_m x^m + a_{m-1} x^{m-1} + \cdots + a_1 x + a_0}{b_n x^n + b_{n-1} x^{n-1} + \cdots + b_1 x + b_0} = \frac{a_m}{b_n} x^{m-n} + \underbrace{\frac{a_{m-1}^{(1)} x^{m-1} + \cdots + a_0^{(1)}}{b_n x^n + \cdots + b_1 x + b_0}}_{(*)}$$

Wiederholung dieses Schritts für $(*)$ liefert

$$\frac{a_{m-1}^{(1)}x^{m-1}+\cdots+a_0^{(1)}}{b_nx^n+\cdots+b_1x+b_0}=\frac{a_m^{(1)}}{b_n}x^{m-n-1}+\underbrace{\frac{a_{m-2}^{(2)}x^{m-2}+\cdots+a_0^{(2)}}{b_nx^n+\cdots+b_1x+b_0}}_{(**)}$$

Dies wird nun für $(**)$ wiederholt und so weiter, bis die verbleibende gebrochen-rationale Funktion eine *echte* gebrochen-rationale Funktion ist. So kann schließlich die unechte gebrochen-rationale Funktion $f(x)$ als Summe aus einem Polynom $p(x)$ vom Grad $m-n$ und einer echten gebrochen-rationalen Funktion $r(x)$ dargestellt werden:

$$f(x)=\underbrace{\frac{a_m}{b_n}x^{m-n}+\frac{a_{m-1}^{(1)}}{b_n}x^{m-n-1}+\cdots+\frac{a_n^{(m-n)}}{b_n}}_{=p(x)}+\underbrace{\frac{a_{n-1}^{(m-n+1)}x^{n-1}+\cdots+a_0^{(m-n+1)}}{b_nx^n+\cdots+b_1x+b_0}}_{=r(x)}$$

Partialbruchzerlegung

Für $m<n$ und o. B. d. A. $b_n=1$.

1. Fall: Nur unterschiedliche, reelle Nullstellen des Nenners, $x_i\in\mathbb{R}$

$$N(x)=(x-x_1)\cdots(x-x_n)$$

$$\Rightarrow\quad\frac{Z(x)}{N(x)}=\frac{A_1}{x-x_1}+\cdots+\frac{A_n}{x-x_n}$$

2. Fall: Eine k-fache reelle Nullstelle des Nenners, $x_1\in\mathbb{R}$

$$N(x)=\underbrace{(x-x_1)\cdots(x-x_1)}_{k\text{ Faktoren}}$$

$$\Rightarrow\quad\frac{Z(x)}{N(x)}=\frac{A_1}{x-x_1}+\frac{A_2}{(x-x_1)^2}+\cdots+\frac{A_k}{(x-x_1)^k}$$

3. Fall: Ein komplexes Nullstellen-Paar des Nenners, $z_1\in\mathbb{C}$

$$N(x)=(x-z_1)\cdot(x-\bar{z}_1)=x^2+px+q$$

$$\Rightarrow\quad\frac{Z(x)}{N(x)}=\frac{Bx+C}{(x-z_1)(x-\bar{z}_1)}=\frac{Bx+C}{x^2+px+q}\quad\text{mit}\quad\left(\frac{p}{2}\right)^2-q<0$$

4. Fall: Ein k-faches komplexes Nullstellen-Paar des Nenners, $z_1 \in \mathbb{C}$

$$N(x) = \underbrace{(x-z_1)\cdot(x-\bar{z}_1)\cdots(x-z_1)\cdot(x-\bar{z}_1)}_{k \text{ Doppelfaktoren}}$$
$$= \underbrace{(x^2+px+q)\cdots(x^2+px+q)}_{k \text{ Faktoren}}$$

$$\Rightarrow \quad \frac{Z(x)}{N(x)} = \frac{B_1x+C_1}{x^2+px+q} + \frac{B_2x+C_2}{(x^2+px+q)^2} + \cdots + \frac{B_kx+C_k}{(x^2+px+q)^k}$$

mit $\left(\frac{p}{2}\right)^2 - q < 0$

Beispiel: (Kombination aus diesen Fällen)

$$N(x) = (x-x_1)(x-x_1)(x-x_2)(x^2+px+q)$$

mit $\left(\frac{p}{2}\right)^2 - q < 0$

$$\Rightarrow \quad \frac{Z(x)}{N(x)} = \frac{A_1}{x-x_1} + \frac{A_2}{(x-x_1)^2} + \frac{A_3}{x-x_2} + \frac{B_1x+C_1}{x^2+px+q}$$

Die jeweils zutreffende Partialbruchdarstellung für $Z(x)/N(x)$ wird nun mit dem Nenner $N(x)$ erweitert, z.B.

$$Z(x) = N(x)\cdot\left(\frac{A_1}{x-x_1} + \frac{A_2}{(x-x_1)^2} + \frac{A_3}{x-x_2} + \frac{B_1x+C_1}{x^2+px+q}\right) \qquad (*)$$

Durch Ausmultiplizieren der rechten Seite entsteht daraus die Gleichung zweier Polynome vom Grad m:

$$a_mx^m + a_{m-1}x^{m-1} + \cdots + a_0 \quad = \quad c_mx^m + c_{m-1}x^{m-1} + \cdots + c_0 \qquad (**)$$

Koeffizientenvergleich

Durch Gleichsetzen der entsprechenden Koeffizienten erhält man ein Gleichungssystem, dessen Lösung die unbekannten Parameter (z.B. A_1, A_2, A_3, B_1, C_1) liefert:

$$\left.\begin{array}{rcl} a_0 & = & c_0 \\ a_1 & = & c_1 \\ & \vdots & \\ a_{m-1} & = & c_{m-1} \\ a_m & = & c_m \end{array}\right\} \Rightarrow \left\{\begin{array}{rcl} A_1 & = & \ldots \\ A_2 & = & \ldots \\ A_3 & = & \ldots \\ B_1 & = & \ldots \\ C_1 & = & \ldots \end{array}\right.$$

Einsetzungsverfahren

Als Alternative zum Koeffizientenvergleich kann man auch durch Einsetzen von m verschiedenen (und im Prinzip beliebigen) reellen Zahlen für x in der Gleichung $(*)$ oder $(**)$ ein solches Gleichungssystem für die unbekannten Parameter in der Partialbruchdarstellung gewinnen und lösen.

Integration der Partialbrüche

$$\int \frac{A}{x-x_i}dx = A \cdot \ln|x-x_i| + c$$

$$\int \frac{A}{(x-x_i)^k}dx = \frac{-A}{(k-1)(x-x_i)^{k-1}} + c$$

$$\int \frac{Bx+C}{x^2+px+q}dx = \frac{B}{2} \cdot \ln|x^2+px+q| + \frac{2C-Bp}{\sqrt{4q-p^2}} \cdot \arctan\left(\frac{2x+p}{\sqrt{4q-p^2}}\right) + c$$

$$\int \frac{Bx+C}{(x^2+px+q)^k}dx = \frac{(2C-pB)x+pC-2qB}{(k-1)(4q-p^2)(x^2+px+q)^{k-1}} + \\ + \frac{(2k-3)(2C-pB)}{(k-1)(4q-p^2)} \cdot \int \frac{dx}{(x^2+px+q)^{k-1}}$$

Bestimmtes Integral

Im Folgenden wird der RIEMANNsche Integralbegriff verwendet (BERNHARD RIEMANN, 1826 – 1866). Die Menge $Z := \{c_0, c_1, ..., c_n\} \subset \mathbb{R}$ heißt **Zerlegung** des Intervalls $[a,b]$, wenn gilt:

$$a = c_0 < c_1 < ... < c_n = b.$$

Die offenen Intervalle (c_i, c_{i+1}), $i = 0, 1, ..., n-1$, heißen **Teilintervalle** der Zerlegung Z von $[a,b]$. Eine Funktion $t : [a,b] \to \mathbb{R}$ heißt **Treppenfunktion** auf $[a,b]$, wenn es eine Zerlegung von $[a,b]$ gibt, so dass t konstant auf allen Teilintervallen ist. Ist t_i der Wert von t im Teilintervall $(c_i, c_{i+1}), i = 0, 1, ..., n-1$, so heißt

$$\int_a^b t(x)\, dx := \sum_{i=0}^{n-1} t_i \cdot (c_{i+1} - c_i)$$

bestimmtes RIEMANN-Integral (oder kurz: **Integral**) von t in $[a,b]$. Der Wert dieses Integrals ist von der Zerlegung unabhängig, solange t auf den Teilintervallen konstant ist.

t heißt **obere Treppenfunktion** einer Funktion $f : [a,b] \to \mathbb{R}$, wenn $t \geq f$ auf $[a,b]$ ist, und **untere Treppenfunktion** von f, wenn $t \leq f$ auf $[a,b]$ ist. Jede beschränkte Funktion $f : [a,b] \to \mathbb{R}$ besitzt obere und untere Treppenfunktionen.

$$\inf\left\{\int_a^b t(x)\,dx : t \text{ obere Treppenfunktion von } f\right\}$$

heißt **Oberintegral** oder **Obersumme** von f,

$$\sup\left\{\int_a^b t(x)\,dx : t \text{ untere Treppenfunktion von } f\right\}$$

heißt **Unterintegral** oder **Untersumme** von f. Sind Ober- und Untersumme einer Funktion f gleich, so heißt dieser Wert **bestimmtes RIEMANN-Integral** (oder kurz: **Integral**) von f in $[a,b]$ und wird mit

$$\int_a^b f(x)\,dx$$

bezeichnet. f heißt dann in $[a,b]$ (**RIEMANN-)integrierbar**. Die Funktion f heißt **Integrand**, x heißt **Integrationsvariable**, a heißt **untere Integrationsgrenze**, b **obere Integrationsgrenze**.

RIEMANNsches Kriterium

$f : [a,b] \to \mathbb{R}$ ist genau dann integrierbar, wenn zu jedem $\varepsilon > 0$ eine obere Treppenfunktion t_o und eine untere Treppenfunktion t_u existieren mit

$$\int_a^b t_o(x)\,dx - \int_a^b t_u(x)\,dx < \varepsilon.$$

Regeln zur Integralrechnung

Jede auf $[a,b]$ monotone Funktion ist integrierbar.
Jede auf $[a,b]$ stetige Funktion ist integrierbar.
Die folgenden Integrale mögen existieren.

$$\int_a^a f(x)\,dx = 0$$

$$\int_b^a f(x)\,dx = -\int_a^b f(x)\,dx$$

$$\int_a^b c \cdot f(x)\, dx = c \cdot \int_a^b f(x)\, dx, \; c \in \mathbb{R}$$

$$\int_a^b (f(x) \pm g(x))\, dx = \int_a^b f(x)\, dx \pm \int_a^b g(x)\, dx$$

$$\int_a^b f(x)\, dx = \int_a^c f(x)\, dx + \int_c^b f(x)\, dx$$

$$f(x) \leq g(x), \; x \in (a,b) \;\Rightarrow\; \int_a^b f(x)\, dx \leq \int_a^b g(x)\, dx$$

$$I := \inf\{f(x) : x \in [a,b]\}, \; S := \sup\{f(x) : x \in [a,b]\}$$

$$\Rightarrow (b-a) \cdot I \leq \int_a^b f(x)\, dx \leq (b-a) \cdot S$$

$$\left| \int_a^b f(x)\, dx \right| \leq \int_a^b |f(x)|\, dx$$

Hauptsatz der Differential- und Integralrechnung

Existiert zu einer in $[a,b]$ integrierbaren Funktion f eine Stammfunktion F, so gilt:

$$\int_a^b f(x)\, dx = F(b) - F(a).$$

Für $x \in [a,b]$ ist

$$G(x) := \int_a^x f(t)\, dt$$

eine stetige Funktion. Ist G auch differenzierbar, so ist G Stammfunktion von f:

$$G'(x) = \frac{d}{dx}\left(\int_a^x f(t)\, dt \right) = f(x).$$

Mittelwertsätze der Integralrechnung

1. Mittelwertsatz

Ist $f : [a,b] \to \mathbb{R}$ stetig, so existiert $c \in [a,b]$ mit

$$\int_a^b f(x)\,dx = f(c) \cdot (b-a).$$

2. Mittelwertsatz

Ist $f : [a,b] \to \mathbb{R}$ monoton und $g : [a,b] \to \mathbb{R}$ integrierbar, so existiert $c \in [a,b]$ mit

$$\int_a^b f(x) \cdot g(x)\,dx = f(a) \cdot \int_a^c g(x)\,dx + f(b) \cdot \int_c^b g(x)\,dx.$$

Partielle Integration

Die partielle Integration ist die Umkehrung der Produktregel des Differenzierens. Für bestimmte Integrale lautet die Regel:

$$\int_a^b f(x) \cdot g'(x)\,dx = f(b) \cdot g(b) - f(a) \cdot g(a) - \int_a^b f'(x) \cdot g(x)\,dx$$

Substitution

Die Substitution ist die Umkehrung der Kettenregel des Differenzierens. Für bestimmte Integrale lautet die Regel:

$$\int_a^b f(x)\,dx = \int_{g^{-1}(a)}^{g^{-1}(b)} f(g(y)) \cdot g'(y)\,dy.$$

Dabei ist $x = g(y)$ und $dx = g'(y)\,dy$. Die Funktion $g(y)$ muss eineindeutig sein.

Uneigentliche Integrale

Uneigentliche Integrale sind die Verallgemeinerung des bestimmten Integrals
– auf unbeschränkte Integrationsintervalle bzw.
– auf unbeschränkte Integranden.

Unbeschränkte Integrationsintervalle

Ist $f : [a,\infty) \to \mathbb{R}$ integrierbar auf jedem Intervall $[a,b]$, $b > a$, und existiert der Grenzwert

$$\lim_{b\to\infty} \int_a^b f(x)\,dx,$$

so heißt f (**uneigentlich**) **integrierbar** auf $[a,\infty)$ und

$$\int_a^\infty f(x)\,dx := \lim_{b\to\infty} \int_a^b f(x)\,dx$$

heißt (**uneigentliches**) **Integral** von $f(x)$ in $[a,\infty)$. Analog definiert man:

$$\int_{-\infty}^b f(x)\,dx := \lim_{a\to-\infty} \int_a^b f(x)\,dx,$$

$$\int_{-\infty}^\infty f(x)\,dx := \int_{-\infty}^a f(x)\,dx + \int_a^\infty f(x)\,dx.$$

Vorsicht: Im letzten Fall müssen beide Grenzwerte existieren. Der (doppelte) Grenzwert

$$\lim_{\substack{a\to-\infty \\ b\to\infty}} \int_a^b f(x)\,dx$$

kann sonst zwar dennoch existieren, sein Wert hinge dann aber vom Verhältnis b/a ab. Für $a = b$ heißt

$$\lim_{b\to\infty} \int_{-b}^b f(x)\,dx$$

Hauptwert des Integrals.

Unbeschränkte Integranden

Ist $f : [a,b) \to \mathbb{R}$ integrierbar auf jedem Intervall $[a,\, b-\varepsilon]$, $\varepsilon > 0$, und existiert

$$\lim_{\varepsilon \downarrow 0} \int_a^{b-\varepsilon} f(x)\, dx,$$

so heißt f **(uneigentlich) integrierbar** auf $[a,b)$ und

$$\int_a^b f(x)\, dx := \lim_{\varepsilon \downarrow 0} \int_a^{b-\varepsilon} f(x)\, dx$$

heißt **(uneigentliches) Integral** von $f(x)$ in $[a,b)$.

Analog definiert man für $f : (a,b] \to \mathbb{R}$

$$\int_a^b f(x)\, dx := \lim_{\varepsilon \downarrow 0} \int_{a+\varepsilon}^{b} f(x)\, dx$$

und für $f : [a,c) \cup (c,b] \to \mathbb{R}$

$$\begin{aligned} \int_a^b f(x)\, dx &:= \int_a^c f(x)\, dx + \int_c^b f(x)\, dx \\ &= \lim_{\varepsilon \downarrow 0} \int_a^{c-\varepsilon} f(x)\, dx + \lim_{\varepsilon \downarrow 0} \int_{c+\varepsilon}^{b} f(x)\, dx. \end{aligned}$$

2.4 Einige Quadraturformeln

Ist $f : [a,b] \to \mathbb{R}$ integrierbar, jedoch eine Stammfunktion nicht oder nicht einfach angebbar, so kann der Wert des Integrals durch eine **Quadraturformel** approximiert werden. Meistens wird das Intervall $[a,b]$ dazu in Teilintervalle der gleichen Länge h zerlegt und die Berechnung auf die Funktionswerte des Integranden an den Endpunkten oder Mittelpunkten der Teilintervalle, den so genannten **Stützstellen**, beschränkt:

$$h := \frac{b-a}{n} \quad \text{für ein } n \in \mathbb{N};$$

$$x_0 := a; \;\; x_i := x_0 + ih, \; i = 1,2,\ldots,n;$$

$$y_i := f(x_i), \; i = 0,1,\ldots,n; \;\; z_i := f(x_i + h/2), \; i = 0,1,\ldots,n-1.$$

Rechteckformel

$$\int_a^b f(x)\,dx = h \cdot \sum_{i=0}^{n-1} z_i + R(f)$$

heißt **Rechteckformel** (seltener auch: **Tangententrapezformel**) der numerischen Integration, da das Integral durch eine Summe von Rechteckflächen approximiert wird. $R(f)$ heißt **Restglied** der Quadraturformel und gehorcht der Abschätzung

$$|R(f)| \leq (b-a)\frac{h^2}{24} \cdot \max\{|f''(x)| : a \leq x \leq b\},$$

falls f zweimal **stetig differenzierbar** in $[a,b]$ ist, d. h. f'' existiert und ist stetig in $[a,b]$.

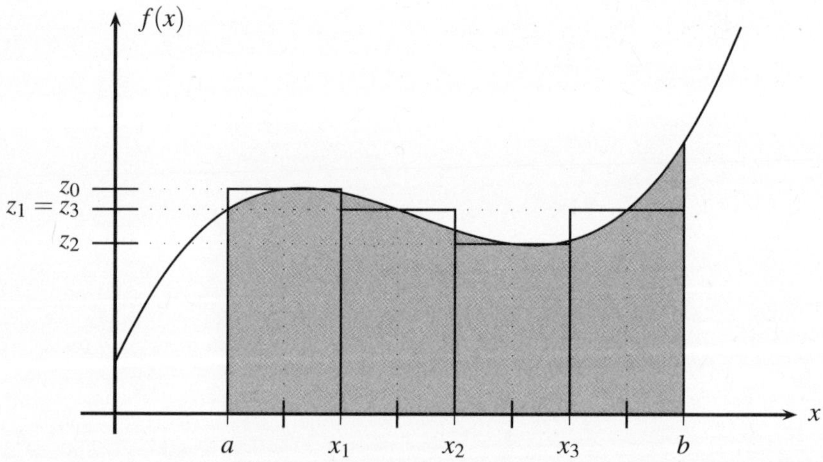

Sehnentrapezformel

$$\int_a^b f(x)\,dx = \frac{h}{2}y_0 + h\sum_{i=1}^{n-1} y_i + \frac{h}{2}y_n + R(f)$$

heißt **Sehnentrapezformel** der numerischen Integration, da das Integral durch eine Summe von Trapezflächen approximiert wird, deren obere Begrenzung sich als Sehne des Funktionsgraphen ergibt. Das Restglied $R(f)$ gehorcht der Abschätzung

$$|R(f)| \leq (b-a)\frac{h^2}{12} \cdot \max\{|f''(x)| : a \leq x \leq b\},$$

falls f zweimal stetig differenzierbar in $[a,b]$ ist.

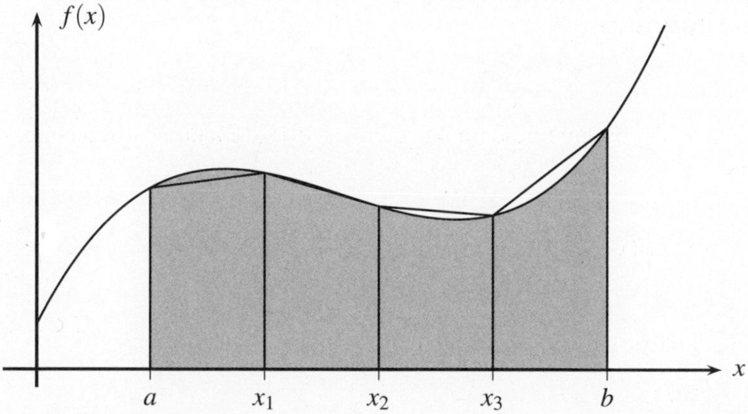

Simpson-Formel

$$\int_a^b f(x)\,dx = \frac{h}{3}\left(y_0 + \sum_{i=1}^{\frac{n}{2}-1}(4y_{2i-1}+2y_{2i}) + 4y_{n-1} + y_n\right) + R(f)$$

für eine gerade natürliche Zahl n heißt **Simpson-Formel** (Thomas Simpson, 1710 – 1761) oder **Keplersche Fassregel** (Johannes Kepler, 1571 – 1630) oder **Parabelformel** der numerischen Integration, da das Integral durch eine Summe von Integralen über Parabeln approximiert wird. Das Restglied $R(f)$ gehorcht der Abschätzung

$$|R(f)| \le (b-a)\frac{h^4}{180}\cdot \max\{|f^{(4)}(x)| : a \le x \le b\},$$

falls f viermal stetig differenzierbar in $[a,b]$ ist.

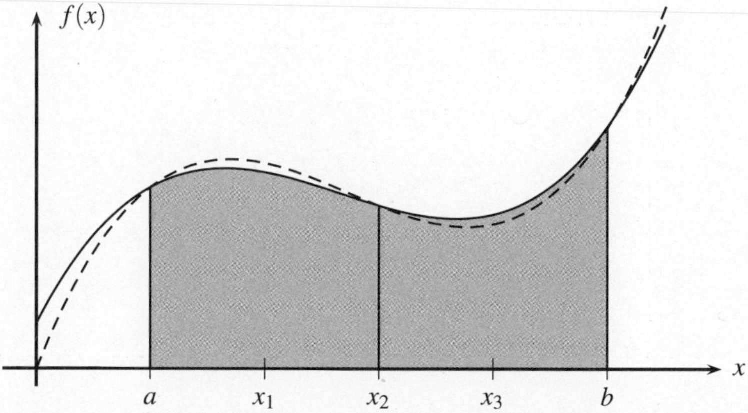

Monte Carlo-Integration

Sei $f : [a,b] \to \mathbb{R}$ integrierbar und beschränkt sowie o. B. d. A. nichtnegativ. Man betrachte das Rechteck

$$R := \left\{ (x,y) : \; a \le x \le b \, \wedge \, 0 \le y \le \max_{[a,b]} f(x) \right\}$$

und erzeuge in R gleichverteilte Zufallszahlen $p_i := (x_i, y_i), \; i = 1, 2, \ldots, n$ (statistisches Problem). Sei nun

$$n^* := \sum_{i=1}^{n} \mathbb{1}_{\{(x,y):\, y \le f(x)\}}(p_i)$$

die Anzahl der Punkte p_i, für die $y_i \le f(x_i)$ gilt. Dann gilt für hinreichend großes $n \in \mathbb{N}$ die Approximation

$$\int_a^b f(x)\, dx \approx \frac{n^*}{n}(b-a) \cdot \max_{[a,b]} f(x).$$

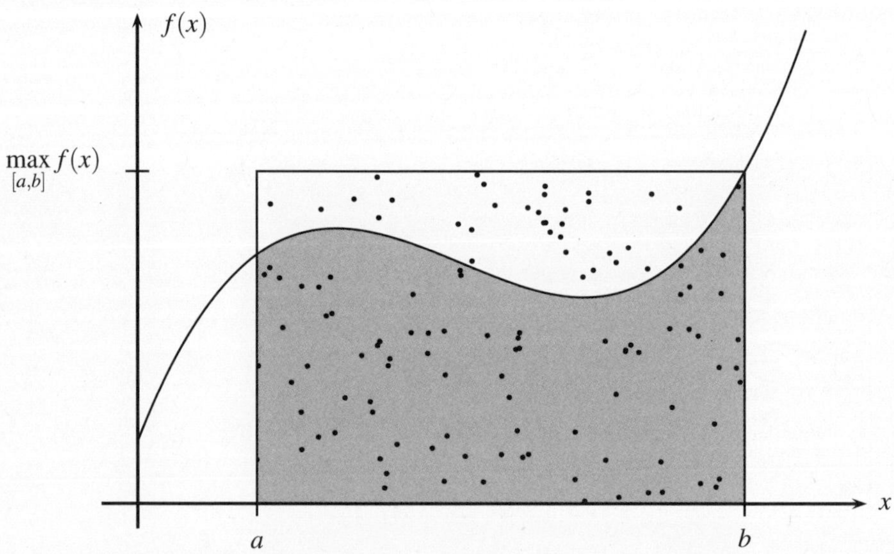

2.5 Differenzengleichungen

Bezeichnungen

Sei $f : \mathbb{D} \to \mathbb{R}$ eine Funktion mit diskretem Definitionsbereich $\mathbb{D}$, d. h. die Menge $\mathbb{D}$ lässt sich bijektiv auf eine Teilmenge von $\mathbb{N}_0$ abbilden. Sei deshalb im Folgenden o. B. d. A. $\mathbb{D} = \mathbb{N}_0$ und $y_t := f(t),\ t \in \mathbb{N}_0$. Eine Gleichung der Form

$$F(y_t, y_{t-1}, \ldots, y_{t-r}, t) = 0$$

mit einer Funktion F der $r+2$ angegebenen Variablen (vgl. 4.1) heißt **Differenzengleichung r-ter Ordnung**. Mit dem Rückwärtsdifferenzenoperator ∇ („Nabla“) (vgl. S. 101 in Abschnitt 1.7) kann sie in der Form

$$G(y_t, \nabla y_t, \nabla^2 y_t, \ldots, \nabla^r y_t, t) = 0$$

geschrieben werden, woher sie ihren Namen hat. Ist eine Seite der Differenzengleichung null, so heißt die Gleichung **implizit**. Kann die Differenzengleichung nach y_t aufgelöst werden, so heißt diese Darstellung **explizit**. Hier sollen nur einfache, doch bedeutende Funktionen G betrachtet werden. Man spricht von einer **linearen Differenzengleichung**, wenn G eine lineare Funktion der Differenzen $\nabla^i y_t$ ist:

$$G(y_t, \nabla y_t, \nabla^2 y_t, \ldots, \nabla^r y_t, t) = a_0 y_t + a_1 \nabla y_t + \ldots + a_r \nabla^r y_t + b.$$

Die lineare Differenzengleichung heißt **homogen**, wenn das absolute Glied b gleich null ist.

Lineare Differenzengleichungen erster Ordnung

Linear homogene Differenzengleichung erster Ordnung mit konstantem Koeffizienten

$$y_t = a y_{t-1} \quad \text{bzw.} \quad a\nabla y_t + (1-a) y_t = 0,\ a \neq 0,$$

Allgemeine Lösung

$$y_t = a^t y_0$$

Die Folge $(y_t)_{t\in\mathbb{N}_0}$

- divergiert bestimmt gegen $+\infty$, falls $a > 1$ und $y_0 > 0$,
- divergiert bestimmt gegen $-\infty$, falls $a > 1$ und $y_0 < 0$,
- ist konstant y_0, falls $a = 1$,
- ist streng monoton fallende Nullfolge, falls $0 < a < 1$ und $y_0 > 0$,
- ist streng monoton wachsende Nullfolge, falls $0 < a < 1$ und $y_0 < 0$,
- ist alternierende Nullfolge, falls $-1 < a < 0$ und $y_0 \neq 0$,
- ist divergent, aber beschränkt, falls $a = -1$ und $y_0 \neq 0$,
- divergiert unbestimmt, falls $a < -1$ und $y_0 \neq 0$,
- ist konstant null, falls $y_0 = 0$.

Linear inhomogene Differenzengleichung erster Ordnung mit konstantem Koeffizienten

$$y_t = ay_{t-1} + b \quad \text{bzw.} \quad a\nabla y_t + (1-a)y_t - b = 0, \; a, b \neq 0,$$

Allgemeine Lösung

$$\begin{aligned} y_t &= a^t\left(y_0 + \frac{b}{a-1}\right) - \frac{b}{a-1}, && \text{falls } a \neq 1, \\ y_t &= y_0 + bt, && \text{falls } a = 1. \end{aligned}$$

Ersetzt man y_0 durch ein $c \in \mathbb{R}$, so erhält man eine spezielle Lösung. Für die Konvergenz der Folge $(y_t)_{t\in\mathbb{N}_0}$ gilt Entsprechendes wie für die Lösungen der homogenen Gleichung, wobei $y_0 + b/(a-1)$ an die Stelle von y_0 tritt und eine **Niveauverschiebung** der Folge um $-b/(a-1)$ erfolgt.

Linear homogene Differenzengleichung erster Ordnung mit variablem Koeffizienten

$$y_t = a_{t-1}y_{t-1}, \; a_{t-1} \neq 0,$$

Allgemeine Lösung

$$y_t = y_0 \cdot \prod_{k=0}^{t-1} a_k$$

Linear inhomogene Differenzengleichung erster Ordnung mit variablen Koeffizienten

$$y_t = a_{t-1}y_{t-1} + b_{t-1}, \; a_{t-1}, b_{t-1} \neq 0,$$

Allgemeine Lösung

$$y_t = y_0 \cdot \prod_{k=0}^{t-1} a_k + \sum_{i=0}^{t-2} b_i \prod_{k=i+1}^{t-1} a_k + b_{t-1}$$

Ist der **Anfangswert** y_0 bekannt, so spricht man von einer **speziellen Lösung**.

Lineare Differenzengleichungen zweiter Ordnung mit konstanten Koeffizienten

Linear homogene Differenzengleichung zweiter Ordnung mit konstanten Koeffizienten

$$y_t + ay_{t-1} + by_{t-2} = 0 \text{ bzw. } b\nabla^2 y_t - a\nabla y_t + (1+a-b)y_t = 0, \; b \neq 0$$

Allgemeine Lösung

- $y_t = c\left(\frac{-a+\sqrt{a^2-4b}}{2}\right)^t + d\left(\frac{-a-\sqrt{a^2-4b}}{2}\right)^t, \; c,d \in \mathbb{R},$ falls $a^2 > 4b$,
- $y_t = c\left(-\frac{a}{2}\right)^t + d \cdot t\left(-\frac{a}{2}\right)^t, \; c,d \in \mathbb{R},$ falls $a^2 = 4b$,
- $y_t = b^{t/2}(c \cdot \cos(\phi t) + d \cdot \sin(\phi t)), \; c,d \in \mathbb{R},$

  mit ϕ so, dass $\sin\phi = \sqrt{1 - \frac{a^2}{4b}}$ **und** $\cos\phi = -\frac{a}{2\sqrt{b}}$, falls $a^2 < 4b$.

Sind zwei aufeinander folgende Glieder y_τ und $y_{\tau+1}$ bekannt, so kann man daraus c und d berechnen und spricht dann von einer speziellen Lösung.

Linear inhomogene Differenzengleichung zweiter Ordnung mit konstanten Koeffizienten

$$y_t + ay_{t-1} + by_{t-2} = c_{t-2}, \quad b, c_{t-2} \neq 0,$$

mit dem so genannten **Störglied** c_{t-2}

Allgemeine Lösung

$y_t = y_t^h + y_t^p$,

wobei y_t^h die allgemeine Lösung der zugehörigen homogenen Differenzengleichung und y_t^p eine **partikuläre** Lösung der inhomogenen Differenzengleichung ist.

Die partikuläre Lösung kann man für die gängigsten (und unter Differenzenbildung reproduktiven) Funktionstypen des Störglieds – unabhängig von konstanten Faktoren – wie folgt erhalten:

- $c_{t-2} = c^{t-2}$

  Man wählt den Ansatz $y_t^p = \alpha c^t$, bildet dafür die Differenzengleichung und berechnet α aus dem Koeffizientenvergleich. Schlägt dieser fehl, wählt man $y_t^p = \alpha t c^t$ und versucht wieder die Berechnung von α. Gelingt auch dies nicht, so lautet der Ansatz $y_t^p = \alpha t^2 c^t$. Der Parameter α kann nun bestimmt werden, z. B.

  $$y_t - 4y_{t-1} + 4y_{t-2} = 3 \cdot 2^{t-2}$$
  $$y_t^p = \alpha 2^t \longrightarrow y_t^p - 4y_{t-1}^p + 4y_{t-2}^p = 0 \neq 3 \cdot 2^{t-2}$$
  $$y_t^p = \alpha t 2^t \longrightarrow y_t^p - 4y_{t-1}^p + 4y_{t-2}^p = 0 \neq 3 \cdot 2^{t-2}$$
  $$y_t^p = \alpha t^2 2^t \longrightarrow y_t^p - 4y_{t-1}^p + 4y_{t-2}^p = 8\alpha 2^{t-2} = 3 \cdot 2^{t-2} \longrightarrow \alpha = 3/8$$
  $$\longrightarrow y_t^p = \frac{3}{8} t^2 2^t \longrightarrow y_t = c2^t + dt2^t + \frac{3}{8} t^2 2^t, \ c, d \in \mathbb{R}.$$

- $c_{t-2} = \gamma_1 \sin(c(t-2)) + \gamma_2 \cos(c(t-2))$

  Man wählt den Ansatz $y_t^p = \alpha \sin(ct) + \beta \cos(ct)$, bildet dafür die Differenzengleichung und berechnet α und β aus dem Koeffizientenvergleich. Schlägt dieser fehl, so lautet der Ansatz $y_t^p = \alpha t \sin(ct) + \beta t \cos(ct)$. Die Parameter α und β können nun bestimmt werden.

- $c_{t-2} = \gamma_0 + \gamma_1 (t-2) + \gamma_2 (t-2)^2 + \cdots + \gamma_n (t-2)^n$

  Man wählt den Ansatz $y_t^p = \alpha_0 + \alpha_1 t + \alpha_2 t^2 + \ldots + \alpha_n t^n =: p_n(t)$, bildet dafür die Differenzengleichung und berechnet die Parameter $\alpha_0, \ldots, \alpha_n$ aus dem Koeffizientenvergleich. Schlägt dieser fehl, so lautet der Ansatz $y_t^p = t \cdot p_n(t)$. Gelingt auch für diesen Ansatz der Koeffizientenvergleich nicht, so setzt man $y_t^p = t^2 \cdot p_n(t)$ und berechnet dafür schließlich die korrekten Parameter.

2.6 Differentialgleichungen

Bezeichnungen

Sei $y = f(x)$ eine in einem Intervall $I \subset \mathbb{R}$ r-mal differenzierbare Funktion. Eine Gleichung der Form

$$F(y, y', y'', \ldots, y^{(r)}, x) = 0$$

mit einer Funktion F der $r + 2$ angegebenen Variablen (vgl. 4.1) heißt **Differentialgleichung r-ter Ordnung**. Genau wie eine Differenzengleichung ist sie eine **Funktionalgleichung**, d. h. die Lösungen dieser Gleichung sind Funktionen, nicht Zahlen. Ist eine Seite der Differentialgleichung null, so heißt die Gleichung **implizit**. Kann die Differentialgleichung nach $y^{(r)}$ aufgelöst werden, so heißt diese Darstellung **explizit**. Hier sollen nur einfache, doch bedeutende Funktionen F betrachtet werden. Man spricht von einer **linearen Differentialgleichung**, wenn F eine lineare Funktion von y und der Ableitungen ist:

$$F(y, y', y'', \ldots, y^{(r)}, x) = a_0 y + a_1 y' + \ldots + a_r y^{(r)} + b.$$

Die lineare Differentialgleichung heißt **homogen**, wenn das absolute Glied b gleich null ist. Weiterführende, hier nicht behandelte Probleme sind Anfangs- und Randwertprobleme sowie partielle Differentialgleichungen, Systeme von Differentialgleichungen und viele nichtlineare Differentialgleichungen.

Lineare Differentialgleichungen erster Ordnung

Linear homogene Differentialgleichung erster Ordnung mit konstantem Koeffizienten

$$y' = ay, \; a \in \mathbb{R}$$

Allgemeine Lösung

$$y = c \cdot e^{ax}, \; c \in \mathbb{R}$$

Ist der **Anfangswert** von y an einer Stelle x_0 bekannt, so berechnet man daraus c und spricht von einer **speziellen Lösung**. Die Gleichung beschreibt

– einen exponentiellen Wachstumsprozess, falls $a > 0$,

– einen exponentiellen Schrumpfungsprozess, falls $a < 0$.

Linear inhomogene Differentialgleichung erster Ordnung mit konstanten Koeffizienten

$$y' = ay + b, \quad a, b \in \mathbb{R}, \; a, b \neq 0$$

Allgemeine Lösung

$$y = c \cdot e^{ax} - \frac{b}{a}$$

Linear homogene Differentialgleichung erster Ordnung mit variablem Koeffizienten

$$y' + g(x)y = 0$$

mit einer in einem Intervall I stetigen Funktion $g(x)$

Allgemeine Lösung

$$y = c \cdot e^{-G(x)} \text{ mit } G(x) := \int_{x_0}^{x} g(t)dt, \; x_0 \in I, \; c \in \mathbb{R}$$

Linear inhomogene Differentialgleichung erster Ordnung mit variablen Koeffizienten

Die Gleichung

$$y' + g(x)y = h(x),$$

mit in einem Intervall I stetigen Funktionen $g(x)$ und $h(x)$, kann mittels **Variation der Konstanten** gelöst werden, indem die Konstante c in der allgemeinen Lösung der homogenen Differentialgleichung durch eine Funktion $c(x)$ ersetzt wird. Daraus erhält man zunächst

$$y' + g(x)y = c'(x) \cdot e^{-G(x)} = h(x) \quad \Longleftrightarrow \quad c(x) = \int_{x_0}^{x} h(t)e^{G(t)}dt + d, \; d \in \mathbb{R}.$$

Eine spezielle Lösung der inhomogenen Differentialgleichung ergibt sich bspw. für $d = 0$:

$$y(x) = \int_{x_0}^{x} h(t)e^{G(t)-G(x)}dt.$$

Die allgemeine Lösung der inhomogenen Differentialgleichung lautet dann

$$y(x) = \int_{x_0}^{x} h(t)e^{G(t)-G(x)}dt + c \cdot e^{-G(x)}, \; c \in \mathbb{R}.$$

Differentialgleichungen erster Ordnung mit getrennten Variablen

Die **trennbare Differentialgleichung erster Ordnung**,

$$y' = g(x)h(y),\ g(x) \neq 0,$$

kann durch **Trennung der Variablen** gemäß

$$\frac{dy}{h(y)} = g(x)dx \quad \text{bzw.} \quad \int \frac{dy}{h(y)} = \int g(x)dx$$

eventuell nach y aufgelöst werden.

Beispiel: $y' = e^x y^2 \longrightarrow \int \frac{dy}{y^2} = \int e^x dx \longrightarrow -\frac{1}{y} = e^x + c,\ c \in \mathbb{R}$

$\longrightarrow \quad y = -\frac{1}{e^x + c},\ c \in \mathbb{R},\ x \neq \ln(-c)$

Spezielle substituierbare Differentialgleichungen erster Ordnung

Differentialgleichungen vom Typ

$$y' = g(ax + by + c),\ a, b, c \in \mathbb{R},$$

können durch die Substitution $z := ax + by + c$ in die einfachere Differentialgleichung

$$z' = a + bg(z)$$

überführt und mittels Variablentrennung gelöst werden.

Beispiel: $y' = (2x + 2y + 4)^2 \longrightarrow z := 2x + 2y + 4 \longrightarrow z' = 2 + 2z^2$

$\longrightarrow \int \frac{dz}{2 + 2z^2} = \int dx \longrightarrow \frac{1}{2}\arctan z = x + c,\ c \in \mathbb{R}$

$\longrightarrow \quad z = \tan(2(x + c)) = 2x + 2y + 4$ (Rücksubstitution)

$\longrightarrow \quad y = \frac{1}{2}\tan(2(x + c)) - x - 2,\ c \in \mathbb{R}$

Differentialgleichungen vom Typ

$$y' = g(y/x)$$

können durch die Substitution $z := y/x$ in die einfachere Differentialgleichung

$$z' = (g(z) - z)/x$$

überführt und mittels Variablentrennung gelöst werden.

Beispiel: $y' = 3\frac{x}{y} + \frac{y}{x} \quad \longrightarrow \quad z := \frac{y}{x} \quad \longrightarrow \quad z' = \frac{y'x - y}{x^2} = \frac{y' - z}{x} = \frac{3}{zx}$

$$\longrightarrow \quad \int z\,dz = \int \frac{3}{x}dx \quad \longrightarrow \quad \frac{z^2}{2} = 3\ln|x| + c,\ c \in \mathbb{R}$$

$$\longrightarrow \quad z = \sqrt{6\ln|x| + 2c} = \frac{y}{x} \quad \text{(Rücksubstitution)}$$

$$\longrightarrow \quad y = x\sqrt{6\ln|x| + 2c},\ c \in \mathbb{R},\ |x| \geq e^{-c/3}$$

Differentialgleichungen vom Typ

$$y' = g\left(\frac{ax + by + c}{dx + ey + f}\right),\ ae \neq bd,$$

können durch die Substitutionen

$$\bar{x} = x - \frac{bf - ce}{ae - bd} \quad \text{und} \quad \bar{y} = y - \frac{cd - af}{ae - bd}$$

in die einfachere Differentialgleichung

$$\bar{y}' = \frac{d\bar{y}}{d\bar{x}} = g\left(\frac{a + b\bar{y}/\bar{x}}{d + e\bar{y}/\bar{x}}\right)$$

überführt werden. Diese ist von dem zuvor behandelten Typ ($y' = g(y/x)$) und kann entsprechend – mit anschließender Rücksubstitution – gelöst werden.

Beispiel: $y' = \left(\frac{x}{y+1}\right)^2 \quad \longrightarrow \quad \bar{x} := x,\ \bar{y} = y + 1 \quad \longrightarrow \quad \bar{y}' = \left(\frac{1}{\bar{y}/\bar{x}}\right)^2$

$$\longrightarrow \quad z := \frac{\bar{y}}{\bar{x}} \quad \longrightarrow \quad z' = \frac{1/z^2 - z}{\bar{x}} \quad \longrightarrow \quad \int \frac{dz}{1/z^2 - z} = \int \frac{d\bar{x}}{\bar{x}}$$

$$\longrightarrow \quad -\frac{1}{3}\ln|1 - z^3| = \ln|\bar{x}| + c,\ c \in \mathbb{R}$$

$$\longrightarrow \quad z = (1 - d \cdot |\bar{x}|^{-3})^{1/3} = \frac{\bar{y}}{\bar{x}},\ d > 0$$

$$\longrightarrow \quad y = x \cdot (1 - d \cdot |x|^{-3})^{1/3} - 1$$

Totale Differentialgleichung

Eine Differentialgleichung der Form

$$g(x,y) + h(x,y) \cdot y' = 0$$

heißt **total**, wenn eine Funktion $F = F(x,y)$ existiert, die sowohl Stammfunktion von g bez. x als auch Stammfunktion von h bez. y ist, d. h. wenn gilt:

$$F_x'(x,y) = g(x,y) \quad \text{und} \quad F_y'(x,y) = h(x,y).$$

Satz

Eine Differentialgleichung $g(x,y)+h(x,y)\cdot y'=0$ ist genau dann total, wenn gilt:

$$g'_y(x,y)=h'_x(x,y).$$

Die allgemeine Lösung einer totalen Differentialgleichung $g(x,y)+h(x,y)\cdot y'=0$ lautet:

$$G(x,y)+\int \big(h(x,y)-G'_y(x,y)\big)\,dy=c,\quad c\in\mathbb{R}$$

mit $G(x,y)=\int g(x,y)\,dx$.

BERNOULLI-Differentialgleichung

Eine **BERNOULLI-Differentialgleichung** (JOHANN BERNOULLI, 1667 – 1748),

$$y'+g(x)y+h(x)y^{\alpha}=0,\ \alpha\neq 1,$$

kann durch die Substitution $z:=y^{1-\alpha}$ in die lineare Differentialgleichung

$$z'+(1-\alpha)g(x)z+(1-\alpha)h(x)=0$$

überführt und entsprechend gelöst werden. Wenn z die Lösung dieser linearen Differentialgleichung ist, so lautet die Lösung der BERNOULLI-Differentialgleichung für **ganzzahlige** Werte von α beispielsweise

$$y=\operatorname{sign}(z)\cdot|z|^{1/(1-\alpha)}.$$

RICCATI-Differentialgleichung

Eine **RICCATI-Differentialgleichung** (JACOPO FRANCESCO RICCATI, 1676 – 1754),

$$y'+g(x)y+h(x)y^2=k(x),$$

kann im Allgemeinen nur gelöst werden, wenn man eine spezielle Lösung $\overline{y}$ schon kennt. Ist z die allgemeine Lösung der linearen Differentialgleichung

$$z'-(g(x)+2\overline{y}h(x))z-h(x)=0,$$

so lautet die allgemeine Lösung der RICCATI-Differentialgleichung

$$y=\overline{y}+1/z.$$

Lineare Differentialgleichungen zweiter Ordnung mit konstanten Koeffizienten

Linear homogene Differentialgleichung zweiter Ordnung mit konstanten Koeffizienten

$$y'' + ay' + by = 0,\ a, b \in \mathbb{R},$$

Allgemeine Lösung

- Falls $a^2 > 4b$:
  $y = c \cdot \exp\left(\frac{-a + \sqrt{a^2 - 4b}}{2} \cdot x\right) + d \cdot \exp\left(\frac{-a - \sqrt{a^2 - 4b}}{2} \cdot x\right), \quad c, d \in \mathbb{R}.$
- Falls $a^2 = 4b$:
  $y = c \cdot e^{-ax/2} + d \cdot x \cdot e^{-ax/2}, \quad c, d \in \mathbb{R}.$
- Falls $a^2 < 4b$:
  $y = c \cdot e^{-ax/2} \cdot \sin\left(\sqrt{b - a^2/4} \cdot x + d\right), \quad c, d \in \mathbb{R}.$
  Diese Darstellung der allgemeinen Lösung ist äquivalent zu
  $y = e^{-ax/2}\left(c^\star \cos\left(\sqrt{b - a^2/4} \cdot x\right) + d^\star \sin\left(\sqrt{b - a^2/4} \cdot x\right)\right), \quad c^\star, d^\star \in \mathbb{R}.$

Sind die Werte von y und y' an einer Stelle x_0 bekannt, so berechnet man daraus c und d und spricht dann von einer speziellen Lösung.

Linear inhomogene Differentialgleichung zweiter Ordnung mit konstanten Koeffizienten

$$y'' + ay' + by = g(x),\ a, b \in \mathbb{R},$$

mit dem so genannten **Störglied** $g(x)$

Allgemeine Lösung

$y = y_0 + y_p$,
wobei y_0 die allgemeine Lösung der zugehörigen homogenen Differentialgleichung und y_p eine **partikuläre** Lösung der inhomogenen Differentialgleichung ist.

Die partikuläre Lösung kann man für die gängigsten (und unter Differentiation reproduktiven) Funktionstypen des Störglieds – unabhängig von konstanten Faktoren – wie folgt erhalten:

- $g(x) = e^{cx}$

  Ist c die **Doppellösung** der **charakteristischen Gleichung** $\lambda^2 + a\lambda + b = 0$ dieser Differentialgleichung, ist also $a^2 = 4b$ und $c = -a/2$, so hat die partikuläre Lösung die Form $y_p = \alpha \cdot x^2 e^{-ax/2}$. Ist c eine **einfache Lösung** der charakteristischen Gleichung, so ist $y_p = \alpha \cdot xe^{-ax/2}$. Ist c **keine Lösung** der charakteristischen Gleichung, so ist $y_p = \alpha \cdot e^{-ax/2}$ Der **Parameter** α ist jeweils so zu bestimmen, dass y_p eine Lösung der Differentialgleichung ist.

  Beispiel: $y'' - 2y' + y = 3e^{2x} \longrightarrow y_p = \alpha e^{2x} \longrightarrow y'_p = 2\alpha e^{2x}$

  $\longrightarrow y''_p = 4\alpha e^{2x} \longrightarrow 4\alpha e^{2x} - 2 \cdot 2\alpha e^{2x} + \alpha e^{2x} = 3e^{2x}$

  $\longrightarrow \alpha = 3 \longrightarrow y_p = 3e^{2x} \longrightarrow y = ce^x + dxe^x + 3e^{2x},\ c, d \in \mathbb{R}$

- $g(x) = \gamma_1 \sin(cx) + \gamma_2 \cos(cx)$

  Ist ic (i imaginäre Einheit!) eine Lösung der charakteristischen Gleichung, so ist $y_p = \alpha x \sin(cx) + \beta x \cos(cx)$. Ansonsten ist $y_p = \alpha \sin(cx) + \beta \cos(cx)$. Die Parameter α und β sind wiederum passend zu bestimmen.

  Beispiel: $y'' - 2y' + y = 2\sin x - 3\cos x \longrightarrow y_p = \alpha \sin x + \beta \cos x$

  $\longrightarrow y'_p = \alpha \cos x - \beta \sin x \longrightarrow y''_p = -\alpha \sin x - \beta \cos x$

  $\longrightarrow y''_p - 2y'_p + y_p = -2\alpha \cos x + 2\beta \sin x = 2\sin x - 3\cos x$

  $\longrightarrow \alpha = \frac{3}{2},\ \beta = 1 \longrightarrow y_p = 3/2 \sin x + \cos x$

  $\longrightarrow y = ce^x + dxe^x + \frac{3}{2}\sin x + \cos x,\ c, d \in \mathbb{R}$

- $g(x) = \gamma_0 + \gamma_1 x + \gamma_2 x^2 + \cdots + \gamma_n x^n$

  Ist in der Differentialgleichung $b \neq 0$, so ist $y_p = \alpha_0 + \alpha_1 x + \cdots + \alpha_n x^n =: p_n(x)$. Ist $b = 0$, aber $a \neq 0$, so ist $y_p = x \cdot p_n(x)$. Ist $a = b = 0$, so ist $y_p = x^2 \cdot p_n(x)$. Die Parameter $\alpha_0, \ldots, \alpha_n$ sind wiederum passend zu bestimmen.

  Beispiel: $y'' - 2y' + y = 2x + 3x^3 \longrightarrow y_p = \alpha_0 + \alpha_1 x + \alpha_2 x^2 + \alpha_3 x^3$

  $\longrightarrow y'_p = \alpha_1 + 2\alpha_2 x + 3\alpha_3 x^2 \longrightarrow y''_p = 2\alpha_2 + 6\alpha_3 x$

  $\longrightarrow y''_p - 2y'_p + y_p =$

  $= (2\alpha_2 - 2\alpha_1 + \alpha_0) + (6\alpha_3 - 4\alpha_2 + \alpha_1)x + (-6\alpha_3 + \alpha_2)x^2 + \alpha_3 x^3 =$

  $= 2x + 3x^3$

  $\longrightarrow \alpha_3 = 3, \alpha_2 = 18, \alpha_1 = 56, \alpha_0 = 76 \longrightarrow y_p = 76 + 56x + 18x^2 + 3x^3$

  $\longrightarrow y = ce^x + dxe^x + 76 + 56x + 18x^2 + 3x^3,\ c, d \in \mathbb{R}$

Spezielle substituierbare Differentialgleichungen zweiter Ordnung

Differentialgleichungen vom Typ

$$y'' = g(x, y')$$

können durch die Substitution $z := y'$ in die Differentialgleichung $z' = g(x, z)$ erster Ordnung überführt werden.

Differentialgleichungen vom Typ

$$y'' = g(y, y')$$

können eventuell durch die Substitution $z(y) := y'(x(y))$ (mit der Umkehrfunktion $x(y)$ von $y(x)$) in die Differentialgleichung erster Ordnung,

$$z' = \frac{dz}{dy} = \frac{g(y, z)}{z},$$

überführt werden. Ist z eine Lösung, so erhält man die Lösung der Differentialgleichung zweiter Ordnung als Umkehrfunktion von

$$x(y) = \int \frac{dy}{z(y)}.$$

3 Lineare Algebra

3.1 Vektoren

Bezeichnungen

Ein **Vektor** ist eine endliche, geordnete Menge, also ein Tupel, von Elementen aus einem gegebenen Körper K, meistens ist $K = \mathbb{R}$. Im Allgemeinen werden die Elemente untereinander angeordnet. Man spricht dann auch vom **Spaltenvektor**. Ordnet man die Elemente nebeneinander an, spricht man vom **Zeilenvektor**. Die Umstellung von dem einen in den anderen **Typ** heißt **Transposition**. Ein transponierter oder zu transponierender Vektor wird durch einen Apostroph gekennzeichnet:

$$\vec{a} := \begin{pmatrix} a_1 \\ \vdots \\ a_n \end{pmatrix}, \quad \vec{a}' := (a_1, a_2, \ldots, a_n).$$

Sprechweise: „a Strich“ oder „a transponiert“.

Die Anzahl der **Elemente** oder **Komponenten** eines Vektors heißt **Länge*** des Vektors. Zwei Vektoren heißen **gleich**, wenn sie

- vom selben Typ sind und
- gleiche Länge haben und
- komponentenweise übereinstimmen.

$\vec{a}$ heißt **kleiner** (bzw. **kleiner/gleich**, **größer**, **größer/gleich**) $\vec{b}$, wenn

- die Vektoren vom selben Typ und gleicher Länge sind und
- die Ungleichheit zwischen **allen** korrespondierenden Komponenten besteht: $a_i < b_i$ (bzw. $\leq, >, \geq$), $i = 1, \ldots, n$.

Zwei Vektoren vom selben Typ und gleicher Länge werden **addiert** (bzw. **subtrahiert**), indem man die entsprechenden Komponenten addiert bzw. subtrahiert.

* Vorsicht: Manche Autoren verstehen unter der Länge eines Vektors dessen Betrag, vgl. S. 165 in diesem Abschnitt.

Die Elemente des zugrundeliegenden Körpers K heißen **Skalare**. Ein Vektor wird **mit einem Skalar multipliziert**, indem man alle Komponenten mit ihm multipliziert.

$\vec{0} := (0,0,\ldots,0)'$ heißt **Nullvektor**,
$\vec{1} := (1,1,\ldots,1)'$ heißt **Einservektor**,
$\vec{e}_j := (0,\ldots,0,\underset{\substack{\uparrow \\ j\text{-te Stelle}}}{1},0,\ldots,0)'$ heißt j-ter **Einheitsvektor**.

Rechenregeln für Vektoren

Sei $K = \mathbb{R}$, alle Regeln gelten analog für Zeilenvektoren.

$\vec{a}+\vec{b}=\vec{b}+\vec{a}$	Kommutativgesetz der Addition
$\vec{a}+\vec{0}=\vec{0}+\vec{a}=\vec{a}$	neutrales Element bez. der Addition
$\vec{a}+(\vec{b}+\vec{c})=(\vec{a}+\vec{b})+\vec{c}$	Assoziativgesetz der Addition
$\vec{a}+(-\vec{a})=\vec{0}$	inverses Element bez. der Addition
$c\cdot\vec{a}=\vec{a}\cdot c,\ c\in\mathbb{R}$	Kommutativgesetz der Skalarmultiplikation
$(c\cdot d)\cdot\vec{a}=c\cdot(d\cdot\vec{a}),\ c,d\in\mathbb{R}$	Assoziativgesetz der Skalarmultiplikation
$c\cdot(\vec{a}\pm\vec{b})=c\cdot\vec{a}\pm c\cdot\vec{b},\ c\in\mathbb{R}$	Distributivgesetz für zwei Vektoren
$(c\pm d)\cdot\vec{a}=c\cdot\vec{a}\pm d\cdot\vec{a},\ c,d\in\mathbb{R}$	Distributivgesetz für zwei Skalare

Vektorraum

Ein **Vektorraum** oder **linearer Raum** V über dem Körper K (meistens $K=\mathbb{R}$) ist eine Menge von Elementen $\vec{a},\vec{b},\ldots$, für die gilt:

1. $\vec{a},\vec{b}\in V \Rightarrow \vec{a}+\vec{b}\in V$
2. $\vec{a}\in V,\ c\in K \Rightarrow c\cdot\vec{a}\in V$
3. $\vec{a}+\vec{b}=\vec{b}+\vec{a}\ \ \forall\vec{a},\vec{b}\in V$
4. $\vec{a}+(\vec{b}+\vec{c})=(\vec{a}+\vec{b})+\vec{c}\ \ \forall\vec{a},\vec{b},\vec{c}\in V$
5. $\exists\vec{0}\in V\ \ \forall\vec{a}\in V:\ \vec{a}+\vec{0}=\vec{a}$
6. $\forall\vec{a}\in V\ \exists-\vec{a}\in V:\ \vec{a}+(-\vec{a})=\vec{0}$
7. $(c\cdot d)\cdot\vec{a}=c\cdot(d\cdot\vec{a})\ \ \forall c,d\in K\ \forall\vec{a}\in V$
8. $\exists 1\in K\ \forall\vec{a}\in V:\ 1\cdot\vec{a}=\vec{a}$
9. $c\cdot(\vec{a}+\vec{b})=c\cdot\vec{a}+c\cdot\vec{b}\ \ \forall c\in K\ \forall\vec{a},\vec{b}\in V$
10. $(c+d)\cdot\vec{a}=c\cdot\vec{a}+d\cdot\vec{a}\ \ \forall c,d\in K\ \forall\vec{a}\in V$

Der im Folgenden betrachtete Fall eines Vektorraums ist die Menge L_n der Vektoren gleichen Typs und gleicher Länge n über dem Körper $\mathbb{R}$ der reellen Zahlen. Für $\vec{a}_1, \ldots, \vec{a}_k \in L_n$ und $c_1, \ldots, c_k \in \mathbb{R}$ heißt

$$\sum_{i=1}^{k} c_i \cdot \vec{a}_i \in L_n$$

Linearkombination der $\vec{a}_i$. Sind alle $c_i > 0$ (bzw. ≥ 0, < 0, ≤ 0), so heißt die Linearkombination **positiv** (bzw. **nichtnegativ**, **negativ**, **nichtpositiv**), sind alle $c_i \geq 0$ und $c_1 + c_2 + \ldots + c_k = 1$, so heißt sie **konvex** oder **Konvexkombination**.

Die Menge aller Linearkombinationen

$$\sum_{i=1}^{k} c_i \cdot \vec{a}_i, \; c_i \in \mathbb{R}$$

bildet wieder einen Vektorraum, den von $\vec{a}_1, \ldots, \vec{a}_k$ **erzeugten** (oder **aufgespannten**) **Unterraum** von L_n. Als **unechte Unterräume** bezeichnet man den nur aus dem Nullvektor bestehenden **Nullraum** oder **Nullunterraum** sowie den Vektorraum L_n selbst. Alle anderen Unterräume heißen **echt**.

Lineare Unabhängigkeit

Die Vektoren $\vec{a}_1, \ldots, \vec{a}_k$ heißen **linear unabhängig**, wenn gilt:

$$\sum_{i=1}^{k} c_i \cdot \vec{a}_i = \vec{0} \;\Rightarrow\; c_1 = c_2 = \ldots = c_k = 0.$$

Sind Vektoren nicht linear unabhängig, so heißen sie **linear abhängig**. Demnach ist der Nullvektor und jede Menge von Vektoren, die den Nullvektor enthält, linear abhängig. Jeder einzelne Vektor $\vec{a} \neq \vec{0}$ ist linear unabhängig.

Regeln zur linearen Unabhängigkeit

Jede Teilmenge einer Menge von linear unabhängigen Vektoren ist linear unabhängig.

Sind die Vektoren $\vec{a}_1, \ldots, \vec{a}_k$ linear abhängig mit $\sum_{i=1}^{k} c_i \cdot \vec{a}_i = \vec{0}$ und $c_j \neq 0$, so lässt sich $\vec{a}_j$ als Linearkombination der übrigen Vektoren darstellen:

$$\vec{a}_j = \sum_{\substack{i=1 \\ i \neq j}}^{k} -\frac{c_i}{c_j} \vec{a}_i.$$

Ist $\vec{b}$ eine Linearkombination der $\vec{a}_1, \ldots, \vec{a}_k$, so sind die Vektoren $\vec{b}, \vec{a}_1, \ldots, \vec{a}_k$ linear abhängig.

Basis eines Vektorraums

Jedes endliche System von Vektoren besitzt eine Maximalzahl r linear unabhängiger Vektoren, den **Rang** dieses Vektorsystems. Besitzt ein Vektorraum eine maximale Anzahl n linear unabhängiger Vektoren, so heißt n **Dimension** des Vektorraums. Jedes System von n linear unabhängigen Vektoren in einem Vektorraum der Dimension n heißt **Basis** des Vektorraums. Die Vektoren der Basis heißen **Basisvektoren**. Jeder Vektor $\vec{b}$ des Vektorraums hat eine eindeutige Darstellung als Linearkombination der Basisvektoren $\vec{a}_1, \ldots, \vec{a}_n$:

$$\vec{b} = \sum_{i=1}^{n} x_i \vec{a}_i.$$

Die $x_i \in \mathbb{R}$ heißen **Koordinaten** von $\vec{b}$ bez. der Basis $\vec{a}_1, \ldots, \vec{a}_n$.

Regeln zum Rang eines Vektorsystems

Ist r der Rang eines Vektorsystems, so sind jeweils $r+1$ (oder mehr) beliebige Vektoren dieses Systems linear abhängig.

Jeder Vektor eines Vektorsystems vom Rang r kann eindeutig als Linearkombination r unabhängiger Vektoren des Systems geschrieben werden.

Erweitert oder reduziert man ein Vektorsystem vom Rang r um einen Vektor, der sich als Linearkombination r linear unabhängiger Vektoren des Systems schreiben lässt, so ändert sich der Rang des Systems nicht.

Können die Vektoren $\vec{a}_1, \ldots, \vec{a}_n$ als Linearkombinationen der Vektoren $\vec{b}_1, \ldots, \vec{b}_k$ dargestellt werden, so ist der Rang des Systems $\vec{a}_1, \ldots, \vec{a}_n$ höchstens k.

Ist n die Dimension eines Vektorraums, so sind jeweils $n+1$ (oder mehr) beliebige Vektoren dieses Raums linear abhängig.

Die Einheitsvektoren $\vec{e}_1, \ldots, \vec{e}_n$ bilden eine Basis des Vektorraums L_n der Vektoren der Länge n über $\mathbb{R}$. Die Koordinaten bez. dieser Basis sind gerade die Komponenten eines Vektors.

Ist $\vec{a}_1, \ldots, \vec{a}_n$ eine Basis des L_n und

$$\vec{b} = \sum_{i=1}^{n} x_i \vec{a}_i \neq \vec{0} \text{ mit } x_j \neq 0,$$

so ist auch $\vec{a}_1, \ldots, \vec{a}_{j-1}, \vec{b}, \vec{a}_{j+1}, \ldots, \vec{a}_n$ eine Basis von L_n. Ist $\vec{c}$ ein Vektor mit

$$\vec{c} = \sum_{i=1}^{n} y_i \vec{a}_i,$$

so lauten seine Koordinaten y_i^* bez. der geänderten Basis wie folgt:

$$y_j^* = y_j / x_j \text{ und } y_i^* = y_i - y_j \cdot x_i / x_j, \; i = 1, \ldots, n, \; i \neq j.$$

Dieses Verfahren heißt **elementare Basistransformation**.

Skalarprodukt und Metrik

Eine Abbildung $s : L \times L \to \mathbb{R}$ auf dem Kreuzprodukt eines Vektorraums L mit Werten im Körper $\mathbb{R}$ heißt **Skalarprodukt** oder **skalares Produkt** oder **inneres Produkt** in L, wenn s die folgenden Eigenschaften besitzt:

1. $s(\alpha\vec{a}+\beta\vec{b},\vec{c}) = \alpha s(\vec{a},\vec{c})+\beta s(\vec{b},\vec{c}),\ \alpha,\beta \in \mathbb{R}$ (Linearität)
2. $s(\vec{a},\vec{b}) = s(\vec{b},\vec{a})$ (Symmetrie)
3. $s(\vec{a},\vec{a}) \geq 0 \wedge \big(s(\vec{a},\vec{a}) = 0 \Leftrightarrow \vec{a} = \vec{0}\big)$ (positive Definitheit)

Schreibweisen: $s(\vec{a},\vec{b})$, $\langle\vec{a},\ \vec{b}\rangle$, $\vec{a}'\cdot\vec{b}$.

Ein Vektorraum mit einem Skalarprodukt heißt **EUKLIDischer Raum** (EUKLID, 365 – 300 v. Chr.).

Eine Abbildung $d : L \times L \to \mathbb{R}_0^+$ heißt **Metrik** oder **Abstand** in L, wenn sie folgende Eigenschaften besitzt:

1. $d(\vec{a},\vec{b})+d(\vec{b},\vec{c}) \geq d(\vec{a},\vec{c})$ (Dreiecksungleichung)
2. $d(\vec{a},\vec{b}) = d(\vec{b},\vec{a})$ (Symmetrie)
3. $d(\vec{a},\vec{b}) = 0 \Leftrightarrow \vec{a} = \vec{b}$

Ein Vektorraum mit einer Metrik heißt **metrischer Raum**.

Im Folgenden sei $L = \mathbb{R}^n := \{(x_1,\ldots,x_n)' : x_i \in \mathbb{R}\}$, also der ***n*-dimensionale reelle EUKLIDische Raum** mit dem Skalarprodukt

$$\vec{a}'\vec{b} = (a_1,\ldots,a_n)\begin{pmatrix} b_1 \\ \vdots \\ b_n \end{pmatrix} := \sum_{i=1}^{n} a_i b_i.$$

Mit Hilfe des Skalarprodukts wird der **Betrag** oder die **Norm** eines Vektors definiert:

$$|\vec{a}| := \sqrt{\vec{a}'\,\vec{a}} = \sqrt{\sum_{i=1}^{n} a_i^2}.$$

Der Betrag hat folgende Eigenschaften:

1. $|\vec{a}| \geq 0 \wedge \big(|\vec{a}| = 0 \Leftrightarrow \vec{a} = \vec{0}\big)$,
2. $|\alpha\vec{a}| = |\alpha|\cdot|\vec{a}|$, wobei $|\alpha|$ der „normale“ Betrag einer reellen Zahl ist,
3. $|\vec{a}+\vec{b}| \leq |\vec{a}|+|\vec{b}|$ (Dreiecksungleichung).

Die zu diesem Skalarprodukt bzw. zu dieser Norm gehörige Metrik, die so genannte **EUKLIDische Metrik**, ist dann

$$d(\vec{a},\vec{b}) = |\vec{a}-\vec{b}| = \sqrt{(\vec{a}-\vec{b})'(\vec{a}-\vec{b})} = \sqrt{\sum_{i=1}^{n}(a_i-b_i)^2}.$$

Regeln zum Skalarprodukt

$\vec{a}'\vec{b} = \vec{b}'\vec{a}$ (Kommutativgesetz)

$\vec{a}'(\vec{b}+\vec{c}) = \vec{a}'\vec{b}+\vec{a}'\vec{c},$
$(\vec{a}+\vec{b})'\vec{c} = \vec{a}'\vec{c}+\vec{b}'\vec{c}$ (Distributivgesetze)

Ist $\phi := \sphericalangle(\vec{a},\vec{b})$ der (kleinere) Winkel zwischen zwei Vektoren $\vec{a},\vec{b}$ des zwei- oder dreidimensionalen reellen EUKLIDischen Raums in Radiant $(0 \leq \phi \leq \pi)$, so gilt:

$$\cos\phi = \frac{\vec{a}'\vec{b}}{|\vec{a}||\vec{b}|}.$$

In höherdimensionalen EUKLIDischen Räumen ist dies die Definition des Begriffs **Winkel** zwischen zwei Vektoren. Der Kosinus von ϕ wird auch als **Richtungskosinus** bezeichnet.

$\left|\frac{\vec{a}}{|\vec{a}|}\right| = 1.$ Ein Vektor mit dem Betrag 1 heißt **normierter Vektor**.

$\big||\vec{a}| - |\vec{b}|\big| \leq |\vec{a}-\vec{b}|.$ Die Gleichheit gilt genau dann, wenn $\vec{a}=\vec{0}$ oder $\vec{b}=\vec{0}$ oder $\vec{a}=\alpha\vec{b}$, $\alpha \in \mathbb{R}$, also wenn $\vec{a}$ und $\vec{b}$ linear abhängig sind. Man beachte, dass die äußeren Betragsstriche der linken Seite den „normalen“ Betrag einer reellen Zahl bedeuten. Dieser ist der Spezialfall des Vektorbetrags im eindimensionalen Raum.

$|\vec{a}'\vec{b}| \leq |\vec{a}|\,|\vec{b}|.$ (CAUCHY-SCHWARZsche oder BUNJAKOWSKIsche Ungleichung; VIKTOR JAKOWLEWITSCH BUNJAKOWSKI, 1804 – 1889) Die Gleichheit gilt genau dann, wenn $\vec{a}$ und $\vec{b}$ linear abhängig sind.

$\vec{1}'\vec{a} = \vec{a}'\vec{1} = \sum_{i=1}^{n} a_i.$ Der Einservektor $\vec{1}$ heißt daher auch **summierender Vektor**.

Zwei Vektoren $\vec{a}$ und $\vec{b}$ heißen **orthogonal** oder **senkrecht**, Schreibweise: $\vec{a} \perp \vec{b}$, wenn $\vec{a}'\vec{b} = 0$. Damit ist der Nullvektor $\vec{0}$ zu jedem Vektor orthogonal. Ein System von Vektoren heißt **Orthogonalsystem**, wenn es den Nullvektor nicht enthält und die Vektoren paarweise orthogonal sind. Sind sie darüber hinaus alle normiert, so spricht man von einem **Orthonormalsystem**. Jedes Orthogonalsystem ist linear unabhängig. Jeder EUKLIDische Vektorraum endlicher Dimension besitzt eine Orthonormalbasis, z. B. $\vec{e}_1,\dots,\vec{e}_n$ im $\mathbb{R}^n$. Allgemein lässt sich eine Orthonormalbasis aus einer beliebigen Basis $\vec{a}_1,\dots,\vec{a}_n$ durch das **SCHMIDTsche Orthonormalisierungsverfahren** (ERHARD SCHMIDT, 1876 – 1959) konstruieren:

$$\vec{b}_1,\dots,\vec{b}_n \text{ mit } \vec{b}_1 := \vec{a}_1 \text{ und } \vec{b}_k := \vec{a}_k - \sum_{i=1}^{k-1} \frac{\vec{a}_k'\vec{b}_i}{|\vec{b}_i|^2}\cdot\vec{b}_i,\ k=2,3,\dots,n,$$

ist Orthogonalbasis und

$$\frac{\vec{b}_1}{|\vec{b}_1|},\dots,\frac{\vec{b}_n}{|\vec{b}_n|}$$

ist Orthonormalbasis.

Vektorprodukt

Die folgende Abbildung von $\mathbb{R}^3\times\mathbb{R}^3\to\mathbb{R}^3$ heißt **Vektorprodukt**:

$$\begin{pmatrix} a_1\\ a_2\\ a_3\end{pmatrix}\times\begin{pmatrix} b_1\\ b_2\\ b_3\end{pmatrix} := \begin{pmatrix} a_2\cdot b_3 - a_3\cdot b_2\\ a_3\cdot b_1 - a_1\cdot b_3\\ a_1\cdot b_2 - a_2\cdot b_1\end{pmatrix}$$

Regeln zum Vektorprodukt

$\vec{a}\times\vec{a}=\vec{0}$

$\vec{a}\times\vec{b} = -(\vec{b}\times\vec{a})$

$\alpha(\vec{a}\times\vec{b}) = (\alpha\vec{a})\times\vec{b} = \vec{a}\times(\alpha\vec{b}) \quad \forall\alpha\in\mathbb{R}$

$(\vec{a}\times\vec{b})+(\vec{a}\times\vec{c}) = \vec{a}\times(\vec{b}+\vec{c})$

$|\vec{a}\times\vec{b}|^2 = |\vec{a}|^2\cdot|\vec{b}|^2 - (\vec{a}'\vec{b})^2$

$(\vec{a}\times\vec{b}) \perp \{\alpha\vec{a}+\beta\vec{b}:\ \alpha,\beta\in\mathbb{R}\}$

$\vec{a}$, $\vec{b}$, $(\vec{a}\times\vec{b})$ bilden eine **Rechtsschraubung**.

$|\vec{a}\times\vec{b}|$ ist die Fläche des von $\vec{a}$ und $\vec{b}$ aufgespannten Parallelogramms.

$(\vec{a}\times\vec{b})=\vec{0} \Leftrightarrow \vec{a}=\vec{0} \vee \vec{b}=\vec{0} \vee \vec{a}\parallel\vec{b}$ (d. h. $\vec{a}$ parallel $\vec{b}$)

$|\vec{a}\times\vec{b}| = |\vec{a}|\cdot|\vec{b}|\cdot\sin\sphericalangle(\vec{a},\vec{b})$

3.2 Matrizen

Bezeichnungen

Eine **Matrix** (Mehrzahl: **Matrizen**) ist ein zweidimensionales, rechteckiges Schema von $m \cdot n$ Elementen (im Allgemeinen reellen Zahlen) in m Zeilen und n Spalten:

$$\vec{A} := \vec{A}_{(m,n)} := (a_{ij}) := \begin{pmatrix} a_{11} & a_{12} & \dots & a_{1n} \\ a_{21} & a_{22} & \dots & a_{2n} \\ \vdots & \vdots & & \vdots \\ a_{m1} & a_{m2} & \dots & a_{mn} \end{pmatrix}.$$

Die Elemente a_{ij} sind durch zwei Indizes bestimmt, den **Zeilenindex** i und den **Spaltenindex** j.

Matrizen mit gleicher Zeilen- und Spaltenanzahl heißen **quadratisch**. Die Elemente a_{ii} einer quadratischen Matrix mit gleichem Zeilen- und Spaltenindex heißen **Diagonalelemente**, die anderen **Nichtdiagonalelemente**. Die Menge aller Diagonalelemente einer Matrix heißt **Hauptdiagonale** der Matrix. Die Menge $\{a_{12}, a_{23}, \dots, a_{n-1,n}\}$ heißt **obere Nebendiagonale**, die Menge $\{a_{21}, a_{32}, \dots, a_{n,n-1}\}$ **untere Nebendiagonale**, die Menge $\{a_{1n}, a_{2,n-1}, \dots, a_{n1}\}$ **Gegendiagonale** der quadratischen Matrix.

Eine Matrix mit m Zeilen und n Spalten heißt **vom Typ** (m,n) oder vom Typ $m \times n$ oder $(m \times n)$-Matrix. Ein Zeilenvektor mit n Elementen ist eine $(1 \times n)$-Matrix, ein Spaltenvektor mit m Elementen eine $(m \times 1)$-Matrix. Die Zeilen einer $(m \times n)$-Matrix können als Zeilenvektoren geschrieben werden, die Spalten als Spaltenvektoren:

$$\vec{A} = \begin{pmatrix} \vec{a}'_i \\ \vdots \\ \vec{a}'_m \end{pmatrix} \text{ mit } \vec{a}'_i := (a_{i1}, a_{i2}, \dots, a_{in})$$

$$\vec{A} = (\vec{a}_1, \dots, \vec{a}_n) \text{ mit } \vec{a}_j := \begin{pmatrix} a_{1j} \\ \vdots \\ a_{mj} \end{pmatrix}.$$

Der von den Vektoren $\vec{a}'_i$ aufgespannte Unterraum des $\mathbb{R}^n$ heißt **Zeilenraum**, der von den $\vec{a}_j$ aufgespannte Unterraum des $\mathbb{R}^m$ heißt **Spaltenraum der Matrix**.

Zwei Matrizen heißen **gleich**, wenn sie vom selben Typ sind und elementweise übereinstimmen. Analog definiert man Ungleichungen für Matrizen vom selben Typ. Zwei oder mehr Matrizen mit gleicher Anzahl m von Zeilen und gleicher Anzahl n von Spalten heißen **gleichartig**.

Besondere Matrizen

$$\vec{0}_{(m,n)} := \begin{pmatrix} 0 & \dots & 0 \\ \vdots & & \vdots \\ 0 & \dots & 0 \end{pmatrix}$$

heißt $(m \times n)$-**Nullmatrix**.

$$\vec{1}_{(m,n)} := \begin{pmatrix} 1 & \dots & 1 \\ \vdots & & \vdots \\ 1 & \dots & 1 \end{pmatrix}$$

heißt $(m \times n)$-**Einsmatrix** oder **Einsermatrix** oder **summierende Matrix**.

$$\vec{E}_{(n,n)} := \begin{pmatrix} 1 & 0 & \dots & 0 \\ 0 & 1 & \dots & 0 \\ \vdots & \vdots & \ddots & \vdots \\ 0 & 0 & \dots & 1 \end{pmatrix}$$

heißt ***n*-reihige Einheitsmatrix**.

$$\vec{S}_{(n,n)} := \begin{pmatrix} a & 0 & \dots & 0 \\ 0 & a & \dots & 0 \\ \vdots & \vdots & \ddots & \vdots \\ 0 & 0 & \dots & a \end{pmatrix}$$

heißt ***n*-reihige Skalarmatrix**.

$$\vec{D}_{(n,n)} := \begin{pmatrix} a_{11} & 0 & \dots & 0 \\ 0 & a_{22} & \dots & 0 \\ \vdots & \vdots & \ddots & \vdots \\ 0 & 0 & \dots & a_{nn} \end{pmatrix}$$

heißt ***n*-reihige Diagonalmatrix**.

$\vec{A} = \vec{A}_{(n,n)}$ heißt **obere (untere) Dreiecksmatrix**, wenn $a_{ij} = 0$ für alle $i > j \;\; (i < j)$.

Werden in einer $(m \times n)$-Matrix $\vec{A}$ $p \; (p > 0)$ Zeilen und $q \; (q > 0)$ Spalten gestrichen, so entsteht eine **Teilmatrix** $\vec{A}^*$ von $\vec{A}$. Es ist $\vec{A}^*$ vom Typ $(m-p) \times (n-q)$.

Transposition

Die **Transposition einer Matrix** $\vec{A} = (a_{ij})$ ist die Operation, nach welcher die Zeilen der Matrix zu Spalten – und damit die Spalten zu Zeilen – werden. Die Elemente der **transponierten Matrix** $\vec{A}'$ erhält man aus den Elementen von $\vec{A}$ durch Vertauschung des Zeilen- und des Spaltenindexes:

$$\vec{A}' := (a_{ji}).$$

Damit geht eine $(m \times n)$-Matrix durch Transposition in eine $(n \times m)$-Matrix über. Quadratische Matrizen bleiben vom selben Typ quadratisch. Die Transponierte einer transponierten Matrix ist wieder die Ausgangsmatrix:

$$(\vec{A}')' = \vec{A}.$$

Gilt bereits $\vec{A}' = \vec{A}$, so heißt $\vec{A}$ **symmetrisch**. Eine symmetrische Matrix ist also stets quadratisch. $\vec{0}_{(n,n)}, \vec{1}_{(n,n)}$ und jede Diagonalmatrix sind symmetrisch. Für jede beliebige Matrix $\vec{A}$ ist $\vec{A}\vec{A}'$ eine symmetrische Matrix (zur Matrizenmultiplikation siehe später). Eine obere (untere) Dreiecksmatrix geht durch Transposition in eine untere (obere) Dreiecksmatrix über. Gilt $\vec{A}' = -\vec{A}$, also $a_{ji} = -a_{ij}$ für alle i, j, so heißt $\vec{A}$ **schiefsymmetrisch** oder **antisymmetrisch**. Insbesondere gilt für die Diagonalelemente $a_{ii} = -a_{ii} = 0$. Jede quadratische Matrix $\vec{A}$ ist darstellbar als

$$\vec{A} = \frac{1}{2}(\vec{A} + \vec{A}') + \frac{1}{2}(\vec{A} - \vec{A}'),$$

wobei der erste Summand symmetrisch und der zweite Summand antisymmetrisch ist. Eine quadratische Matrix $\vec{A}_{(n,n)}$ heißt **orthogonal**, wenn gilt:

$$\vec{A}'\vec{A} = \vec{A}\vec{A}' = \vec{E}$$

(zur Matrizenmultiplikation siehe später).

Multiplikation mit einem Skalar

Man multipliziert eine Matrix $\vec{A}_{(m,n)}$ von links oder rechts mit einem Skalar, also einem Element des zugrundeliegenden Körpers (im Allgemeinen einer reellen Zahl), indem man jedes Element der Matrix mit dem Skalar multipliziert:

$$c \cdot \vec{A} := \vec{A} \cdot c := (c \cdot a_{ij}), \; c \in K.$$

Regeln zur Multiplikation mit einem Skalar

Eine Matrix bleibt nach skalarer Multiplikation vom selben Typ.

$$\begin{aligned}
(c\cdot\vec{A})' &= c\cdot\vec{A}' && \\
c\cdot\vec{A} &= \vec{A}\cdot c, && \text{(Kommutativgesetz)}\\
(c\cdot d)\cdot\vec{A} &= c\cdot(d\cdot\vec{A}), && \text{(Assoziativgesetz)}\\
(c+d)\cdot\vec{A} &= c\cdot\vec{A}+d\cdot\vec{A}. && \text{(Distributivgesetz)}
\end{aligned}$$

Die bereits im vorigen Abschnitt erwähnte Matrix $-\vec{A}$ ist definiert als $(-1)\cdot\vec{A}$. Eine Skalarmatrix erhält man aus der Einheitsmatrix durch skalare Multiplikation:

$$\mathbf{S}_{(n,n)} := \begin{pmatrix} a & 0 & \dots & 0 \\ 0 & a & \dots & 0 \\ \vdots & \vdots & \ddots & \vdots \\ 0 & 0 & \dots & a \end{pmatrix} = a\cdot\vec{E},\ a\in K.$$

Operationen zwischen Matrizen

Die **Addition** zweier Matrizen $\vec{A}_{(m,n)}$ und $\vec{B}_{(m,n)}$ vom selben Typ ist durch die **elementweise** Addition, also die Addition **korrespondierender** Elemente, definiert. Die **Summe** zweier Matrizen ist eine Matrix vom Typ ihrer **Summanden**:

$$\vec{A}+\vec{B} := (a_{ij}+b_{ij}) = \begin{pmatrix} a_{11}+b_{11} & a_{12}+b_{12} & \dots & a_{1n}+b_{1n} \\ \vdots & \vdots & & \vdots \\ a_{m1}+b_{m1} & a_{m2}+b_{m2} & \dots & a_{mn}+b_{mn} \end{pmatrix}.$$

Regeln für die Matrizenaddition

$$\begin{aligned}
&\vec{A}+\vec{B}=\vec{B}+\vec{A} && \text{(Kommutativgesetz)}\\
&(\vec{A}+\vec{B})+\vec{C}=\vec{A}+(\vec{B}+\vec{C}) && \text{(Assoziativgesetz)}\\
&c\cdot(\vec{A}+\vec{B})=c\cdot\vec{A}+c\cdot\vec{B} && \text{(Distributivgesetz mit Skalarmultiplikation)}\\
&\vec{A}+\vec{0}=\vec{0}+\vec{A}=\vec{A} && (\vec{0}\text{ ist neutrales Element der Matrizenaddition})\\
&(\vec{A}+\vec{B})'=\vec{A}'+\vec{B}'. &&
\end{aligned}$$

Die **Subtraktion** der Matrix $\vec{B}_{(m,n)}$ von $\vec{A}_{(m,n)}$ lässt sich auf die Addition zurückführen. Die **Differenz** $\vec{A}-\vec{B}$ ist die Matrix der elementweisen Differenzen:

$$\vec{A}-\vec{B} := \vec{A}+(-1)\cdot\vec{B} = (a_{ij}-b_{ij}).$$

Insbesondere ist $\vec{A}-\vec{A}=\vec{0}$.

Die **Multiplikation** zweier Matrizen $\vec{A}_{(k,m)}$ und $\vec{B}_{(m,n)}$ ist nur definiert, wenn die Spaltenanzahl des linken Faktors mit der Zeilenanzahl des rechten Faktors übereinstimmt. Das **Produkt** hat dann die Zeilenanzahl des linken und die Spaltenanzahl des rechten Faktors:

$$\vec{A}_{(k,m)}\cdot\vec{B}_{(m,n)} := \left(\sum_{\ell=1}^{m} a_{i\ell}\cdot b_{\ell j}\right) = \vec{C}_{(k,n)}.$$

Schreibt man $\vec{A}$ als Schema von Zeilenvektoren und $\vec{B}$ als Schema von Spaltenvektoren, so ergeben sich die Elemente des Produkts $\vec{C}$ als Skalarprodukte wie folgt:

$$\vec{A}_{(k,m)} = \begin{pmatrix} a'_1 \\ \vdots \\ a'_k \end{pmatrix}, \; \vec{B}_{(m,n)} = (\vec{b}_1,\ldots,\vec{b}_n) \text{ und } \vec{C}_{(k,n)} = (c_{ij}) \text{ mit } c_{ij} := \vec{a}'_i\vec{b}_j.$$

FALKsches Schema zur Matrizenmultiplikation

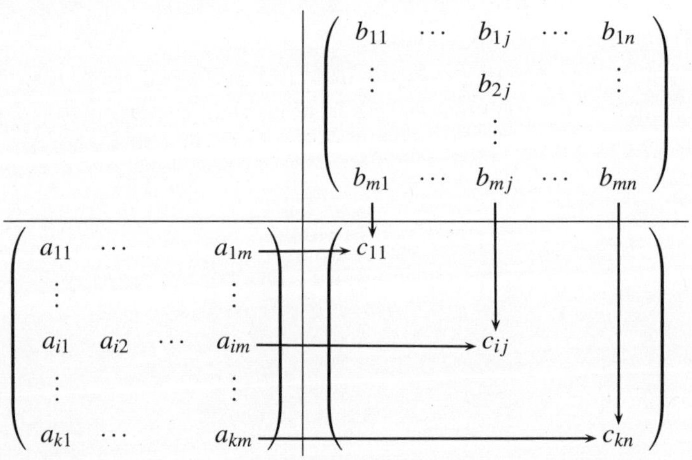

Spezialfälle

$$\begin{aligned}
\vec{A}_{(1,m)}\vec{B}_{(m,n)} &= \vec{a}'\vec{B} = \vec{C}_{(1,n)} = \vec{c}' \\
\vec{A}_{(k,m)}\vec{B}_{(m,1)} &= \vec{A}\vec{b} = \vec{C}_{(k,1)} = \vec{c} \\
\vec{A}_{(1,m)}\vec{B}_{(m,1)} &= \vec{a}'\vec{b} = \vec{C}_{(1,1)} = c \quad \text{(Skalarprodukt, inneres Produkt)} \\
\vec{A}_{(k,1)}\vec{B}_{(1,n)} &= \vec{a}\vec{b}' = \vec{C}_{(k,n)} \quad \textbf{(dyadisches Produkt, äußeres Produkt)}
\end{aligned}$$

Das Kommutativgesetz gilt für die Matrizenmultiplikation **nicht**. Es gilt jedoch in der Menge der Diagonalmatrizen gleichen Typs. Gilt für zwei Matrizen $\vec{A}$ und $\vec{B}$ die Vertauschbarkeit $\vec{A}\vec{B} = \vec{B}\vec{A}$, so nennt man $\vec{A}$ und $\vec{B}$ ein **kommutatives Matrizenpaar**. Ein kommutatives Matrizenpaar erfordert stets quadratische Matrizen gleichen Typs.

Kommutative Matrizenpaare

$$\vec{A}_{(n,n)}\vec{0}_{(n,n)} = \vec{0}_{(n,n)}\vec{A}_{(n,n)} = \vec{0}_{(n,n)}$$

$$\vec{A}_{(n,n)}\vec{E}_{(n,n)} = \vec{E}_{(n,n)}\vec{A}_{(n,n)} = \vec{A}_{(n,n)}$$ ($\vec{E}$ ist **neutrales Element** der Matrizenmultiplikation.)

$$\vec{A}_{(n,n)}\vec{A}_{(n,n)} = \vec{A}_{(n,n)}\vec{A}_{(n,n)}$$

$$\vec{A}_{(n,n)}\vec{A}'_{(n,n)} = \vec{A}'_{(n,n)}\vec{A}_{(n,n)},$$ falls $\vec{A}$ symmetrisch, schiefsymmetrisch oder orthogonal.

Regeln zur Matrizenmultiplikation

$$\left(\vec{A}_{(k,m)}\vec{B}_{(m,n)}\right)' = \vec{B}'_{(m,n)}\vec{A}'_{(k,m)}$$

$$\left(\vec{A}_1\vec{A}_2\cdot\cdots\cdot\vec{A}_m\right)' = \vec{A}'_m\cdot\cdots\cdot\vec{A}'_2\vec{A}'_1,$$ falls definiert

$$\left(\vec{A}_{(k,\ell)}\vec{B}_{(\ell,m)}\right)\vec{C}_{(m,n)} = \vec{A}_{(k,\ell)}\left(\vec{B}_{(\ell,m)}\vec{C}_{(m,n)}\right)$$ (Assoziativgesetz)

$$\left.\begin{aligned}\vec{A}_{(k,m)}\left(\vec{B}_{(m,n)}+\vec{C}_{(m,n)}\right) &= \vec{A}_{(k,m)}\vec{B}_{(m,n)}+\vec{A}_{(k,m)}\vec{C}_{(m,n)}\\ \left(\vec{A}_{(k,m)}+\vec{B}_{(k,m)}\right)\vec{C}_{(m,n)} &= \vec{A}_{(k,m)}\vec{C}_{(m,n)}+\vec{B}_{(k,m)}\vec{C}_{(m,n)}\end{aligned}\right\}$$ (Distributivgesetz)

Aus $\vec{A}\vec{B} = \vec{0}$ folgt nicht, dass $\vec{A} = \vec{0}$ oder $\vec{B} = \vec{0}$. Für jede Matrix $\vec{A}$ sind $\vec{A}\vec{A}'$ und $\vec{A}'\vec{A}$ symmetrische Matrizen, letztere heißt **GAUSSsche Transformation** von $\vec{A}$.

Analog der Definition bei reellen Zahlen werden **Potenzen** einer quadratischen Matrix $\vec{A}_{(n,n)}$ eingeführt:

$$\vec{A}^0 := \vec{E}$$

$$\vec{A}^i := \vec{A}^{i-1}\vec{A},\ i \in \mathbb{N}.$$

Je zwei Potenzen einer quadratischen Matrix bilden ein kommutatives Paar:

$$\vec{A}^i\vec{A}^j = \vec{A}^j\vec{A}^i = \vec{A}^{i+j}.$$

Ein **Matrizenpolynom vom Grad *k*** in $\vec{A}$ ist der Ausdruck

$$P(\vec{A}) := \sum_{i=0}^{k} a_i\vec{A}^i,\ a_i \in \mathbb{R},\ a_k \neq 0.$$

Je zwei Matrizenpolynome P und Q derselben Matrix $\vec{A}$ bilden ein kommutatives Paar:

$$P(\vec{A})Q(\vec{A}) = Q(\vec{A})P(\vec{A}).$$

Seien $\vec{A}$ und $\vec{B}$ ein kommutatives Matrizenpaar, dann gilt folgender binomischer Satz:

$$\left(\vec{A}+\vec{B}\right)^n = \sum_{j=0}^{n} \binom{n}{j} \vec{A}^j \vec{B}^{n-j}.$$

Eine Matrix $\vec{A}_{(n,n)}$ heißt **idempotent**, falls $\vec{A}^2 = \vec{A}$. Eine Matrix $\vec{A}_{(n,n)}$ heißt **nilpotent** (lat.: nihil = nichts), wenn ein $k \in \mathbb{N}$ existiert mit $\vec{A}^k = \vec{0}$.

KRONECKER-Produkt

Das **KRONECKER-Produkt** (LEOPOLD KRONECKER, 1823 – 1891) oder **direkte Produkt** zweier Matrizen $\vec{A}_{(k,\ell)}$ und $\vec{B}_{(m,n)}$ ist eine Matrix vom Typ $(km) \times (\ell n)$:

$$\vec{A} \otimes \vec{B} := \begin{pmatrix} a_{11}\vec{B} & a_{12}\vec{B} & \dots & a_{1\ell}\vec{B} \\ \vdots & & & \vdots \\ a_{k1}\vec{B} & a_{k2}\vec{B} & \dots & a_{k\ell}\vec{B} \end{pmatrix} = \left(a_{ij}\vec{B}\right).$$

In dieser Darstellung des KRONECKER-Produkts hat man es mit einer **Partitionierung** der Matrix $\vec{A} \otimes \vec{B}$ zu tun, da jedes $a_{ij}\vec{B}$ wiederum eine Matrix, eine so genannte **Submatrix** oder **Teilmatrix**, darstellt. Das KRONECKER-Produkt ist nicht kommutativ, d. h. im Allgemeinen ist $\vec{A} \otimes \vec{B} \neq \vec{B} \otimes \vec{A}$.

Regeln zum KRONECKER-Produkt

$(\vec{A} \otimes \vec{B}) \otimes \vec{C} = \vec{A} \otimes (\vec{B} \otimes \vec{C})$

$(c\vec{A}) \otimes \vec{B} = \vec{A} \otimes (c\vec{B}) = c(\vec{A} \otimes \vec{B})$

$(\vec{A} \otimes \vec{B})' = \vec{A}' \otimes \vec{B}'$

Für $\vec{A}_{(m_1,n_1)}, \vec{B}_{(m_2,n_2)}, \vec{C}_{(n_1,k_1)}, \vec{D}_{(n_2,k_2)}$ gilt: $(\vec{A} \otimes \vec{B})(\vec{C} \otimes \vec{D}) = (\vec{A}\vec{C}) \otimes (\vec{B}\vec{D})$.

$(\vec{A} \otimes \vec{B})^{-1} = \vec{A}^{-1} \otimes \vec{B}^{-1}$, falls $\vec{A}, \vec{B}$ regulär

$\vec{A}, \vec{B}$ orthogonal $\Rightarrow \vec{A} \otimes \vec{B}$ orthogonal

$\vec{A} \otimes \vec{B} = (\vec{A} \otimes \vec{E})(\vec{E} \otimes \vec{B})$

$(\vec{A} + \vec{B}) \otimes \vec{C} = (\vec{A} \otimes \vec{C}) + (\vec{B} \otimes \vec{C})$

$\left(\sum_{i=1}^{k} \vec{A}_i\right) \otimes \left(\sum_{j=1}^{\ell} \vec{B}_j\right) = \sum_{i=1}^{k} \sum_{j=1}^{\ell} \left(\vec{A}_i \otimes \vec{B}_j\right)$

Elementare Matrizenoperationen

Unter einer **elementaren Matrizenoperation** versteht man eine der folgenden Operationen:

- Multiplikation einer Zeile (bzw. Spalte) mit einem Skalar
- Addition einer Zeile (bzw. Spalte) zu einer anderen.

Gelegentlich werden auch Kombinationen, d. h. Hintereinanderausführen dieser Operationen als elementare Matrizenoperationen bezeichnet. So kann man die **Vertauschung zweier Zeilen** (bzw. Spalten) wie folgt erzeugen:

$$\begin{pmatrix}\vdots\\ \vec{a}'_i\\ \vdots\\ \vec{a}'_j\\ \vdots\end{pmatrix}\rightarrow\begin{pmatrix}\vdots\\ \vec{a}'_i+\vec{a}'_j\\ \vdots\\ \vec{a}'_j\\ \vdots\end{pmatrix}\rightarrow\begin{pmatrix}\vdots\\ \vec{a}'_i+\vec{a}'_j\\ \vdots\\ -\vec{a}'_j\\ \vdots\end{pmatrix}\rightarrow\begin{pmatrix}\vdots\\ \vec{a}'_i+\vec{a}'_j\\ \vdots\\ \vec{a}'_i\\ \vdots\end{pmatrix}\rightarrow\begin{pmatrix}\vdots\\ \vec{a}'_i+\vec{a}'_j\\ \vdots\\ -\vec{a}'_i\\ \vdots\end{pmatrix}\rightarrow\begin{pmatrix}\vdots\\ \vec{a}'_j\\ \vdots\\ -\vec{a}'_i\\ \vdots\end{pmatrix}\rightarrow\begin{pmatrix}\vdots\\ \vec{a}'_j\\ \vdots\\ \vec{a}'_i\\ \vdots\end{pmatrix}$$

Eine elementare Matrizenoperation – und damit auch Kombinationen aus diesen – entspricht der Multiplikation der Ausgangsmatrix mit einer adäquaten **Operationsmatrix**. Bei **Zeilenoperationen** wird diese **von links** multipliziert, bei **Spaltenoperationen von rechts**.

Einige Operationsmatrizen

Addition der j-ten Zeile zur i-ten Zeile $(i < j)$:

$$\begin{pmatrix}\vec{e}'_1\\ \vdots\\ \vec{e}'_i+\vec{e}'_j\\ \vdots\\ \vec{e}'_j\\ \vdots\\ \vec{e}'_n\end{pmatrix} = \begin{pmatrix}1 & 0 & \overset{\substack{i\text{-te Spalte}\\ \downarrow}}{\dots} & & \overset{\substack{j\text{-te Spalte}\\ \downarrow}}{} & & 0\\ 0 & \ddots & & & & & \vdots\\ \vdots & & 1 & & 1 & & \\ & & & \ddots & & & \\ & & & & 1 & & \\ & & & & & \ddots & 0\\ 0 & \dots & & & & 0 & 1\end{pmatrix}\begin{array}{l} \\ \\ \leftarrow i\text{-te Zeile}\\ \\ \leftarrow j\text{-te Zeile}\\ \\ \\ \end{array}$$

Addition der j-ten Spalte zur i-ten Spalte ($i < j$):

$$(\vec{e}_1,\ldots,\vec{e}_i+\vec{e}_j,\ldots,\vec{e}_j,\ldots,\vec{e}_n) = \begin{array}{c} \begin{array}{ccccccc} & & i\text{-te Spalte} & & j\text{-te Spalte} & & \\ & & \downarrow & & \downarrow & & \end{array} \\ \left(\begin{array}{ccccccc} 1 & 0 & \cdots & & & & 0 \\ 0 & \ddots & & & & & \vdots \\ \vdots & & 1 & & 0 & & \\ & & & \ddots & & & \\ & & 1 & & 1 & & \\ & & & & & \ddots & 0 \\ 0 & \cdots & & & & 0 & 1 \end{array}\right) \end{array} \begin{array}{l} \\ \\ \\ \\ \leftarrow i\text{-te Zeile} \\ \\ \leftarrow j\text{-te Zeile} \\ \\ \\ \end{array}$$

Multiplikation der i-ten Zeile (bzw. Spalte) mit dem Skalar c:

$$\begin{pmatrix} \vec{e}\,'_1 \\ \vdots \\ c\cdot\vec{e}\,'_i \\ \vdots \\ \vec{e}\,'_n \end{pmatrix} = (\vec{e}_1,\ldots,c\cdot\vec{e}_i,\ldots,\vec{e}_n) = \begin{array}{c} \begin{array}{ccccc} & & i\text{-te Spalte} & & \\ & & \downarrow & & \end{array} \\ \left(\begin{array}{ccccc} 1 & \cdots & 0 & \cdots & 0 \\ \vdots & \ddots & & & \vdots \\ 0 & \cdots & c & \cdots & 0 \\ \vdots & & & \ddots & \vdots \\ 0 & \cdots & 0 & \cdots & 1 \end{array}\right) \end{array} \begin{array}{l} \\ \\ \\ \leftarrow i\text{-te Zeile} \\ \\ \\ \end{array}$$

Vertauschung der i-ten und j-ten Zeile (bzw. Spalte) ($i < j$):

$$\begin{pmatrix} \vec{e}\,'_1 \\ \vdots \\ \vec{e}\,'_j \\ \vdots \\ \vec{e}\,'_i \\ \vdots \\ \vec{e}\,'_n \end{pmatrix} = (\vec{e}_1,\ldots,\vec{e}_j,\ldots,\vec{e}_i,\ldots,\vec{e}_n) = \begin{array}{c} \begin{array}{ccccccc} & & i\text{-te Spalte} & & j\text{-te Spalte} & & \\ & & \downarrow & & \downarrow & & \end{array} \\ \left(\begin{array}{ccccccc} 1 & \cdots & 0 & \cdots & 0 & \cdots & 0 \\ \vdots & \ddots & & & & & \vdots \\ 0 & \cdots & 0 & \cdots & 1 & \cdots & 0 \\ \vdots & & & \ddots & & & \vdots \\ 0 & \cdots & 1 & \cdots & 0 & \cdots & 0 \\ \vdots & & & & & \ddots & \vdots \\ 0 & \cdots & 0 & \cdots & 0 & \cdots & 1 \end{array}\right) \end{array} \begin{array}{l} \\ \\ \\ \\ \leftarrow i\text{-te Zeile} \\ \\ \leftarrow j\text{-te Zeile} \\ \\ \\ \end{array}$$

Operationsmatrizen dieser letzten Art heißen **Transpositionsmatrizen**. Beliebige Produkte dieser Matrizen heißen **Permutationsmatrizen** und sind stets orthogonal.

Quadratische Form

Die **quadratische Form** einer **symmetrischen** Matrix $\vec{A}_{(n,n)}$ ist die Menge der Ausdrücke

$$\vec{x}'\vec{A}\vec{x} = \sum_{i=1}^{n}\sum_{j=1}^{n} a_{ij}x_i x_j = \sum_{i=1}^{n}\left(a_{ii}x_i^2 + 2\sum_{j=i+1}^{n} a_{ij}x_i x_j\right)$$

für alle Vektoren $\vec{x}' = (x_1, \ldots, x_n) \in \mathbb{R}^n$.

Regel zur quadratischen Form

> Die quadratische Form einer Diagonalmatrix ist die mit den Diagonalelementen gewichtete Quadratsumme der x_i:
>
> $$\vec{x}'\vec{D}\vec{x} = \sum_{i=1}^{n} d_{ii} \cdot x_i^2.$$

Die Matrix $\vec{A}$ heißt

- **positiv definit**, falls $\vec{x}'\vec{A}\vec{x} > 0 \; \forall \vec{x} \neq \vec{0}$,†
- **positiv semidefinit**‡, falls $\vec{x}'\vec{A}\vec{x} \geq 0 \; \forall \vec{x}$,
- **negativ definit**, falls $\vec{x}'\vec{A}\vec{x} < 0 \; \forall \vec{x} \neq \vec{0}$,
- **negativ semidefinit**, falls $\vec{x}'\vec{A}\vec{x} \leq 0 \; \forall \vec{x}$,
- **indefinit** in allen übrigen Fällen.

Regeln zur Definitheit von Matrizen

> $$\vec{A} = \underbrace{\frac{\vec{A}+\vec{A}'}{2}}_{\substack{\text{symm.}\\ \text{Anteil } S}} + \underbrace{\frac{\vec{A}-\vec{A}'}{2}}_{\substack{\text{schiefsymm.}\\ \text{Anteil } T}}$$
>
> für alle (auch nicht-symmetrische) $\vec{A} \in \mathbb{R}^{n\times n}$
>
> Es gilt:
>
> - $\vec{x}'\vec{T}\vec{x} = 0, \quad \forall x \in \mathbb{R}^n$
> - $\vec{A}$ positiv definit $\Longleftrightarrow$ $\vec{S}$ positiv definit
>   (Deswegen beschränkt sich die Diskussion der Definitheit von Matrizen oft auf symmetrische Matrizen.)

---

† Für komplexe Matrizen wird analog definiert: Eine Matrix $\vec{C} \in \mathbb{C}^{n\times n}$ heißt **HERMITEsch** (CHARLES HERMITE, 1822 – 1901), wenn $\vec{C} = \vec{C}^H := \overline{\vec{C}'}$ (konjugiert komplexe transponierte Matrix). Eine HERMITEsche Matrix $\vec{C} \in \mathbb{C}^{n\times n}$ heißt positiv definit, wenn $\vec{x}^H\vec{C}\vec{x} > 0 \; \forall \vec{x} \in \mathbb{C}^n \setminus \{\vec{0}\}$.

‡ Manche Autoren definieren Semidefinitheit enger als hier, nämlich für den Fall, dass ein $\vec{x} \neq \vec{0}$ existiert mit $\vec{x}'\vec{A}\vec{x} = 0$.

Ist $\vec{A}_{(n,n)}$ symmetrisch und gilt

$$a_{ii} > \sum_{\substack{j=1 \\ j \neq i}}^{n} |a_{ij}|, \quad \forall i = 1, 2, \ldots, n,$$

so ist $\vec{A}$ positiv definit.

Positiv definite Matrizen haben lauter positive Diagonalelemente, $a_{ii} > 0 \; \forall i$, positiv semidefinite Matrizen haben lauter nichtnegative Diagonalelemente, $a_{ii} \geq 0 \; \forall i$.

Ist $\vec{A}_{(n,n)}$ symmetrisch, so existiert ein Skalar c, so dass $\vec{A}_{(n,n)} + c\vec{E}_{(n,n)}$ positiv definit ist.

$\vec{A}$ positiv definit $\Rightarrow$ $\vec{A}$ invertierbar

$\vec{A}$ positiv definit $\Rightarrow$ $\vec{A}^r$, $r \in \mathbb{N}$, positiv definit

$\vec{A}$ positiv definit $\iff$ $-\vec{A}$ negativ definit

$\vec{A}$ positiv definit $\iff$ $\vec{A}'$ positiv definit

$\vec{A}$ positiv definit $\iff$ $\vec{A}^{-1}$ positiv definit

$\vec{A}$ positiv definit $\iff$ alle Hauptabschnittsdeterminanten von $\vec{A}_{(n,n)}$ größer null (Entsprechend ist $\vec{A}$ negativ definit genau dann, wenn alle geraden Hauptabschnittsdeterminanten von $\vec{A}_{(n,n)}$ größer null und alle ungeraden Hauptabschnittsdeterminanten von $\vec{A}_{(n,n)}$ kleiner null sind.)

$\vec{A}$ positiv definit $\iff$ alle Eigenwerte von $\vec{A}$ sind größer null

$\vec{A}$ positiv semidefinit $\iff$ alle Eigenwerte von $\vec{A}$ sind größer oder gleich null

$\vec{A}$ negativ definit $\iff$ alle Eigenwerte von $\vec{A}$ sind kleiner null

$\vec{A}$ negativ semidefinit $\iff$ alle Eigenwerte von $\vec{A}$ sind kleiner oder gleich null

$\vec{A}, \vec{B} \in \mathbb{R}^{n \times n}$ positiv definit $\Rightarrow$ $\vec{A} + \vec{B}$ positiv definit

$\vec{A}, \vec{B} \in \mathbb{R}^{n \times n}$ positiv (semi-)definit und $\vec{A}\vec{B} = \vec{B}\vec{A}$ $\Rightarrow$ $\vec{A} \cdot \vec{B}$ positiv (semi-)definit

$\vec{A}_{(n,n)}$ und $\vec{B}_{(n,n)}$ positiv (semi-)definit $\Rightarrow$ $\vec{C}_{(n,n)} = (a_{ij} \cdot b_{ij})$ positiv (semi-)definit (komponentenweise Multiplikation)

$\vec{B} \in \mathbb{R}^{m \times n}$ Matrix mit linear unabh. Spalten $\Rightarrow$ $\vec{B}'\vec{B}$ positiv definit

$\vec{B}$ wie oben, $\vec{A} \in \mathbb{R}^{m \times m}$ positiv definit $\Rightarrow$ $\vec{B}'\vec{A}\vec{B}$ positiv definit

Existiert eine obere Dreiecksmatrix $\vec{R}$ (ohne Nullzeilen und -spalten) so, dass $\vec{A} = \vec{R}'\vec{R}$, dann ist $\vec{A}$ positiv definit (**Cholesky-Zerlegung**, André-Louis Cholesky, 1875 – 1918).

Umkehrmatrix

Existiert zu einer **quadratischen** Matrix $\vec{A}_{(n,n)}$ eine Matrix $\vec{B}_{(n,n)}$ mit $\vec{A}\vec{B} = \vec{E}$, dann heißt $\vec{B}$ **Umkehrmatrix**, **inverse Matrix** oder **Inverse** von $\vec{A}$ und wird mit $\vec{A}^{-1}$ bezeichnet. Wenn die Inverse einer Matrix existiert, ist sie eindeutig und es gilt

$$\vec{A}\vec{A}^{-1} = \vec{A}^{-1}\vec{A} = \vec{E},$$

d. h. $\vec{A}$ und $\vec{A}^{-1}$ bilden ein kommutatives Paar. Existiert $\vec{A}^{-1}$, so heißt $\vec{A}$ **regulär**, **nichtsingulär** oder **invertierbar**, anderenfalls heißt $\vec{A}$ **singulär**. $\vec{A}^{-1}$ existiert, wenn die Zeilenvektoren (und damit auch die Spaltenvektoren) von $\vec{A}$ linear unabhängig sind.

Regeln zur Umkehrmatrix

$$\left(\vec{A}^{-1}\right)^{-1} = \vec{A}$$

$$\left(\vec{A}^{-1}\right)' = \left(\vec{A}'\right)^{-1}$$

$$\vec{E}^{-1} = \vec{E}$$

$$\begin{pmatrix} d_{11} & 0 & \dots & 0 \\ 0 & \ddots & & \vdots \\ \vdots & & & 0 \\ 0 & \dots & 0 & d_{nn} \end{pmatrix}^{-1} = \begin{pmatrix} d_{11}^{-1} & 0 & \dots & 0 \\ 0 & \ddots & & \vdots \\ \vdots & & & 0 \\ 0 & \dots & 0 & d_{nn}^{-1} \end{pmatrix}, \; d_{ii} \neq 0 \; \forall i$$

$$\left(c\vec{A}\right)^{-1} = c^{-1}\vec{A}^{-1}, \; c \neq 0$$

$$\left(\vec{A}\vec{B}\right)^{-1} = \vec{B}^{-1}\vec{A}^{-1}$$

$$\left(\vec{A}_1\vec{A}_2 \cdot \ldots \cdot \vec{A}_m\right)^{-1} = \vec{A}_m^{-1} \cdot \ldots \cdot \vec{A}_2^{-1}\vec{A}_1^{-1}$$

Die Inverse einer symmetrischen Matrix ist symmetrisch.

Die Inverse einer orthogonalen Matrix ist ihre Transponierte.

Die „Division“ einer Matrix $\vec{A}_{(m,n)}$ durch eine **reguläre** Matrix $\vec{B}$ erfolgt als Multiplikation mit der Inversen von $\vec{B}$. Der „Quotient“ von $\vec{A}$ und $\vec{B}$ lautet

$$\begin{aligned} \vec{C}_{(m,n)} &= \vec{A}\vec{B}^{-1}, \quad \text{falls } \vec{B} \text{ vom Typ } n \times n \text{ ist,} \\ \vec{C}_{(m,n)} &= \vec{B}^{-1}\vec{A}, \quad \text{falls } \vec{B} \text{ vom Typ } m \times m \text{ ist.} \end{aligned}$$

Ähnliche Matrizen

Zwei $(n \times n)$-Matrizen $\vec{A}$ und $\vec{B}$ heißen **ähnlich**, wenn es eine reguläre Matrix $\vec{T}$ (**Transformationsmatrix**) gibt, so dass $\vec{B} = \vec{T}^{-1}\vec{A}\vec{T}$. Daraus folgt $\vec{A} = \vec{T}\vec{B}\vec{T}^{-1}$.

Regeln zu ähnlichen Matrizen

Jede $(n \times n)$-Matrix $\vec{A}$ ist zu sich selbst ähnlich.

$\vec{A}, \vec{B}$ ähnlich und $s \in \mathbb{R} \Rightarrow s\vec{A}$ und $s\vec{B}$ ähnlich.

$\vec{A}, \vec{B}$ ähnlich und $\vec{B}, \vec{C}$ ähnlich $\Rightarrow \vec{A}, \vec{C}$ ähnlich. (Transitivität)

Zu jeder symmetrischen Matrix $\vec{A}$ gibt es eine orthogonale Matrix $\vec{T}$, so dass $\vec{T}^{-1}\vec{A}\vec{T}$ eine Diagonalmatrix $\vec{D}$ ist, also $\vec{T}^{-1}\vec{A}\vec{T} = \vec{D}$. $\vec{A}$ und $\vec{D}$ sind also ähnlich.

Kongruente Matrizen

Zwei $(n \times n)$-Matrizen $\vec{A}$ und $\vec{B}$ heißen **kongruent**, wenn es eine orthogonale Matrix $\vec{P}$ gibt, so dass $\vec{B} = \vec{P}'\vec{A}\vec{P}$.

Regeln zu kongruenten Matrizen

Jede $(n \times n)$- Matrix $\vec{A}$ ist zu sich selbst kongruent.

$\vec{A}, \vec{B}$ kongruent und $s \in \mathbb{R} \Rightarrow s\vec{A}$ und $s\vec{B}$ kongruent.

$\vec{A}, \vec{B}$ kongruent und $\vec{B}, \vec{C}$ kongruent $\Rightarrow \vec{A}, \vec{C}$ kongruent. (Transitivität)

Allgemeine Umkehrmatrix

Ist $\vec{A}_{(m,n)}$ eine **beliebige** Matrix und $\vec{B}$ eine Matrix mit den Eigenschaften

1. $\vec{A}\vec{B}$ ist symmetrisch,
2. $\vec{B}\vec{A}$ ist symmetrisch,
3. $\vec{A}\vec{B}\vec{A} = \vec{A}$ und
4. $\vec{B}\vec{A}\vec{B} = \vec{B}$,

so heißt $\vec{B}$ **allgemeine Umkehrmatrix**, **generalisierte Inverse** oder **Pseudoinverse** von $\vec{A}$ und wird mit $\vec{A}^{-}$ bezeichnet.

Regeln zur allgemeinen Umkehrmatrix

Ist $\vec{A}$ regulär, so ist $\vec{A}^- = \vec{A}^{-1}$.

Ist $\vec{A}$ vom Typ $m \times n$, so ist $\vec{A}^-$ vom Typ $n \times m$.

Jede Matrix hat eine eindeutige Pseudoinverse.

$\vec{A}_{(m,n)} = \vec{0}_{(m,n)} \Rightarrow \vec{A}^- = \vec{0}_{(n,m)}$

$(\vec{A}^-)^- = \vec{A}$

$(\vec{A}^-)' = (\vec{A}')^-$

$(\vec{A}\vec{A}')^- = (\vec{A}')^-\vec{A}^-$

$(\vec{A}\vec{A}^-)^- = \vec{A}\vec{A}^-$ und $(\vec{A}^-\vec{A})^- = \vec{A}^-\vec{A}$

Die Pseudoinverse einer symmetrischen Matrix ist symmetrisch.

Eine symmetrische Matrix und ihre Pseudoinverse bilden ein kommutatives Matrizenpaar.

Ist $\vec{A}$ symmetrisch und idempotent, so ist $\vec{A}^- = \vec{A}$.

Mit $d_{ii}^- := \begin{cases} d_{ii}^{-1}, & d_{ii} \neq 0, \\ 0, & d_{ii} = 0 \end{cases}$ ist

$$\begin{pmatrix} d_{11} & 0 & \dots & 0 \\ 0 & \ddots & & \vdots \\ \vdots & & & 0 \\ 0 & \dots & 0 & d_{nn} \end{pmatrix}^- = \begin{pmatrix} d_{11}^- & 0 & \dots & 0 \\ 0 & \ddots & & \vdots \\ \vdots & & & 0 \\ 0 & \dots & 0 & d_{nn}^- \end{pmatrix}.$$

Die Matrizen $\vec{A}\vec{A}^-$, $\vec{A}^-\vec{A}$, $\vec{E} - \vec{A}\vec{A}^-$ und $\vec{E} - \vec{A}^-\vec{A}$ sind symmetrisch und idempotent.

$(c\vec{A})^- = c^{-1}\vec{A}^-, \ c \neq 0$

$\vec{A} = \vec{A}_1 + \ldots + \vec{A}_m$ mit $\vec{A}_i\vec{A}_j' = \vec{0}$ und $\vec{A}_i'\vec{A}_j = \vec{0} \ \forall i \neq j \Rightarrow \vec{A}^- = \vec{A}_1^- + \ldots + \vec{A}_m^-$

$\vec{A}_{(m,n)}$ beliebig, $\vec{B}_{(n,n)}$ regulär $\Rightarrow \ (\vec{A}\vec{B})(\vec{A}\vec{B})^- = \vec{A}\vec{A}^-$

$\vec{A}'\vec{A} = \vec{A}\vec{A}' \Rightarrow \ \vec{A}^-\vec{A} = \vec{A}\vec{A}^-$ und $(\vec{A}^n)^- = (\vec{A}^-)^n \ \forall n \in \mathbb{N}$

$\vec{A}^- = \vec{A}' \Leftrightarrow \vec{A}'\vec{A}$ idempotent

Die Spaltenräume von $\vec{A}$ und $\vec{A}\vec{A}^-$ (bzw. von $\vec{A}^-$ und $\vec{A}^-\vec{A}$) stimmen überein.

$\vec{A}_{(m,n)}, \vec{B}_{(n,n)}$ mit $n \leq m$ und $(\vec{A}'\vec{A})^2\vec{B} = \vec{A}'\vec{A} \ \Rightarrow \ \vec{A}^- = \vec{B}'\vec{A}'$

Bedingte Umkehrmatrix

Ist $\vec{A}_{(m,n)}$ eine **beliebige** Matrix und $\vec{B}$ eine Matrix mit

$$\vec{A}\vec{B}\vec{A} = \vec{A},$$

so heißt $\vec{B}$ **bedingte Umkehrmatrix** oder **bedingte Inverse** von $\vec{A}$ und wird mit $\vec{A}^c$ bezeichnet.

Regeln zur bedingten Umkehrmatrix

Ist $\vec{A}$ regulär, so ist $\vec{A}^c = \vec{A}^{-1}$ eindeutig.

Ist $\vec{A}$ vom Typ $m \times n$, so ist $\vec{A}^c$ vom Typ $n \times m$.

Jede Matrix hat eine bedingte Inverse, möglicherweise auch mehrere.

Die Pseudoinverse ist auch bedingte Inverse.

Für jede bedingte Inverse $\vec{A}^c$ einer beliebigen Matrix $\vec{A}$ sind $\vec{A}^c\vec{A}$ und $\vec{A}\vec{A}^c$ idempotent.

Ist $\vec{a} \in \mathbb{R}^n$ Element des Zeilen- **und** des Spaltenraums der Matrix $\vec{A}_{(n,n)}$, so ist $\vec{a}'\vec{A}^c\vec{a}$ konstant für alle bedingten Inversen $\vec{A}^c$ von $\vec{A}$.

Ist $(\vec{A}'\vec{A})^c$ eine bedingte Inverse von $\vec{A}'\vec{A}$, so ist $\vec{A}^c = (\vec{A}'\vec{A})^c\vec{A}'$ eine bedingte Inverse von $\vec{A}$.

3.3 Matrizenfunktionen

Spur

Die **Spur** einer quadratischen Matrix $\vec{A}_{(n,n)}$ ist die Summe ihrer Diagonalelemente:

$$\mathrm{sp}(\vec{A}) := \sum_{i=1}^{n} a_{ii}.$$

Regeln zur Spur

$\mathrm{sp}(\vec{A}) = \mathrm{sp}(\vec{A}')$

$\mathrm{sp}(c\vec{A}) = c \cdot \mathrm{sp}(\vec{A})$

$\mathrm{sp}(\vec{A} \pm \vec{B}) = \mathrm{sp}(\vec{A}) \pm \mathrm{sp}(\vec{B})$

$\mathrm{sp}(\vec{A}_{(m,n)}\vec{B}_{(n,m)}) = \mathrm{sp}(\vec{B}_{(n,m)}\vec{A}_{(m,n)}) = \sum_{i=1}^{m}\sum_{j=1}^{n} a_{ij}b_{ji}$

$\text{sp}(\vec{a}\vec{b}') = \text{sp}(\vec{a}'\vec{b}) = \vec{a}'\vec{b} = \sum_{i=1}^{n} a_i b_i$

$\text{sp}(\vec{E}_{(n,n)}) = n$

$\text{sp}(\vec{A}_{(n,n)}) = \text{sp}\left(\vec{B}^{-1}_{(n,n)}\vec{A}_{(n,n)}\vec{B}_{(n,n)}\right)$, $\vec{B}$ regulär

Für $\vec{A} = \vec{A}_{(m,n)}$ gilt: $\text{sp}(\vec{A}\vec{A}') = \text{sp}(\vec{A}'\vec{A}) = \sum_{i=1}^{m}\sum_{j=1}^{n} a_{ij}^2 = 0 \Leftrightarrow \vec{A} = \vec{0}$

$\text{sp}(\vec{A} \otimes \vec{B}) = \text{sp}(\vec{A})\text{sp}(\vec{B})$

$\text{sp}(\vec{A}\vec{A}^-) = \text{sp}(\vec{A}^-\vec{A}) = \text{sp}(\vec{A}\vec{A}^c) = \text{sp}(\vec{A}^c\vec{A})$

Ist $\vec{A}^k = \vec{0}$ für ein $k \in \mathbb{N}$, so ist $\text{sp}(\vec{A}) = 0$.

$\text{sp}(\vec{A}^k\vec{B}^k) = \text{sp}(\vec{B}^k\vec{A}^k)$, $k \in \mathbb{N}$

Sind $\vec{A}$ und $\vec{B}$ symmetrisch, so ist $\text{sp}\left((\vec{A}\vec{B})^2\right) \leq \text{sp}(\vec{A}^2\vec{B}^2)$.

Ist $\vec{A}$ positiv semidefinit, so ist $\text{sp}(\vec{A}) \geq 0$.
Ist $\vec{A}$ positiv definit, so ist $\text{sp}(\vec{A}) > 0$.

Sind $\vec{A}$ und $\vec{B}$ positiv semidefinit, so ist $\text{sp}(\vec{A}\vec{B}) \geq 0$ und $\text{sp}(\vec{A}\vec{B}) = 0$ genau dann, wenn $\vec{A}\vec{B} = \vec{0}$.

Rang

Der **Rang** einer Matrix $\vec{A}_{(m,n)} = (\vec{a}_1, \ldots, \vec{a}_n)$ ist die maximale Anzahl r von linear unabhängigen Spaltenvektoren $\vec{a}_i$:

$$\text{rg}(\vec{A}) = r :\Leftrightarrow \quad \exists i_1, \ldots, i_r \in \{1, 2, \ldots, n\} : \vec{a}_{i_1}, \ldots, \vec{a}_{i_r} \text{ linear unabhängig und}$$
$$\forall i_1, \ldots, i_{r+1} \in \{1, 2, \ldots, n\} : \vec{a}_{i_1}, \ldots, \vec{a}_{i_{r+1}} \text{ linear abhängig.}$$

Der Rang einer Matrix ist stets auch gleich der maximalen Anzahl linear unabhängiger Zeilenvektoren und der Zeilenzahl der größten regulären Teilmatrix, was in der Literatur gelegentlich als Definition verwendet wird. Es gilt also stets die Ungleichung

$$\text{rg}\left(\vec{A}_{(m,n)}\right) \leq \min(m,n).$$

Gilt im konkreten Fall das Gleichheitszeichen, so heißt $\vec{A}$ **von vollem Rang**. Gilt die Ungleichung strikt, so hat $\vec{A}$ einen **Rangabfall** von $\min(m,n) - \text{rg}(\vec{A})$.

Regeln zum Rang

$\mathrm{rg}(\vec{A}) = \mathrm{rg}(\vec{A}')$

Der Rang einer Matrix ist invariant unter elementaren Matrizenoperationen.

$\mathrm{rg}(\vec{A}\vec{A}') = \mathrm{rg}(\vec{A})$

$\mathrm{rg}(\vec{A}\vec{B}) \leq \min\left(\mathrm{rg}(\vec{A}), \mathrm{rg}(\vec{B})\right)$

Sind $\vec{B}_{(m,m)}$ und $\vec{C}_{(n,n)}$ regulär, so gilt für $\vec{A} = \vec{A}_{(m,n)}$:
$\mathrm{rg}(\vec{B}\vec{A}) = \mathrm{rg}(\vec{A}\vec{C}) = \mathrm{rg}(\vec{B}\vec{A}\vec{C}) = \mathrm{rg}(\vec{A})$.

$\mathrm{rg}(\vec{A}+\vec{B}) \leq \mathrm{rg}(\vec{A}) + \mathrm{rg}(\vec{B})$

$\mathrm{rg}(\vec{0}_{(m,n)}) = 0$

$\mathrm{rg}(\vec{A}_{(m,n)}) = r \;\Rightarrow\; \mathrm{sp}\big(\vec{E}_{(m,m)} - \vec{A}(\vec{A}'\vec{A})^{-}\vec{A}'\big) = m - r$

$\vec{A}_{(n,n)} \neq \vec{0} \wedge \vec{A} = \vec{A}' \;\Rightarrow\; \mathrm{rg}(\vec{A}) \geq \mathrm{sp}(\vec{A})^2/\mathrm{sp}(\vec{A}^2)$.
Gleichheit gilt genau dann, wenn $k \in \mathbb{N}$ existiert mit $\vec{A}^2 = k\vec{A}$.

Determinante

Die **Determinante** einer quadratischen Matrix $\vec{A}_{(n,n)}$ ist folgendermaßen definiert:

$$\det(\vec{A}) := |\vec{A}| := \sum (-1)^{\#(i_1,\ldots,i_n)} a_{1i_1} \cdot \ldots \cdot a_{ni_n},$$

wobei die Summation über alle Permutationen $(i_1,\ldots,i_n)$ von $(1,\ldots,n)$ erfolgt und $\#(i_1,\ldots,i_n)$ die Anzahl der Inversionen in der Permutation $(i_1,\ldots,i_n)$ bedeutet.

Regeln zur Determinante

$|\vec{A}| = |\vec{A}'|$

$a_{ij} \in \mathbb{R} \Rightarrow |\vec{A}| \in \mathbb{R}$

$|\vec{A}| \neq 0 \Leftrightarrow \vec{A}$ regulär, d. h. $\vec{A}^{-1}$ existiert.

Vertauscht man in einer Matrix zwei Zeilen (bzw. Spalten), so ändert die Determinante ihr Vorzeichen.

Multipliziert man einen Zeilenvektor (bzw. Spaltenvektor) der Matrix $\vec{A}$ mit dem Skalar c und heißt die resultierende Matrix $\vec{B}$, so ist $|\vec{B}| = c|\vec{A}|$.

Ist ein Zeilen- (bzw. Spalten-)vektor der Matrix $\vec{A}$ der Nullvektor, so ist $|\vec{A}| = 0$.

Sind zwei Zeilen (bzw. Spalten) der Matrix $\vec{A}$ identisch, so ist $|\vec{A}| = 0$.

Addiert man das c-fache, $c \in \mathbb{R}$, einer Zeile (bzw. Spalte) einer Matrix zu einer anderen Zeile (bzw. Spalte), so ändert sich der Wert der Determinante nicht.

$|\vec{A}\vec{B}| = |\vec{A}| \cdot |\vec{B}|$

Ist $\vec{D}_{(n,n)}$ Dreiecks- oder Diagonalmatrix, so ist $|\vec{D}| = d_{11} \cdot d_{22} \cdot \ldots \cdot d_{nn}$.

$|\vec{E}_{(n,n)}| = 1$

$|\vec{A}^{-1}| = 1/|\vec{A}|$

$|(\vec{a}_1, \ldots, \vec{b} + \vec{c}, \ldots, \vec{a}_n)| = |(\vec{a}_1, \ldots, \vec{b}, \ldots, \vec{a}_n)| + |(\vec{a}_1, \ldots, \vec{c}, \ldots, \vec{a}_n)|$
Diese Beziehung gilt analog für Zeilenvektoren.

Die Determinante der ersten i Zeilen und Spalten einer Matrix $\vec{A}_{(n,n)}$, $i = 1, \ldots, n$, heißt i-te **Hauptabschnittsdeterminante** von $\vec{A}_{(n,n)}$:

$|a_{11}| = a_{11}$ – 1. Hauptabschnittsdeterminante

$\begin{vmatrix} a_{11} & a_{12} \\ a_{21} & a_{22} \end{vmatrix}$ – 2. Hauptabschnittsdeterminante

$\begin{vmatrix} a_{11} & a_{12} & a_{13} \\ a_{21} & a_{22} & a_{23} \\ a_{31} & a_{32} & a_{33} \end{vmatrix}$ – 3. Hauptabschnittsdeterminante

$\vdots$

$\begin{vmatrix} a_{11} & \ldots & a_{n3} \\ \vdots & \ddots & \vdots \\ a_{n1} & \ldots & a_{nn} \end{vmatrix} = |\vec{A}|$ – n-te Hauptabschnittsdeterminante

Berechnung zwei- und dreireihiger Determinanten

$$\begin{vmatrix} a_{11} & a_{12} \\ a_{21} & a_{22} \end{vmatrix} = a_{11} \cdot a_{22} - a_{12} \cdot a_{21}$$

$$\begin{vmatrix} a_{11} & a_{12} & a_{13} \\ a_{21} & a_{22} & a_{23} \\ a_{31} & a_{32} & a_{33} \end{vmatrix} = \begin{aligned} &(a_{11}a_{22}a_{33} + a_{12}a_{23}a_{31} + a_{13}a_{21}a_{32}) \\ &-(a_{31}a_{22}a_{13} + a_{32}a_{23}a_{11} + a_{33}a_{21}a_{12}) \end{aligned}$$

Man fügt zur Berechnung einer dreireihigen Determinante die ersten beiden Spalten der Matrix nochmals als vierte und fünfte Spalte an, addiert dann die Produkte der Elemente auf den Diagonalen von links oben nach rechts unten und subtrahiert die

Produkte der Elemente auf den Gegendiagonalen von links unten nach rechts oben (**Regel von SARRUS**, PIERE FREDERIC SARRUS, 1798 – 1861):

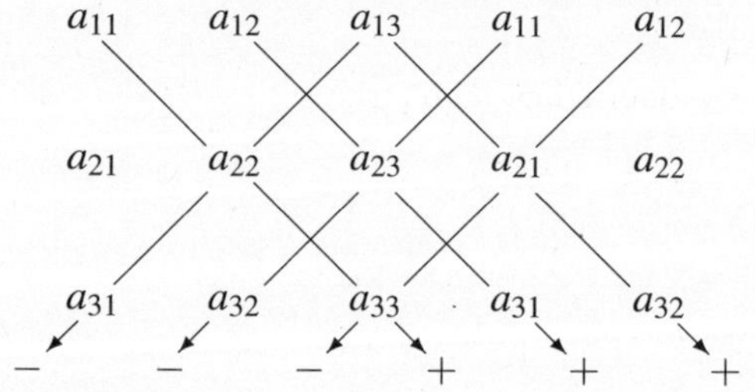

Entwicklungssätze

Durch Streichen der i-ten Zeile und der j-ten Spalte der Matrix $\vec{A}_{(n,n)}$ erhält man eine $\left((n-1)\times(n-1)\right)$-Teilmatrix. Deren Determinante

$$M_{ij} := \begin{vmatrix} a_{11} & \cdots & a_{1,j-1} & a_{1,j+1} & \cdots & a_{1n} \\ \vdots & & \vdots & \vdots & & \vdots \\ a_{i-1,1} & \cdots & & & \cdots & a_{i-1,n} \\ a_{i+1,1} & \cdots & & & \cdots & a_{i+1,n} \\ \vdots & & \vdots & \vdots & & \vdots \\ a_{n1} & \cdots & a_{n,j-1} & a_{n,j+1} & \cdots & a_{nn} \end{vmatrix}$$

heißt zu a_{ij} gehöriger **Minor** oder $(n-1)$-reihige **Unterdeterminante**.

$$A_{ij} := (-1)^{i+j} \cdot M_{ij}$$

heißt zu a_{ij} gehörige **Adjunkte** oder **Kofaktor** oder **algebraisches Komplement** von $\vec{A}$.

Die folgenden beiden **Entwicklungssätze von DE LAPLACE** (PIERRE SIMON DE LAPLACE, 1749 – 1827) ermöglichen eine rekursive Berechnung einer n-reihigen Determinante durch die Entwicklung in eine gewogene Summe $(n-1)$-reihiger Minoren entlang einer Zeile bzw. Spalte.

Entwicklungssätze

$$|\vec{A}| = \sum_{j=1}^{n} a_{ij}A_{ij}, \ i = 1, \ldots, n.$$

$$|\vec{A}| = \sum_{i=1}^{n} a_{ij}A_{ij}, \ j = 1, \ldots, n.$$

Berechnung der Umkehrmatrix

Zur Berechnung der Inversen einer regulären Matrix $\vec{A}_{(n,n)}$ gibt es mehrere Verfahren, die je nach Größe der Matrix mehr oder weniger rechenintensiv oder speicherintensiv sind. Einige Verfahren nutzen spezielle Eigenschaften der Matrix $\vec{A}$, wie zum Beispiel Symmetrie. Die Anwendung des folgenden Satzes ist sehr rechenintensiv, jedoch für kleine Matrizen gut durchführbar und anschaulich.

Satz

$$\vec{A}^{-1} = \frac{1}{|\vec{A}|}\begin{pmatrix} A_{11} & A_{12} & \dots & A_{1n} \\ \vdots & \vdots & & \vdots \\ A_{n1} & A_{n2} & \dots & A_{nn} \end{pmatrix}' = \frac{1}{|\vec{A}|}\begin{pmatrix} A_{11} & A_{21} & \dots & A_{n1} \\ \vdots & \vdots & & \vdots \\ A_{1n} & A_{2n} & \dots & A_{nn} \end{pmatrix}.$$

Für eine zweireihige Matrix ergibt sich die einfache Regel:

$$\begin{pmatrix} a_{11} & a_{12} \\ a_{21} & a_{22} \end{pmatrix}^{-1} = \frac{1}{a_{11}a_{22} - a_{12}a_{21}}\begin{pmatrix} a_{22} & -a_{12} \\ -a_{21} & a_{11} \end{pmatrix}.$$

Ein anderes Verfahren formalisiert lediglich die Tatsache, dass eine reguläre Matrix $\vec{A}_{(n,n)}$ durch sukzessive elementare Matrizenoperationen in die Einheitsmatrix überführt werden kann. Dabei entspricht eine elementare Zeilenoperation der Multiplikation von $\vec{A}$ mit einer Operationsmatrix von links, eine Spaltenoperation der Multiplikation von rechts. Sei $\vec{B}_1, \dots, \vec{B}_k$ die Folge der zu den Spaltenoperationen gehörigen Operationsmatrizen, $\vec{C}_1, \dots, \vec{C}_\ell$ die den Zeilenoperationen entsprechenden Matrizen, wobei der Wechsel zwischen Zeilen- und Spaltenoperation nicht berücksichtigt werden muss. Das folgende Schema verdeutlicht das Vorgehen beispielhaft:

$$\begin{array}{c|c} \vec{A} & \vec{E} \\ \hline \vec{E} & \end{array} \longrightarrow \begin{array}{c|c} \vec{A}\vec{B}_1 & \vec{E} \\ \hline \vec{B}_1 & \end{array} \longrightarrow \begin{array}{c|c} \vec{C}_1\vec{A}\vec{B}_1 & \vec{C}_1 \\ \hline \vec{B}_1 & \end{array} \longrightarrow \begin{array}{c|c} \vec{C}_2\vec{C}_1\vec{A}\vec{B}_1 & \vec{C}_2\vec{C}_1 \\ \hline \vec{B}_1 & \end{array} \longrightarrow$$

$$\begin{array}{c|c} \vec{C}_2\vec{C}_1\vec{A}\vec{B}_1\vec{B}_2 & \vec{C}_2\vec{C}_1 \\ \hline \vec{B}_1\vec{B}_2 & \end{array} \longrightarrow \dots \longrightarrow \begin{array}{c|c} \vec{E} & \overbrace{\vec{C}_\ell \cdot \ldots \cdot \vec{C}_1}^{=:\vec{C}} \\ \hline \underbrace{\vec{B}_1 \cdot \ldots \cdot \vec{B}_k}_{=:\vec{B}} & \end{array}$$

Dann ist $\vec{A}^{-1} = \vec{B}\vec{C}$.

Weitere Verfahren ergeben sich aus den Lösungsalgorithmen für lineare Gleichungssysteme.

Berechnung der allgemeinen Umkehrmatrix

Zur Berechnung der generalisierten Inversen, die ja zu jeder Matrix $\vec{A}_{(m,n)}$ eindeutig existiert, kann der folgende Algorithmus verwendet werden:

1. Berechne $\vec{B} := \vec{A}'\vec{A}$
2. Setze $\vec{C}_1 := \vec{E}_{(n,n)}$
3. Berechne $r := \text{rg}(\vec{A})$
4. Berechne für $i = 1, 2, \ldots, r-1$: $\quad \vec{C}_{i+1} := \frac{1}{i}\text{sp}\big(\vec{C}_i\vec{B}\big)\vec{E}_{(n,n)} - \vec{C}_i\vec{B}$
5. $\vec{A}^- = \dfrac{r}{\text{sp}(\vec{C}_r\vec{B})}\vec{C}_r\vec{A}'.$

Der dritte Schritt kann entfallen, wenn man jeweils nach der Berechnung von $\vec{C}_{i+1}$ überprüft, ob $\vec{C}_{i+1}\vec{B} = \vec{0}$ ist. Das kleinste i mit dieser Eigenschaft ist gleich dem Rang von $\vec{A}$.

3.4 Lineare Gleichungssysteme

Bezeichnungen

Ein System der Form

$$\begin{aligned} a_{11}x_1 + a_{12}x_2 + \ldots + a_{1n}x_n &= b_1 \\ a_{21}x_1 + a_{22}x_2 + \ldots + a_{2n}x_n &= b_2 \\ \vdots \qquad\qquad & \quad \vdots \\ a_{m1}x_1 + a_{m2}x_2 + \ldots + a_{mn}x_n &= b_m \end{aligned}$$

heißt **lineares Gleichungssystem mit m Gleichungen in den Unbekannten** $x_1, \ldots, x_n$. Die kompakte **Matrix-Vektor-Notation** dieses Systems lautet

$$\vec{A}\vec{x} = \vec{b}$$

mit der **Koeffizientenmatrix,** $\vec{A} = \vec{A}_{(m,n)}$, dem **Vektor der Unbekannten,** $\vec{x} = \vec{x}_{(n,1)}$, und dem **Vektor der rechten Seite,** $\vec{b} = \vec{b}_{(m,1)}$.

Ist $\left\{\begin{array}{c} m < n \\ m = n \\ m > n \end{array}\right\}$, so heißt das System $\left\{\begin{array}{l} \textbf{unterbestimmt} \\ \textbf{bestimmt} \\ \textbf{überbestimmt}. \end{array}\right.$

Ist $\left\{\begin{array}{c} \vec{b} = \vec{0} \\ \vec{b} \neq \vec{0} \end{array}\right\}$, so heißt das System $\left\{\begin{array}{l} \textbf{homogen} \\ \textbf{inhomogen}. \end{array}\right.$

Existiert eine **Lösung** $\vec{x}$, so heißt das Gleichungssystem **lösbar** oder **konsistent**, gibt es keine Lösung, so heißt es **unlösbar** oder **inkonsistent**, gibt es genau eine Lösung, so heißt es **eindeutig lösbar**, gibt es mehrere Lösungen, so heißt es **mehrdeutig lösbar**. Ist ein System lösbar, so interessiert die Anzahl der Lösungen und der **Lösungsraum** $\mathbb{L}$, d. h. die Menge aller Lösungen. Ist es unlösbar, so erhebt sich die Frage nach einer **besten approximativen Lösung**. Ein unlösbares Gleichungssystem ist widersprüchlich, d. h. es gibt mindestens zwei Gleichungen in ihm, deren linke Seiten sich anders verhalten als die rechten. Es interessiert dann auch, welche Gleichungen im Widerspruch stehen und wie der Widerspruch behebbar ist.

Lösbarkeit

Regeln zu linearen Gleichungssystemen

Das lineare Gleichungssystem $\vec{A}\vec{x} = \vec{b}$ ist genau dann lösbar, wenn $\operatorname{rg}\big((\vec{A},\vec{b})\big) = \operatorname{rg}(\vec{A})$ ist mit der um $\vec{b}$ als $(n+1)$-te Spalte **erweiterten Koeffizientenmatrix** $(\vec{A},\vec{b})$.

Ein bestimmtes lineares Gleichungssystem ist genau dann eindeutig lösbar, wenn die Koeffizientenmatrix regulär ist.

Ein homogenes lineares Gleichungssystem ist stets lösbar durch den Nullvektor. Dieser heißt **triviale Lösung**.

Ein mehrdeutig lösbares lineares Gleichungssystem hat unendlich viele Lösungen. Diese bilden einen Vektorraum, den Lösungsraum oder die **Lösungsmannigfaltigkeit**.

Das lineare Gleichungssystem $\vec{A}\vec{x} = \vec{b}$ ist genau dann lösbar, wenn $\vec{A}\vec{A}^{-}\vec{b} = \vec{b}$ ist.

Ist $\operatorname{rg}(\vec{A}_{(m,n)}) = m$, so ist $\vec{A}\vec{x} = \vec{b}$ lösbar.

Ist $\vec{A}_{(m,n)}\vec{x} = \vec{b}$ lösbar und $\vec{A}^{c}$ eine beliebige bedingte Inverse von $\vec{A}$, so lautet der Lösungsraum

$$\mathbb{L} = \left\{\vec{x} \in \mathbb{R}^n : \vec{x} = \vec{A}^{c}\vec{b} + \left(\vec{E}_{(n,n)} - \vec{A}^{c}\vec{A}\right)\vec{y} \wedge \vec{y} \in \mathbb{R}^n\right\}.$$

Ist $\vec{A}\vec{x} = \vec{b}$ eindeutig lösbar, so lautet die Lösung $\vec{x} = \vec{A}^{-}\vec{b}$ und es ist $\vec{A}^{-}\vec{b} = \vec{A}^{c}\vec{b}$ für alle bedingten Inversen $\vec{A}^{c}$ von $\vec{A}$.

Sei $\vec{A}_{(m,n)}\vec{x} = \vec{b}$ ein lösbares Gleichungssystem mit $\operatorname{rg}(\vec{A}) = r$. Seien o. B. d. A. die ersten r Zeilenvektoren von $\vec{A}$ linear unabhängig, dann sind also die letzten $m-r$ Gleichungen des Systems **redundant**, d. h. zur Bestimmung des Lösungsraums überflüssig, und können daher ignoriert werden. Aus der so reduzierten Koeffizientenmatrix bilden r linear unabhängige Spaltenvektoren die Teilmatrix $\vec{B}_{(r,r)}$, die restlichen die Matrix $\vec{C}_{(r,n-r)}$. Die der Zweiteilung der Spaltenvektoren entsprechende Aufteilung des Vektors $\vec{x}$ führt zu Vektoren $\vec{y}_{(r,1)}$ und $\vec{z}_{(n-r,1)}$. Das auf r Zeilen reduzierte Gleichungssystem lautet nun:

$$\vec{B}\vec{y}+\vec{C}\vec{z}=\vec{b}$$

Es hat die **allgemeine Lösung**:

$$\vec{y}=\vec{B}^{-1}\vec{b}-\vec{B}^{-1}\vec{C}\vec{z}$$

mit $\vec{z}\in\mathbb{R}^{n-r}$ beliebig, d. h. der Lösungsraum ist

$$\mathbb{L}=\left\{\begin{pmatrix}\vec{y}\\ \vec{z}\end{pmatrix} : \vec{y}=\vec{B}^{-1}\vec{b}-\vec{B}^{-1}\vec{C}\vec{z} \wedge \vec{z}\in\mathbb{R}^{n-r}\right\}.$$

$\vec{z}$ heißt Vektor der **freien Variablen**, $\vec{y}$ Vektor der **Basisvariablen**. $\vec{y}=\vec{B}^{-1}\vec{b}$ heißt **partikuläre** oder **spezielle Lösung**.

Zur Konsistenz des homogenen Systems $\vec{A}_{(m,n)}\vec{x}=\vec{0}$:

	Das Gleichungssystem ist		
	unterbestimmt	bestimmt	überbestimmt
$\vec{A}$ hat vollen Rang	$\mathrm{rg}(\vec{A})=m<n$ unendlich viele Lösungen	$\mathrm{rg}(\vec{A})=m=n$ $\mathbb{L}=\{\vec{0}\}$	$\mathrm{rg}(\vec{A})=n<m$ $\mathbb{L}=\{\vec{0}\}$
$\vec{A}$ hat Rangabfall	$\mathrm{rg}(\vec{A})<m<n$	$\mathrm{rg}(\vec{A})<m=n$	$\mathrm{rg}(\vec{A})<n<m$
	unendlich viele Lösungen		

Zur Konsistenz des inhomogenen Systems $\vec{A}_{(m,n)}\vec{x}=\vec{b}$:

		Das Gleichungssystem ist		
		unterbestimmt	bestimmt	überbestimmt
$r=r_e$	$\vec{A}$ hat vollen Rang	$\mathrm{rg}(\vec{A})=m<n$ unendlich viele Lösungen	$\mathrm{rg}(\vec{A})=m=n$ $\mathbb{L}=\{\vec{A}^{-1}\vec{b}\}$	$\mathrm{rg}(\vec{A})=n<m$ $\mathbb{L}=\{\vec{A}_*^{-1}\vec{b}_*\}$
$r=r_e$	$\vec{A}$ hat Rangabfall	$\mathrm{rg}(\vec{A})<m<n$	$\mathrm{rg}(\vec{A})<m=n$	$\mathrm{rg}(\vec{A})<n<m$
		unendlich viele Lösungen		
$r\neq r_e$	keine Lösung			

mit $r=\mathrm{rg}(\vec{A})$ und $r_e=\mathrm{rg}\big((\vec{A},\vec{b})\big)$. $\vec{A}_*$ und b_* ergeben sich durch Streichen der redundanten Zeilen des überbestimmten Gleichungssystems.

Lösung mittels der Inversen

Häufig hat man es mit einem bestimmten linearen Gleichungssystem mit regulärer Koeffizientenmatrix zu tun:

$$\vec{A}_{(n,n)}\vec{x} = \vec{b}.$$

Die eindeutig bestimmte Lösung dieses Systems ergibt sich bei der Kenntnis der Inversen von $\vec{A}$ zu $\vec{x} = \vec{A}^{-1}\vec{b}$.

CRAMER-Regel

Wiederum bei bestimmten linearen Gleichungssystemen $\vec{A}_{(n,n)}\vec{x} = \vec{b}$ mit regulärer Koeffizientenmatrix, jedoch wegen des hohen Rechenaufwands nur bei kleineren Systemen zu empfehlen, führt die CRAMER-Regel (GABRIEL CRAMER, 1704 – 1752) zur eindeutigen Lösung $\vec{x} = (x_1, \ldots, x_n)'$:

$$x_j = |(\vec{a}_1, \ldots, \vec{a}_{j-1}, \vec{b}, \vec{a}_{j+1}, \ldots, \vec{a}_n)| / |\vec{A}|, \; j = 1, 2, \ldots, n.$$

Entwickelt man die Determinante im Zähler nach der j-ten Spalte, so ergibt sich mittels der Adjunkten A_{kj} von $\vec{A}$ die alternative Schreibweise:

$$x_j = \frac{1}{|\vec{A}|} \cdot \sum_{k=1}^{n} b_k A_{kj}, \; j = 1, 2, \ldots, n.$$

GAUSS-Verfahren

Sei $\vec{A}_{(m,n)}\vec{x} = \vec{b}$ ein lineares Gleichungssystem. Das **GAUSSsche Eliminationsverfahren** oder **Triangularisierungsverfahren** gliedert sich in zwei Teile. Im ersten Teil wird die Koeffizientenmatrix durch elementare Matrizenoperationen auf „obere Dreicksgestalt" gebracht. Dies heißt, dass alle a_{ij} mit $i > j$ null werden sollen. Dabei werden Zeilenoperationen stets auf $\vec{b}$ und Spaltenoperationen entsprechend auf $\vec{x}'$ angewandt. Dadurch geht $\vec{A}$ über in $\vec{D}$, $\vec{b}$ in $\vec{c}$ und $\vec{x}$ in $\vec{y}$:

$$\begin{array}{c|c} \vec{A} & \vec{b} \\ \hline \vec{x}' & \end{array} \quad \longrightarrow \quad \begin{array}{c|c} \vec{D} & \vec{c} \\ \hline \vec{y}' & \end{array}$$

Im zweiten Teil wird die Lösung x_j – beginnend mit x_n – durch sukzessives Einsetzen bereits ermittelter Lösungen $x_{j+1}, \ldots, x_n$ gewonnen.

Algorithmus zum ersten Teil

Seien o. B. d. A. alle Zeilen- und Spaltenvektoren von $\vec{A}$ vom Nullvektor verschieden.

1. Ist $a_{11} = 0$, so vertauscht man erste und i-te Zeile in $\vec{A}$ und in $\vec{b}$, wobei $a_{i1} \neq 0$ sein muss.[§] Das System

$$\begin{array}{ccccccccccc} a_{11}x_1 & + & a_{12}x_2 & + & a_{13}x_3 & + & \ldots & + & a_{1n}x_n & = & b_1 \\ a_{21}x_1 & + & a_{22}x_2 & + & a_{23}x_3 & + & \ldots & + & a_{2n}x_n & = & b_2 \\ \vdots & & & & & & & & & = & \vdots \\ a_{m1}x_1 & + & a_{m2}x_2 & + & a_{m3}x_3 & + & \ldots & + & a_{mn}x_n & = & b_m \end{array}$$

geht dann durch elementare Zeilenoperationen über in das System

$$\begin{array}{ccccccccccc} a_{11}^{(1)}x_1 & + & a_{12}^{(1)}x_2 & + & a_{13}^{(1)}x_3 & + & \ldots & + & a_{1n}^{(1)}x_n & = & b_1^{(1)} \\ & & a_{22}^{(1)}x_2 & + & a_{23}^{(1)}x_3 & + & \ldots & + & a_{2n}^{(1)}x_n & = & b_2^{(1)} \\ & & \vdots & & & & & & & & \vdots \\ & & a_{m2}^{(1)}x_2 & + & a_{m3}^{(1)}x_3 & + & \ldots & + & a_{mn}^{(1)}x_n & = & b_m \end{array}$$

mit $a_{1j}^{(1)} = a_{ij}$ für $j = 1, 2, \ldots, n$ und $b_1^{(1)} = b_i$.

2. Sei nun $j_2 \geq 2$ der Index der ersten vom Nullvektor verschiedenen Spalte in $\vec{A}^{(1)}$ – unter Nichtbeachtung der ersten Gleichung. Sei $i \geq 2$ der kleinste Zeilenindex mit $a_{ij_2}^{(1)} \neq 0$. Dann vertausche man zweite und i-te Gleichung. Ist $j_2 > 2$, so sind $x_2, \ldots, x_{j_2-1}$ freie Variablen und werden der rechten Seite zugeordnet. Durch elementare Zeilenoperationen kommt man zu dem System

$$\begin{array}{ccccccccc} a_{11}^{(1)}x_1 & + & a_{1j_2}^{(1)}x_{j_2} & + & a_{1,j_2+1}^{(1)}x_{j_2+1} & +\ldots+ & a_{1n}^{(1)}x_n & = & b_1^{(1)} - \sum\limits_{k=2}^{j_2-1} a_{1k}^{(1)}x_k \\ & & a_{2j_2}^{(2)}x_{j_2} & + & a_{2,j_2+1}^{(2)}x_{j_2+1} & +\ldots+ & a_{2n}^{(2)}x_n & = & b_2^{(2)} \\ & & & & a_{3,j_2+1}^{(2)}x_{j_2+1} & +\ldots+ & a_{3n}^{(2)}x_n & = & b_3^{(2)} \\ & & & & \vdots & & & & \vdots \\ & & & & a_{m,j_2+1}^{(2)}x_{j_2+1} & +\ldots+ & a_{mn}^{(2)}x_n & = & b_m^{(2)} \end{array}$$

mit $a_{2\ell}^{(2)} = a_{i\ell}^{(1)}$ für $\ell = j_2, j_2+1, \ldots, n$ und $b_2^{(2)} = b_i^{(1)}$.

[§] Aus Gründen der Rechengenauigkeit sollte $|a_{i1}|$ möglichst groß sein. Jedoch ist es bei Berechnung des Verfahrens ohne PC-Unterstützung sinnvoll, a_{ij} so zu wählen, dass die Division einfach durchzuführen ist.

3. Das Verfahren wird analog fortgesetzt. Nach $r-1$ Schritten mit $r = \mathrm{rg}(\vec{A})$ erhält man das folgende triangularisierte System:

$$\begin{array}{rcl}
a_{11}^{(1)}x_1 + a_{1j_2}^{(1)}x_{j_2} \quad + \ldots + \quad a_{1j_r}^{(1)}x_{j_r} & = & b_1^{(1)} - \sum\limits_{\substack{k=2 \\ k \neq j_2,\ldots,j_r}}^{n} a_{1k}^{(1)}x_k \\
a_{2j_2}^{(2)}x_{j_2} \quad + \ldots + \quad a_{2j_r}^{(2)}x_{j_r} & = & b_2^{(2)} - \sum\limits_{\substack{k=j_2+1 \\ k \neq j_3,\ldots,j_r}}^{n} a_{2k}^{(2)}x_k \\
\ddots \qquad \vdots & & \vdots \\
a_{rj_r}^{(r)}x_{j_r} & = & b_r^{(r)} - \sum\limits_{k=j_r+1}^{n} a_{rk}^{(r)}x_k \\
0 & = & b_{r+1}^{(r)} \\
\vdots & & \vdots \\
0 & = & b_m^{(r)}
\end{array}$$

Das Gleichungssystem ist genau dann lösbar, wenn gilt:

$$b_{r+1}^{(r)} = \ldots = b_m^{(r)} = 0.$$

Ist das der Fall, kann im zweiten Teil die Lösung – ggf. durch Festlegung freier Variablen – gewonnen werden.

Algorithmus zum zweiten Teil

1. $x_{j_r} = \dfrac{1}{a_{rj_r}^{(r)}} b_r^{(r)} - \dfrac{1}{a_{rj_r}^{(r)}} \sum\limits_{k=j_r+1}^{n} a_{rk}^{(r)} x_k$

2. $x_{j_{r-1}} = \dfrac{1}{a_{r-1,j_{r-1}}^{(r-1)}} b_{r-1}^{(r-1)} - \dfrac{1}{a_{r-1,j_{r-1}}^{(r-1)}} \sum\limits_{\substack{k=j_{r-1}+1 \\ k \neq j_r}}^{n} a_{r-1,k}^{(r-1)} x_k - \dfrac{1}{a_{r-1,j_{r-1}}^{(r-1)}} a_{r-1,j_r}^{(r-1)} \cdot x_{j_r}$

3. Das Einsetzverfahren wird analog fortgesetzt. Nach r Schritten erhält man schließlich
$$x_1 = \frac{1}{a_{11}^{(1)}} b_1^{(1)} - \frac{1}{a_{11}^{(1)}} \sum_{\substack{k=2 \\ k \neq j_2,\ldots,j_r}}^{n} a_{1k}^{(1)} x_k - \frac{1}{a_{11}^{(1)}} a_{1j_2}^{(1)} \cdot x_{j_2}.$$

Beispiel: Lösen des linearen Gleichungssystems

$$\begin{array}{rcrcrcr} -2x_1 & - & 2x_2 & + & x_3 & = & -3 \\ x_1 & + & x_2 & + & 2x_3 & = & 4 \\ & & 2x_2 & + & 4x_3 & = & -2 \end{array}$$

	x_1	x_2	x_3	
Tab. 0	$\boxed{-2}$	−2	1	−3
	1	1	2	4
	0	2	4	−2
Tab. 1a	−2	−2	1	−3
	0	0	2,5	2,5
	0	2	4	−2

Zeilentausch:

	x_1	x_2	x_3	
Tab. 1b	−2	−2	1	−3
	0	$\boxed{2}$	4	−2
	0	0	2,5	2,5
Tab. 2	−2	−2	1	−3
	0	2	4	−2
	0	0	2,5	2,5

Es folgt aus Tab. 2:

letzte Zeile: $2{,}5x_3 = 2{,}5 \implies x_3 = 1$ (I)

zweite Zeile: $2x_2 + 4x_3 = -2 \underset{(I)}{\implies} x_2 = -3$ (II)

erste Zeile: $-2x_1 - 2x_2 + x_3 = -3 \underset{(I),(II)}{\implies} x_1 = 5$ (III)

JORDAN-Verfahren

Sei $\vec{A}_{(m,n)}\vec{x} = \vec{b}$ ein lineares Gleichungssystem. Das **Eliminationsverfahren nach JORDAN** (MARIE ENNEMOND CAMILLE JORDAN, 1838 – 1922) substituiert die Unbekannten durch die Elemente der rechten Seite.

1. Man wählt zunächst ein Element $a_{zs} \neq 0$ von $\vec{A}$.¶ Es heißt **Pivotelement** oder **Pivot**. Die zugehörige Zeile mit dem Index z heißt **Pivotzeile**, die s-te Spalte **Pivotspalte**. Die Transformationsregeln für die Elemente der Koeffizientenmatrix, die zur Substitution von x_s durch b_z führen, lauten für

   - das Pivotelement: $a_{zs}^* = \dfrac{1}{a_{zs}}$
   - die restliche Pivotzeile: $b_z^* = \dfrac{b_z}{a_{zs}}, \ a_{zj}^* = \dfrac{a_{zj}}{a_{zs}}, \ j = 1, \ldots, n, \ j \neq s$
   - die restliche Pivotspalte: $a_{is}^* = -\dfrac{a_{is}}{a_{zs}}, \ i = 1, \ldots, m, \ i \neq z$
   - die restlichen Elemente: $\left.\begin{array}{rcl} b_i^* & = & b_i - \dfrac{b_z a_{is}}{a_{zs}}, \\ a_{ij}^* & = & a_{ij} - \dfrac{a_{zj} a_{is}}{a_{zs}}, \end{array}\right\} \begin{array}{l} i = 1, \ldots, m, \ i \neq z, \\ j = 1, \ldots, n, \ j \neq s \end{array}$

¶ Aus Gründen der Rechengenauigkeit sollte $|a_{zs}|$ möglichst groß sein. Jedoch ist es bei Berechnung des Verfahrens ohne PC-Unterstützung sinnvoll, a_{zs} so zu wählen, dass die Division einfach durchzuführen ist.

2. Im nächsten Schritt wird das nächste Pivotelement ausgewählt: wiederum dem Betrage nach möglichst groß, aber so, dass es weder in der Pivotzeile noch in der Pivotspalte der (des) vorigen Schritte(s) liegt. Die Transformationsregeln werden entsprechend angewandt.

3. Es sind zur Lösung des Systems r solcher Austauschschritte nötig, wobei $r = \text{rg}(\vec{A})$ ist. Hat $\vec{A}$ einen Rangabfall und sind alle Unbekannten substituiert worden, so lassen sich an Gleichungen, die nicht Pivotzeilen entsprechen, die Beziehungen zwischen den Elementen der rechten Seite ablesen, die für die Lösbarkeit des Systems erfüllt sein müssen. Ist es lösbar, gibt es unendlich viele Lösungen.

S sei die Menge der Indizes aller bisher gewählten Pivotspalten, $\overline{S} = \{1,2,\ldots,m\}\backslash S$ und
Z sei die Menge der Indizes aller bisher gewählten Pivotspalten, $\overline{Z} = \{1,2,\ldots,n\}\backslash Z$.
Dann kann nach jedem Iterationsschritt ein Gleichungssystem nach folgendem Muster aufgestellt werden:

$$b_z^* = x_s + \sum_{j\in\overline{S}} a_{zj}^* x_j \quad \text{für jedes } z \in Z,$$

wobei s jeweils die zur Pivotzeile z gehörende Pivotspalte ist und

$$b_z^* = \sum_{j\in\overline{S}} a_{zj}^* x_j \quad \text{für jedes } z \in \overline{Z}.$$

Beispiel: Lösen des linearen Gleichungssystems

$$\begin{aligned} -2x_1 - 2x_2 + x_3 &= -3 \\ x_1 + x_2 + 2x_3 &= 4 \\ 2x_2 + 4x_3 &= -2 \end{aligned}$$

Tab. 0		x_1	x_2	x_3
b_1	−3	−2	−2	[1]
b_2	4	1	1	2
b_3	−2	0	2	4

⟶

Tab. 1		x_1	x_2	b_1
x_3	−3	−2	−2	1
b_2	10	5	5	−2
b_3	10	8	[10]	−4

⟶

Tab. 2		x_1	b_3	b_1
x_3	−1	−0,4	0,2	0,2
b_2	5	[1]	−0,5	0
x_2	1	0,8	0,1	−0,4

⟶

Tab. 3		b_2	b_3	b_1
x_3	1	0,4	0	0,2
x_1	5	1	−0,5	0
x_2	−3	−0,8	0,5	−0,4

Die Lösung steht in den ersten beiden Spalten des Schlusstableaus:

$$x_1 = 5,\ x_2 = -3,\ x_3 = 1.$$

Die Inverse der Koeffizientenmatrix erhält man durch Umordnen der letzten drei Zeilen und Spalten so, dass die Zeilen- und Spaltenbezeichnungen in ihrer natürlichen Reihenfolge stehen:

$$\vec{A}^{-1} = \begin{pmatrix} 0 & 1 & -0{,}5 \\ -0{,}4 & -0{,}8 & 0{,}5 \\ 0{,}2 & 0{,}4 & 0 \end{pmatrix}$$

Hinweis: Rückführung von Tableau 1 in ein lineares Gleichungssystem:

$$\begin{aligned} -3 &= x_3 - 2x_1 - 2x_2 \\ 10 &= 5x_1 + 5x_2 \\ 10 &= 8x_1 + 10x_2 \end{aligned}$$

Zeilenoperationsverfahren

Sei $\vec{A}_{(m,n)}\vec{x} = \vec{b}$ ein lineares Gleichungssystem. Dem JORDAN-Verfahren ähnlich ist das **Zeilenoperationsverfahren**. Durch elementare Zeilenoperationen führt man $\vec{A}$ – oder einen Teil davon – in eine Matrix aus Spalten-Einheitsvektoren über. Dieselben Transformationen wendet man auf die Einheitsmatrix an.

1. Man wählt zunächst ein Element $a_{zs} \neq 0$ von $\vec{A}$ als Pivotelement.[‖] Die Transformationsregeln für die Elemente der Koeffizientenmatrix sowie die entsprechenden Elemente der Einheitsmatrix lauten für
   - die Pivotzeile: $a^*_{zj} = a_{zj}/a_{zs},\ j = 1,\ldots,n$
   - die restlichen Elemente: $$\left.\begin{aligned} b^*_i &= b_i - \frac{b_z a_{is}}{a_{zs}}, \\ a^*_{ij} &= a_{ij} - \frac{a_{zj}\, a_{is}}{a_{zs}}, \end{aligned}\right\} \quad \begin{aligned} &i = 1,\ldots,m,\ i \neq z, \\ &j = 1,\ldots,n,\ j \neq s \end{aligned}$$
2. Im nächsten Schritt wird das nächste Pivotelement ausgewählt: wiederum dem Betrage nach möglichst groß, aber so, dass es weder in der Pivotzeile noch in der Pivotspalte der (des) vorigen Schritte(s) liegt. Die Transformationsregeln werden entsprechend angewandt.
3. Es sind zur Lösung des Systems r solcher Schritte nötig, wobei $r = \mathrm{rg}(\vec{A})$ ist. Ist $\vec{A}$ regulär und stellt man die Spalten-Einheitsvektoren zur Einheitsmatrix sowie die Vektoren der mittransformierten Einheitsmatrix entsprechend um, so ergeben diese die Inverse von $\vec{A}$.

‖ Aus Gründen der Rechengenauigkeit sollte $|a_{zs}|$ möglichst groß sein. Jedoch ist es bei Berechnung des Verfahrens ohne PC-Unterstützung sinnvoll, a_{zs} so zu wählen, dass die Division einfach durchzuführen ist.

4. Hat $\vec{A}$ einen Rangabfall, so lassen sich nach dem letzten möglichen Iterationsschritt an der mittransformierten Einheitsmatrix die Beziehungen zwischen den Elementen der rechten Seite ablesen, die für die Lösbarkeit des Systems erfüllt sein müssen. Ist es lösbar, gibt es unendlich viele Lösungen.
5. Ist man an $\vec{A}^{-1}$ nicht interessiert, so kann man statt der Einheitsmatrix gleich den Vektor $\vec{b}$ der rechten Seite mittransformieren, was Rechenzeit spart und sofort zur Lösung – falls eindeutig existent – führt.

Beispiel: Lösen des linearen Gleichungssystems

$$\begin{array}{rcrcrcr} -2x_1 & - & 2x_2 & + & x_3 & = & -3 \\ x_1 & + & x_2 & + & 2x_3 & = & 4 \\ & & 2x_2 & + & 4x_3 & = & -2 \end{array}$$

	x_1	x_2	x_3	b_1	b_2	b_3	
Tab. 0	−2	−2	1	1	0	0	−3
	$\boxed{1}$	1	2	0	1	0	4
	0	2	4	0	0	1	−2
Tab. 1	0	0	5	1	2	0	5
	1	1	2	0	1	0	4
	0	$\boxed{2}$	4	0	0	1	−2
Tab. 2	0	0	$\boxed{5}$	1	2	0	5
	1	0	0	0	1	−0,5	5
	0	1	2	0	0	0,5	−1
Tab. 3	0	0	1	0,2	0,4	0	1
	1	0	0	0	1	−0,5	5
	0	1	0	−0,4	−0,8	0,5	−3

Durch Umordnen der Zeilen des letzten Tableaus so, dass im ersten Feld eine Einheitsmatrix steht, erhält man in der letzten Spalte die Lösung

$$x_1 = 5,\ x_2 = -3,\ x_3 = 1$$

und im zweiten Feld die Inverse der Koeffizientenmatrix

$$\vec{A}^{-1} = \begin{pmatrix} 0 & 1 & -0{,}5 \\ -0{,}4 & -0{,}8 & 0{,}5 \\ 0{,}2 & 0{,}4 & 0 \end{pmatrix}$$

Hinweis: Rückführung von Tableau 1 in ein lineares Gleichungssystem:

$$\begin{pmatrix} 0 \\ 1 \\ 0 \end{pmatrix} x_1 + \begin{pmatrix} 0 \\ 1 \\ 2 \end{pmatrix} x_2 + \begin{pmatrix} 5 \\ 2 \\ 4 \end{pmatrix} x_3 = \begin{pmatrix} 1 \\ 0 \\ 0 \end{pmatrix} b_1 + \begin{pmatrix} 2 \\ 1 \\ 0 \end{pmatrix} b_2 + \begin{pmatrix} 0 \\ 0 \\ 1 \end{pmatrix} b_3$$

mit $b_1 = -3,\ b_2 = 4,\ b_3 = -2$ aus der letzten Spalte des Starttableaus.

Approximative Lösung

Ist das lineare Gleichungssystem $\vec{A}_{(m,n)}\vec{x} = \vec{b}$ inkonsistent, so ist man dennoch häufig an einer approximativen Lösung interessiert, d. h. an einem Vektor $\vec{x}$, so dass $\vec{A}\vec{x} - \vec{b}$ möglichst klein ist im Sinne der EUKLIDischen Vektornorm.

$$|\vec{A}\vec{x} - \vec{b}| = \sqrt{(\vec{A}\vec{x} - \vec{b})'(\vec{A}\vec{x} - \vec{b})}.$$

Der Vektor $\vec{y}$ heißt **beste approximative Lösung** des inkonsistenten Systems $\vec{A}\vec{x} = \vec{b}$, wenn gilt:

1. $\forall \vec{x} \in \mathbb{R}^n : \ |\vec{A}\vec{x} - \vec{b}| \geq |\vec{A}\vec{y} - \vec{b}|$ und
2. für alle $\vec{x} \neq \vec{y}$ mit $|\vec{A}\vec{x} - \vec{b}| = |\vec{A}\vec{y} - \vec{b}|$ ist $|\vec{x}| > |\vec{y}|$.

Satz

Die beste approximative Lösung $\vec{y}$ des inkonsistenten Systems $\vec{A}\vec{x} = \vec{b}$ existiert stets und ist eindeutig gegeben durch $\vec{y} = \vec{A}^{-}\vec{b}$. Ferner ist

$$|\vec{A}\vec{y} - \vec{b}|^2 = \vec{b}' \left(\vec{E}_{(m,m)} - \vec{A}\vec{A}^{-} \right) \vec{b}.$$

Jeder Vektor, der die Bedingung (1.) erfüllt, heißt **Kleinst-Quadrate-Lösung**, da er die Summe der Abweichungsquadrate vom Zustand der Gleichheit $\vec{A}\vec{x} = \vec{b}$ minimiert:

$$|\vec{A}\vec{x} - \vec{b}|^2 = \sum_{i=1}^{m} \left(\sum_{j=1}^{n} a_{ij} x_j - b_i \right)^2 \quad \text{min!}$$

Während die beste approximative Lösung eindeutig ist, kann es mehrere Kleinst-Quadrate-Lösungen geben. So ist z. B. die beste approximative Lösung $\vec{y} = \vec{A}^{-}\vec{b}$ stets auch Kleinst-Quadrate-Lösung. Ist $\vec{A}\vec{A}^{c}$ symmetrisch für eine bedingte Inverse $\vec{A}^{c}$ von $\vec{A}$, so ist auch $\vec{y} = \vec{A}^{c}\vec{b}$ Kleinst-Quadrate-Lösung.

3.5 Das Eigenwertproblem

Eigenwerte und Eigenvektoren

Existiert zu einer quadratischen Matrix $\vec{A}_{(n,n)}$ ein Skalar λ und ein Vektor $\vec{x}_{(n,1)} \neq \vec{0}$ mit

$$\vec{A}\vec{x} = \lambda\vec{x},$$

so heißt λ **Eigenwert** oder **charakteristischer Wert** von $\vec{A}$ und $\vec{x}$ zu λ gehöriger **Eigenvektor** oder **charakteristischer Vektor** von $\vec{A}$.

Charakteristische Gleichung

Das Eigenwertproblem

$$\vec{A}\vec{x} = \lambda\vec{x}$$

kann wie folgt als homogenes lineares Gleichungssystem geschrieben werden:

$$(\vec{A} - \lambda\vec{E})\vec{x} = \vec{0}.$$

Dieses hat bekanntlich genau dann eine nichttriviale Lösung, wenn die Koeffizientenmatrix singulär ist, d. h. wenn ihre Determinante, die so genannte **charakteristische Determinante** von $\vec{A}$, null ist:

$$|\vec{A} - \lambda\vec{E}| = 0.$$

Diese Gleichung heißt **charakteristische Gleichung** des Eigenwertproblems $\vec{A}\vec{x} = \lambda\vec{x}$. Die charakteristische Determinante kann als Polynom n-ten Grades in λ aufgefasst werden. Nach dem Fundamentalsatz der Algebra hat $\vec{A}_{(n,n)}$ also genau n komplexe Eigenwerte, wenn man sie gemäß ihrer Vielfachheit als Nullstellen dieses **charakteristischen Polynoms** zählt. Gemäß ihrer Vielfachheit k_j heißen sie **k_j-fache Eigenwerte**. Dabei ist $\sum_j k_j = n$.

Eigenwertsätze

1. $\vec{A}$ und $\vec{A}'$ haben dieselben Eigenwerte.
2. Eine Matrix besitzt genau dann den Eigenwert null, wenn sie singulär ist.
3. Zu einem k-fachen Eigenwert gibt es höchstens k linear unabhängige Eigenvektoren.
4. Eigenvektoren verschiedener Eigenwerte sind linear unabhängig.
5. Hat $\vec{A}$ die Eigenwerte $\lambda_1, \dots, \lambda_n$, so besitzt $c\vec{A}$, $c \in \mathbb{R}$, die Eigenwerte $c\lambda_1, \dots, c\lambda_n$.
6. Hat $\vec{A}$ die Eigenwerte $\lambda_1, \dots, \lambda_n$, so besitzt $\vec{A} + c\vec{E}$, $c \in \mathbb{R}$, die Eigenwerte $\lambda_1 + c, \dots, \lambda_n + c$.
7. Hat $\vec{A}$ die Eigenwerte $\lambda_1, \dots, \lambda_n$, so besitzt $\vec{A}^m$, $m \in \mathbb{N}$, die Eigenwerte $\lambda_1^m, \dots, \lambda_n^m$.
8. Hat $\vec{A}$ die Eigenwerte $\lambda_1, \dots, \lambda_n$ und ist $\vec{A}$ regulär, so besitzt $\vec{A}^{-1}$ die Eigenwerte $1/\lambda_1, \dots, 1/\lambda_n$.
9. Ähnliche Matrizen haben dieselben Eigenwerte.
10. Ist $\vec{x}$ Eigenvektor von $\vec{A}$ zum Eigenwert λ, so ist auch $c\vec{x}$ Eigenvektor zu $\lambda, c \in \mathbb{C}$.
11. Zu einem reellen Eigenwert einer Matrix $\vec{A}_{(n,n)}$ existiert stets auch ein Eigenvektor in $\mathbb{R}^n$.
12. Ist $\lambda \in \mathbb{C}\backslash\mathbb{R}$ Eigenwert einer Matrix, so ist auch die konjugiert komplexe Zahl $\overline{\lambda}$ Eigenwert dieser Matrix.

13. Hat $\vec{A}$ lauter verschiedene, reelle Eigenwerte, so existiert eine reguläre Matrix $\vec{B}$ und eine Diagonalmatrix $\vec{D}$ mit $\vec{B}^{-1}\vec{A}\vec{B} = \vec{D}$, d. h. $\vec{A}$ ist **diagonalähnlich**.
14. Ist $\vec{B} = \vec{C}^{-1}\vec{A}\vec{C}$ und ist $\vec{x}$ Eigenvektor von $\vec{A}$ zum Eigenwert λ, so ist $\vec{y} = \vec{C}^{-1}\vec{x}$ Eigenvektor von $\vec{B}$ zum selben Eigenwert.
15. Die Matrix $\vec{A}_{(n,n)}$ ist genau dann diagonalähnlich, wenn sie n linear unabhängige Eigenvektoren besitzt.
16. Die Eigenwerte einer Diagonalmatrix sind genau ihre Diagonalelemente.
17. Zu jeder reellen Matrix $\vec{A}_{(n,n)}$ existiert eine (komplexe) reguläre Matrix $\vec{B}$ und eine (komplexe) Dreiecksmatrix $\vec{D}$ mit $\vec{D} = \vec{B}^{-1}\vec{A}\vec{B}$, wobei die Diagonalelemente von $\vec{D}$ die Eigenwerte von $\vec{A}$ sind. Sind alle Eigenwerte von $\vec{A}$ reell, so kann $\vec{B}$ **orthogonal** gewählt werden, d. h. $\vec{B}^{-1} = \vec{B}'$ bzw. $\vec{B}\vec{B}' = \vec{E}$.
18. Alle Eigenwerte einer reellen symmetrischen Matrix sind reell.
19. Eigenvektoren zu verschiedenen Eigenwerten einer reellen symmetrischen Matrix sind orthogonal.
20. Zu einem k-fachen Eigenwert einer reellen symmetrischen Matrix gibt es genau k linear unabhängige Eigenvektoren.
21. Zu einer reellen symmetrischen Matrix $\vec{A}$ existiert eine orthogonale Matrix $\vec{B}$, so dass $\vec{B}'\vec{A}\vec{B} = \vec{D}$, wobei $\vec{D}$ Diagonalmatrix mit den Eigenwerten von $\vec{A}$ als Diagonalelementen ist. Die Spaltenvektoren von $\vec{B}$ sind die zugehörigen Eigenvektoren.
22. Die Spur einer quadratischen Matrix ist gleich der Summe ihrer Eigenwerte.
23. Hat die symmetrische Matrix $\vec{A}_{(n,n)}$ die Eigenwerte $\lambda_1, \ldots, \lambda_n$, so ist

$$\sum_{i=1}^{n} \lambda_i^2 = \sum_{i=1}^{n} \sum_{j=1}^{n} a_{ij}^2.$$

24. Hat $\vec{A}_{(n,n)}$ lauter reelle Eigenwerte, von denen genau k ungleich null sind, so gilt

$$\mathrm{sp}(\vec{A})^2 \leq k \cdot \mathrm{sp}(\vec{A}^2).$$

25. Der Rang einer quadratischen Matrix ist nicht kleiner als die Anzahl ihrer von null verschiedenen Eigenwerte.
26. Das Produkt der Eigenwerte einer reellen quadratischen Matrix ist gleich ihrer Determinante.

4 Analysis mehrerer Variablen

4.1 Funktionen

Funktionen mehrerer Variablen

Eine **Funktion mehrerer Variablen** ist eine Abbildung, deren Definitionsbereich Teilmenge eines Kreuzprodukts von Mengen ist. Hier soll nur der für Praktiker wichtigste Fall betrachtet werden, dass nämlich der **Definitionsbereich** $\mathbb{D}$ der Funktion f eine **Teilmenge des** $\mathbb{R}^n$, $n \in \mathbb{N}$, ist und der Wertebereich eine Teilmenge der reellen Zahlen:

$$f : \mathbb{D} \to \mathbb{R} \quad \text{oder}\; f = \{(x_1, \ldots, x_n, y) : \; (x_1, \ldots, x_n) \in \mathbb{D} \wedge y = f(x_1, \ldots, x_n)\}\,.$$

Die **unabhängigen Variablen** bilden einen Vektor des $\mathbb{R}^n$:

$$\vec{x}' = (x_1, \ldots, x_n) \in \mathbb{D} \subset \mathbb{R}^n.$$

In der Analysis wird der Transpositionsstrich gelegentlich weggelassen, wenn die Unterscheidung in Zeilen- und Spaltenvektoren ohne Bedeutung ist. Bei der Funktion mehrerer Variablen handelt es sich um eine Verallgemeinerung des Konzepts der Funktion einer Variablen.

Darstellungsformen

Die Darstellung einer reellen (genauer: reellwertigen) Funktion mehrerer Variablen kann erfolgen in Gestalt

- einer Funktionsgleichung,
- einer Wertetabelle und/oder
- eines Graphen, falls $n \leq 2$.

Die Darstellung einer Funktion **mittels Funktionsgleichung** heißt **analytische Darstellung** und kann in vier Varianten erfolgen.

1. **Explizite einfache Funktionsgleichung**:

$$y = f(x_1, \ldots, x_n), \; (x_1, \ldots, x_n) \in \mathbb{D},$$

wobei links nur die **abhängige Größe** y, also das Ergebnis der Abbildung steht. Der Term der rechten Seite hängt nur ab von den Variablen $x_1, \ldots, x_n$, nicht aber von y.

2. **Explizite zusammengesetzte Funktionsgleichungen**:

$$y = \begin{cases} f_1(x_1,\ldots,x_n), & (x_1,\ldots,x_n) \in A_1 \\ f_2(x_1,\ldots,x_n), & (x_1,\ldots,x_n) \in A_2 \\ \vdots & \vdots \\ f_m(x_1,\ldots,x_n) & \text{sonst, d. h. } (x_1,\ldots,x_n) \in \mathbb{D} \setminus \bigcup_{i=1}^{m-1} A_i \end{cases}$$

   mit Funktionen $f_1,\ldots,f_m$ der Variablen $x_1,\ldots,x_n$ und Mengen $A_i \subset \mathbb{D}$, die paarweise disjunkt sind.
3. **Implizite Funktionsgleichungen**:

$$g(x_1,\ldots,x_n,y) = 0, \; (x_1,\ldots,x_n) \in \mathbb{D},$$

   mit einer Funktion g der $n+1$ Variablen $x_1,\ldots,x_n,y$.
4. **Funktionsgleichung in Parameterform**:

$$(x_1,\ldots,x_n,y) = (g_1(t),\ldots,g_{n+1}(t))$$

   für **Parameterwerte** $t \in \{s \in \mathbb{R} : \; (g_1(s),\ldots,g_n(s)) \in \mathbb{D}(f)\}$ und mit Funktionen $g_1,\ldots,g_{n+1}$ von t. Formal ist eine Funktion von n Variablen in Parameterform eine $\mathbb{R}^{n+1}$-wertige Funktion der Variablen t. Im Allgemeinen wird es sich **nicht** um eine Funktion $y = f(x_1,\ldots,x_n)$ im Sinne einer **eindeutigen** Abbildung handeln.

Die Darstellung einer Funktion f von n Variablen mittels **Wertetabelle** erfordert eine **Tabelle mit** n **Eingängen**. Das folgende **Beispiel** einer Tabelle mit vier Eingängen, die den Variablen u, v, w, x mit deren konkreten Werten u_i, v_i, w_i und x_i entsprechen, soll den Aufbau einer mehrdimensionalen Tabelle verdeutlichen:

		u_1		u_2		u_3		u_4	
		w_1	w_2	w_1	w_2	w_1	w_2	w_1	w_2
v_1	x_1								
	x_2								
	x_3								
v_2	x_1								
	x_2								
	x_3								

Jedes Feld im Tabelleninneren entspricht eindeutig einer Kombination der Variablenwerte und nimmt den zugehörigen Funktionswert auf. Die Auswahl der Variablenwerte sollte sich danach richten, welcher Abschnitt des Funktionsverlaufs besonders interessiert und wie stark die Funktionswerte sich ändern. Bei starker Veränderung der Funktionswerte sollten die Variablenwerte dichter gewählt werden. Durch eine große Anzahl n der Variablen und/oder eine große Anzahl von Variablenwerten wird diese Darstellung jedoch schnell unübersichtlich und sehr aufwändig.

Der **Graph** einer Funktion $y = f(x_1,\ldots,x_n)$ ist definiert als

$$\{(x_1,\ldots,x_n,y):\ (x_1,\ldots,x_n) \in \mathbb{D}(f) \wedge y = f(x_1,\ldots,x_n)\}.$$

Obgleich er für jede Anzahl n von Variablen definiert ist, kann er als Teilmenge des $\mathbb{R}^{n+1}$ höchstens für $n \leq 2$ „graphisch" in einem kartesischen Koordinatensystem dargestellt werden. Diese Darstellung beruht natürlich nur auf einer endlichen Zahl von Variablenwerten, also auf einer Wertetabelle. Für $n = 2$ und die Funktion $y = f(x_1,x_2)$ werden die Punkte $\left(x_1^{(i)},x_2^{(j)},y_{ij}\right) \in \mathbb{R}^3$ im Allgemeinen zur besseren Augenführung entlang den Zeilen und Spalten der Wertetabelle durch Strecken verbunden. Das entsprechende **Gitternetz** (**Oberflächen-** oder auch **Surfaceplot**) vermittelt den Eindruck einer im Raum gekrümmten Fläche, gibt streng genommen jedoch nur an den Kreuzungspunkten die Funktionswerte wieder.

Die folgende Abbildung zeigt den Oberflächenplot für die Funktion

$$y = \sin(x_2) \cdot \cos(x_2 - x_1),$$

allerdings ohne Skalierung der Achsen.

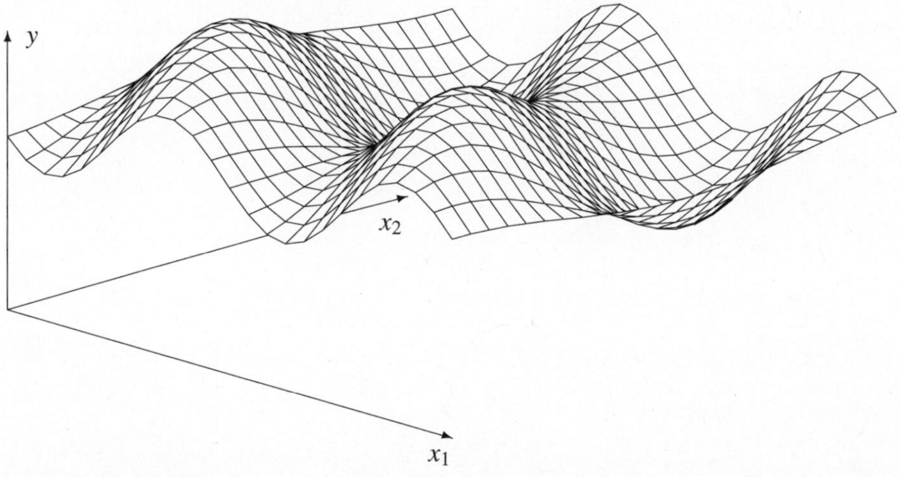

Projektionen

Eine **Projektion** oder einen **Schnitt** einer Funktion $y = f(x_1,\ldots,x_n)$ erhält man durch zusätzliche restriktive Bedingungen an die Variablen $x_1,\ldots,x_n$ und/oder y. Ist eine solche Bedingung durch eine in den Größen $x_1,\ldots,x_n,y$ **lineare Gleichung** gegeben, so wird der Funktionsgraph auf die durch die Gleichung definierte **Hyperebene** im

$\mathbb{R}^{n+1}$ projiziert, d. h. es werden nur die Punkte des Graphen dargestellt, die besagte Gleichung erfüllen. Im dreidimensionalen Raum $\mathbb{R}^3$ ist eine Hyperebene eine Ebene im üblichen Sinne, im $\mathbb{R}^2$ ist sie eine Gerade. Von besonderem Interesse sind die durch Gleichungen der Art $x_i = c$ bzw. $y = c$ für ein festes $c \in \mathbb{R}$ gegebenen **achsenparallelen Hyperebenen**.

Von **Horizontalschnitten** spricht man im Fall der Funktion $y = f(x_1, x_2)$, wenn der Graph auf die horizontale Ebene $y = c$, $c \in \mathbb{R}$, projiziert wird. Die Schnittstellen, die so genannten **Höhenschichtlinien** (auch **Isoquanten** oder **Isohypsen**), sind Punktmengen im $\mathbb{R}^3$:

$$\{(x_1,x_2,x_3) : (x_1,x_2) \in \mathbb{D}(f) \wedge f(x_1,x_2) = c \wedge x_3 = c\},$$

können aber unter vorläufiger Nichtbeachtung von $y = c$ als Graph der impliziten Funktion

$$g(x_1,x_2) := f(x_1,x_2) - c = 0$$

mit der Variablen x_1 und der „abhängigen Größe“ x_2 im zweidimensionalen kartesischen Koordinatensystem dargestellt werden. Die Information $y = c$ kann an die zugehörige Höhenschichtlinie herangeschrieben werden. Mehrere solcher Isohypsen vermitteln einen Eindruck vom Verlauf der Funktion, wie die Höhenschichtlinien in Landkarten den Eindruck vom Gelände vermitteln. Eine Darstellung einer Funktion durch mehrere Höhenschichtlinien wird als **Konturplot** bezeichnet.

Die folgende Abbildung zeigt den Konturplot für die Funktion

$$y = \sin(x_2) \cdot \cos(x_2 - x_1).$$

Im Gegensatz zur vorhergehenden Abbildung sind die Achsen hier skaliert.

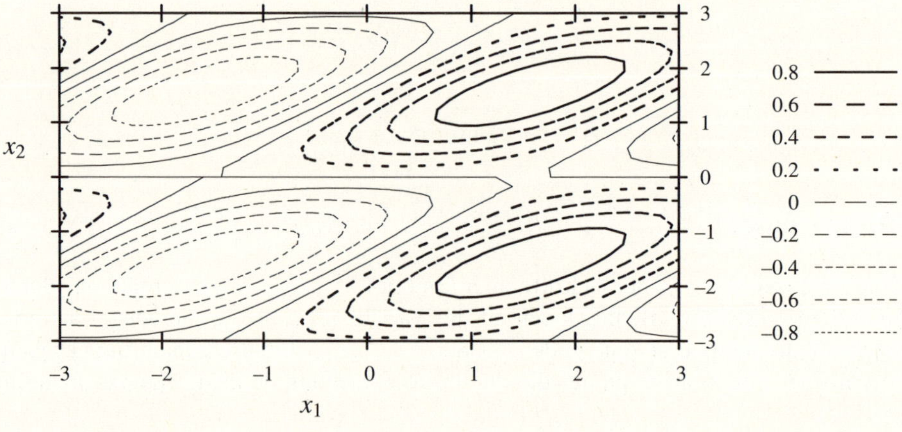

Die graphische Darstellung von Funktionen mit zwei unabhängigen Variablen ist auch durch die Unterlegung eines Oberflächenplots mit einem Konturplot möglich, ein Beispiel hierzu liefert die folgende Graphik für die gedämpfte Sinusschwingung

$$f(x_1,x_2) = \frac{\sin\left(\sqrt{x_1^2+x_2^2+0,01}\right)}{\sqrt{x_1^2+x_2^2+0,01}}.$$

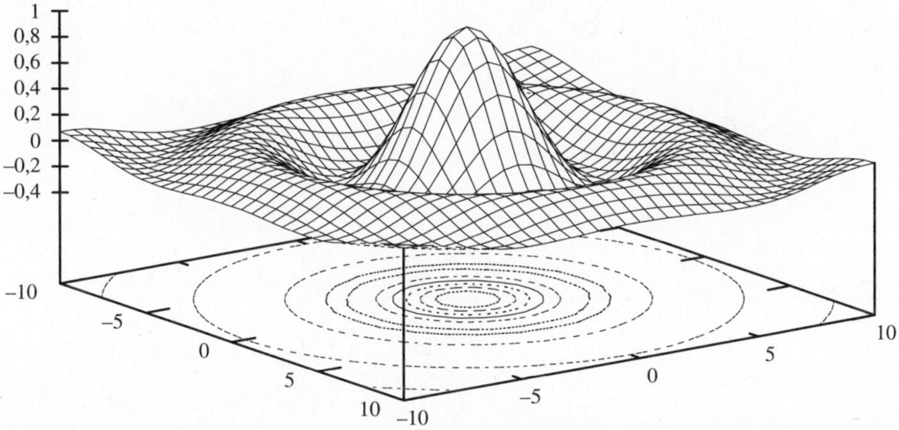

Von **Vertikalschnitten** spricht man im Falle der Funktion $y = f(x_1,x_2)$, wenn der Graph auf eine zur y-Achse parallele Ebene $x_2 = ax_1 + b$, $a,b \in \mathbb{R}$, projiziert wird. Von besonderem Interesse sind die **achsenparallelen Vertikalprojektionen** $x_1 = c$ bzw. $x_2 = c$, $c \in \mathbb{R}$. Die entstehenden Schnittstellen können im zweidimensionalen kartesischen (x_2,y)- bzw. (x_1,y)-Koordinatensystem dargestellt werden. Gemeinsam bilden sie im (x_1,x_2,y)-Koordinatensystem das Gitternetz des Funktionsgraphen.

Linearität und Homogenität

Die Funktion $y = f(x_1,\ldots,x_n)$ heißt **linear**, wenn Konstanten $a_0,a_1,\ldots,a_n \in \mathbb{R}$ existieren mit

$$y = a_0 + a_1x_1 + \cdots + a_nx_n.$$

n	y	geometrische Bezeichnung
0	a_0	Punkt
1	$a_0 + a_1x_1$	Gerade
2	$a_0 + a_1x_1 + a_2x_2$	Ebene
>2	$a_0 + \sum_{i=1}^{n} a_ix_i$	Hyperebene des $\mathbb{R}^{n+1}$

Die Funktion $y = f(x_1, \ldots, x_n)$ heißt **homogen vom Grade *r***, wenn für alle $c \in \mathbb{R}$ gilt:

$$c^r y = f(cx_1, \ldots, cx_n).$$

$r \in \mathbb{R}$ heißt dann **Homogenitätsgrad** von f. Für $r = 1$ heißt f **linear homogen**, für $r = 2$ **quadratisch homogen** etc.

EULERsche Homogenitätsrelation:
Existieren für eine vom Grade r homogene Funktion $y = f(x_1, \ldots, x_n)$ alle partiellen Ableitungen $\partial f / \partial x_i$ und sind diese stetig, so gilt:

$$r \cdot y = \sum_{i=1}^{n} \frac{\partial f}{\partial x_i} \cdot x_i.$$

Stetigkeit

Die Stetigkeit einer Funktion mehrerer Variablen ist eine weitgehend offensichtliche Verallgemeinerung der Stetigkeit von Funktionen einer Variablen.

Der **Grenzwert** der Funktion $f : \mathbb{R}^n \to \mathbb{R}$ an der Stelle $(x_1^\star, \ldots, x_n^\star) \in \mathbb{R}^n$ existiert und ist gleich y_0, wenn gilt:

$$\forall \varepsilon > 0\ \exists \delta > 0\ \forall x_i \in (x_i^\star - \delta, x_i^\star + \delta) \setminus \{x_i^\star\},\ \ i = 1, \ldots, n :\ |f(x_1, \ldots, x_n) - y_0| < \varepsilon.$$

Zu jedem (noch so kleinen) $\varepsilon > 0$ soll also ein **randloser** oder **offener δ-Würfel**

$$\mathop{\times}_{i=1}^{n} (x_i^\star - \delta, x_i^\star + \delta) \subset \mathbb{R}^n$$

um $(x_1^\star, \ldots, x_n^\star)$ existieren, so dass die Funktionswerte für alle Argumente dieses Bereichs um weniger als ε von y_0 abweichen. Der Würfel wird in der Definition **punktiert**, d. h. sein Mittelpunkt $(x_1^\star, \ldots, x_n^\star)$ wird entfernt, da die Funktion in diesem Punkt selbst nicht definiert sein muss. Statt des δ-Würfels wird häufig die offene **δ-Umgebung** oder **δ-Kugel**

$$U_\delta\,(x_1^\star, \ldots, x_n^\star) := \left\{ (x_1, \ldots, x_n) :\ \sqrt{\sum_{i=1}^{n} (x_i - x_i^\star)^2} < \delta \right\}$$

verwendet, was zu einer äquivalenten Definition führt.

Schreibweisen: $\lim\limits_{\substack{x_i \to x_i^\star \\ i=1,\ldots,n}} f(x_1, \ldots, x_n) = y_0,\ \lim\limits_{\vec{x} \to \vec{x}^\star} f(\vec{x}) = y_0,\ f(x_1, \ldots, x_n) \underset{\substack{x_i \to x_i^\star \\ i=1,\ldots,n}}{\longrightarrow} y_0.$

Der Grenzwert von $f(\vec{x})$ an der Stelle $\vec{x}^\star \in \mathbb{R}$ **existiert uneigentlich** und ist gleich $+\infty$ bzw. $-\infty$, wenn gilt:

$$\forall y \in \mathbb{R}^+ \; \exists \delta > 0 \; \forall \vec{x} \in U_\delta(\vec{x}^\star) \setminus \{\vec{x}^\star\} : \; f(\vec{x}) > y \; \text{(bzw. } < -y).$$

Schreibweisen: $\lim\limits_{\substack{x_i \to x_i^\star \\ i=1,\ldots,n}} f(x_1, \ldots, x_n) = \pm\infty$, $\lim\limits_{\vec{x} \to \vec{x}^\star} f(\vec{x}) = \pm\infty$, $f(x_1, \ldots, x_n) \underset{\substack{x_i \to x_i^\star \\ i=1,\ldots,n}}{\longrightarrow} \pm\infty$.

Der Grenzwert von $f : \mathbb{R}^n \to \mathbb{R}$ an der Stelle $\vec{x}^\star \in \mathbb{R}^n$ existiert und ist gleich y_0 genau dann, wenn für **jede** Folge $(\vec{a}^{(k)})_{k \in \mathbb{N}}$ in $\mathbb{R}^n$ mit $\vec{a}^{(k)} \underset{k \to \infty}{\longrightarrow} \vec{x}^\star$ gilt: $f(\vec{a}^{(k)}) \underset{k \to \infty}{\longrightarrow} y_0$. Die Begriffe der Folge in $\mathbb{R}^n$ und ihrer Konvergenz ergeben sich analog zum eindimensionalen Fall.

Die Funktion $f : \mathbb{R}^n \to \mathbb{R}$ heißt an der Stelle $\vec{x}^\star \in \mathbb{D}(f)$ **(lokal) stetig**, wenn gilt:

$$\lim_{\vec{x} \to \vec{x}^\star} f(\vec{x}) = f(\vec{x}^\star).$$

$\vec{x}^\star$ heißt dann **Stetigkeitsstelle** von f, ansonsten **Unstetigkeitsstelle**.

Die Funktion $f : \mathbb{R}^n \to \mathbb{R}$ heißt in dem Gebiet $G \subset \mathbb{R}^n$ **(global) stetig**, wenn sie in jedem Punkt des Gebietes (lokal) stetig ist.

Die Funktion $f : \mathbb{R}^n \to \mathbb{R}$ heißt in $G \subset \mathbb{R}^n$ **gleichmäßig stetig**, wenn gilt:

$$\forall \varepsilon > 0 \; \exists \delta > 0 \; \forall \vec{x}^{(1)}, \vec{x}^{(2)} \in G : \; |\vec{x}^{(1)} - \vec{x}^{(2)}| < \delta \Rightarrow \left| f(\vec{x}^{(1)}) - f(\vec{x}^{(2)}) \right| < \varepsilon.$$

4.2 Differentialrechnung

Partielle Ableitungen

Die **(erste) partielle Ableitung** oder **partielle Ableitung erster Ordnung** nach x_i ist definiert durch

$$\frac{\partial f}{\partial x_i} := \lim_{h \to 0} \frac{f(x_1, \ldots, x_i + h, \ldots, x_n) - f(x_1, \ldots, x_i, \ldots, x_n)}{h}.$$

Sie ist nichts anderes als die Ableitung der Funktion, wenn man diese nur als Funktion der einzigen Variablen x_i auffasst. Entsprechend übertragen sich Sätze und Berechnungsregeln. ∂ heißt **partieller Differentialoperator**. Alternative Schreibweisen:

$$\frac{\partial y}{\partial x_i}, \; f'_{x_i}, \; y'_{x_i}, \; \frac{\partial}{\partial x_i} f(x_1, \ldots, x_n), \; \frac{\partial}{\partial x_i} f(\vec{x}).$$

Die **k-te partielle Ableitung** oder **partielle Ableitung k-ter Ordnung**, $k \in \mathbb{N}$, nach x_i ist rekursiv definiert durch:

$$\frac{\partial^k f}{\partial x_i^k} := \frac{\partial}{\partial x_i}\left(\frac{\partial^{k-1} f}{\partial x_i^{k-1}}\right) \text{ mit } \frac{\partial^1 f}{\partial x_i^1} := \frac{\partial f}{\partial x_i}.$$

Alternative Schreibweisen:

$$\frac{\partial^k y}{\partial x_i^k},\ f_{x_i}^{(k)},\ y_{x_i}^{(k)},\ \frac{\partial^k}{\partial x_i^k} f(x_1,\ldots,x_n),\ \frac{\partial^k}{\partial x_i^k} f(\vec{x}).$$

Differenziert man die k-te partielle Ableitung nach x_i nunmehr nach der Variablen x_j, so entsteht eine **gemischte partielle Ableitung**:

$$\frac{\partial^{k+1} f}{\partial x_j \partial x_i^k} := \frac{\partial}{\partial x_j}\left(\frac{\partial^k f}{\partial x_i^k}\right).$$

Reihenfolge des partiellen Differenzierens

Existieren zwei gemischte partielle Ableitungen, die sich nur in der Reihenfolge der Differentiation nach den verschiedenen Variablen unterscheiden, in einer Teilmenge des Definitionsbereichs und sind sie dort stetig, so sind sie identisch; d. h. die Reihenfolge des partiellen Differenzierens spielt bei Funktionen mit stetigen partiellen Ableitungen keine Rolle.

Kettenregel für Funktionen mehrerer Variablen

Seien $y = f(x_1,\ldots,x_n)$, $x_i = g_i(z_1,\ldots,z_m)$ mit $\mathbb{D}(g_i) = \mathbb{D} \subset \mathbb{R}^m$, $i = 1,2,\ldots,n$, und $(g_1(\vec{z}),\ldots,g_n(\vec{z})) \in \mathbb{D}(f)$ für alle $\vec{z} \in \mathbb{D}$. Existieren die partiellen Ableitungen $\partial f/\partial x_i$, $i = 1,\ldots,n$, und sind sie stetig, existieren ferner die partiellen Ableitungen $\partial g_i/\partial z_j$, $i = 1,\ldots,n$, dann existiert auch die partielle Ableitung $\partial f/\partial z_j$ und es ist

$$\frac{\partial f}{\partial z_j} = \sum_{i=1}^{n} \frac{\partial f}{\partial g_i} \cdot \frac{\partial g_i}{\partial z_j}, \quad j = 1,\ldots,m.$$

Für den wichtigen Spezialfall, dass die x_i alle von **einer** Variablen – z. B. der Zeit t – abhängen, ergibt sich:

$$\frac{df}{dt} = \sum_{i=1}^{n} \frac{\partial f}{\partial g_i} \cdot \frac{dg_i}{dt}.$$

df/dt heißt **vollständige Ableitung** von f nach t. Mit Hilfe der vollständigen Ableitung lässt sich eine Funktion $y = f(x)$ von einer Variablen in ihrer **impliziten** Darstellung differenzieren:

$$F(x,y) \equiv 0 \quad \Rightarrow \quad \frac{dF}{dx} = \frac{\partial F}{\partial x} \cdot \frac{dx}{dx} + \frac{\partial F}{\partial y} \cdot \frac{dy}{dx} = 0,$$

also

$$\frac{dy}{dx} = -\frac{\partial F/\partial x}{\partial F/\partial y}.$$

Partielles und totales Differential

Ist $y = f(x_1,\ldots,x_n)$ an der Stelle $\vec{x}^{(0)} = (x_1^{(0)},\ldots,x_n^{(0)})$ partiell nach x_i differenzierbar, d. h. existiert die partielle Ableitung $\partial f/\partial x_i$ bei $\vec{x}^{(0)}$, dann heißt die in h lineare Funktion

$$d_{x_i} f := \left.\frac{\partial f}{\partial x_i}\right|_{\vec{x}=\vec{x}^{(0)}} \cdot dx_i := \left.\frac{\partial f}{\partial x_i}\right|_{\vec{x}=\vec{x}^{(0)}} \cdot h = f'_{x_i}(\vec{x}^{(0)}) \cdot h$$

partielles Differential von f nach x_i.

Gilt für $y = f(x_1,\ldots,x_n)$ an der Stelle $\vec{x}^{(0)}$ die Beziehung

$$f\left(x_1^{(0)} + h_1,\ldots,x_n^{(0)} + h_n\right) - f\left(x_1^{(0)},\ldots,x_n^{(0)}\right)$$

$$= \sum_{i=1}^{n} \left.\frac{\partial f}{\partial x_i}\right|_{\vec{x}=\vec{x}^{(0)}} \cdot h_i + r(h_1,\ldots,h_n) \cdot \sqrt{\sum_{i=1}^{n} h_i^2}$$

mit einer Funktion $r : \mathbb{R}^n \to \mathbb{R}$ und

$$\lim_{\substack{h_i \to 0 \\ i = 1,\ldots,n}} r(h_1,\ldots,h_n) = 0,$$

so heißt f an der Stelle $\vec{x}^{(0)}$ **total** oder **vollständig differenzierbar** und

$$df := \sum_{i=1}^{n} \left.\frac{\partial f}{\partial x_i}\right|_{x_i=x_i^{(0)}} \cdot dx_i := \sum_{i=1}^{n} f'_{x_i}(\vec{x}^{(0)}) \cdot h_i = \sum_{i=1}^{n} d_{x_i} f$$

heißt **totales** oder **vollständiges Differential** von f an der Stelle $\vec{x} = \vec{x}^{(0)}$. Existieren alle partiellen Ableitungen $\partial f/\partial x_i$ und sind sie stetig (bei $\vec{x} = \vec{x}^{(0)}$), so ist f auch total differenzierbar.

Gradient

Sei $f : A \longrightarrow \mathbb{R}$ differenzierbare Funktion auf $A \subset \mathbb{R}^m$, $m \in \mathbb{N}$, und sei weiterhin $\vec{x}^{(0)} := \left(x_1^{(0)}, x_2^{(0)}, \ldots, x_m^{(0)}\right) \in A$. Dann heißt der Vektor

$$\operatorname{grad} f\left(\vec{x}^{(0)}\right) := \left(\frac{\partial f}{\partial x_1}, \frac{\partial f}{\partial x_2}, \ldots, \frac{\partial f}{\partial x_m}\right)'_{\vec{x}=\vec{x}^{(0)}} = \left(f'_{x_1}(\vec{x}^{(0)}),\ f'_{x_2}(\vec{x}^{(0)}),\ \ldots,\ f'_{x_n}(\vec{x}^{(0)})\right)'$$

der partiellen Ableitungen von f an der Stelle $\vec{x}^{(0)} \in A$ **Gradient** von f an der Stelle $\vec{x}^{(0)}$. Er zeigt in die Richtung des steilsten Anstiegs von f. Ein Maß für diesen Anstieg ist $|\operatorname{grad} f(\vec{x}^{(0)})|$.

Grundlegende Gleichung bei heuristischen, iterativen Maximierungsverfahren für **unimodale** Funktionen, d. h. Funktionen mit genau einem (lokalen) Maximum:

$$\vec{x}_{n+1} = \vec{x}_n + \lambda_n \cdot \operatorname{grad} f(\vec{x}_n).$$

λ_n heißt **Schrittweite** und kann von n abhängen.

Partielle Elastizitäten

Die **partielle Elastizität** einer Funktion $y = f(x_1, \ldots, x_n)$ nach der Variablen x_j gibt die Reaktivität von y auf die Änderung der verursachenden Größe x_j bei sonst gleichen Werten der übrigen Variablen x_i, $i \neq j$, an. Die **partielle Bogenelastizität** wird als Verhältnis der relativen Änderung von y zur relativen Änderung von x_j definiert:

$$\frac{\Delta y}{y} \bigg/ \frac{\Delta x_j}{x_j} = \frac{\Delta y}{\Delta x_j} \cdot \frac{x_j}{y} = \frac{f(x_1, \ldots, x_j + \Delta x_j, \ldots, x_n) - f(x_1, \ldots, x_n)}{\Delta x_j} \cdot \frac{x_j}{f(x_1, \ldots, x_n)}.$$

Während die partielle Bogenelastizität von der Größe der Änderung Δx_j abhängt, ist die **partielle Punktelastizität** η von y im Punkt $(x_1, \ldots, x_n)$ nach der Variablen x_j durch die Grenzwertbildung

$$\lim_{\Delta x_j \to 0} \frac{f(x_1, \ldots, x_j + \Delta x_j, \ldots, x_n) - f(x_1, \ldots, x_n)}{\Delta x_j} = \frac{\partial y}{\partial x_j}$$

davon unabhängig:

$$\eta(y|x_j) = \frac{\partial y}{\partial x_j} \cdot \frac{x_j}{y}.$$

y heißt bezüglich x_j

- **partiell elastisch**, falls $|\eta(y|x_j)| > 1$,
- **partiell vollkommen elastisch**, falls $|\eta(y|x_j)| = \infty$,
- **partiell unelastisch**, falls $|\eta(y|x_j)| \in (0;1)$,
- **partiell vollkommen unelastisch**, falls $|\eta(y|x_j)| = 0$,
- **partiell proportional**, falls $|\eta(y|x_j)| = 1$.

Vektorielles Differenzieren

Sei $y = f(x_1,\dots,x_n) = f(\vec{x})$, wobei der Transpositionsstrich des Vektors $\vec{x}$ im Allgemeinen weggelassen wird, wenn $\vec{x}$ als Argument einer Funktion auftritt. Es heißt

$$\frac{\partial f}{\partial \vec{x}} := \begin{pmatrix} \frac{\partial f}{\partial x_1} \\ \vdots \\ \frac{\partial f}{\partial x_n} \end{pmatrix}$$

Ableitung von f nach dem Vektor $\vec{x}$ oder **vektorielle Ableitung nach** $\vec{x}$, falls alle partiellen Ableitungen existieren.

Ist $y = f(x_{11}, x_{12}, \dots, x_{mn}) = f(\vec{X})$ eine Funktion der $m \cdot n$ unabhängigen Variablen x_{ij}, $i = 1,\dots,m,\ j = 1,\dots,n$, mit $\vec{X} = (x_{ij})$ und existieren alle partiellen Ableitungen, so heißt

$$\frac{\partial f}{\partial \vec{X}} := \begin{pmatrix} \frac{\partial f}{\partial x_{11}} & \cdots & \frac{\partial f}{\partial x_{1n}} \\ \vdots & & \vdots \\ \frac{\partial f}{\partial x_{m1}} & \cdots & \frac{\partial f}{\partial x_{mn}} \end{pmatrix}$$

Ableitung von f nach der Matrix $\vec{X}$.

Ist $\vec{Y}$ eine $k \times \ell$-Matrix, deren Elemente $y_{pq} = f_{pq}(\vec{X})$ Funktionen einer $m \times n$-Matrix unabhängiger Variablen sind, und existieren alle partiellen Ableitungen, so heißt

$$\frac{\partial \vec{Y}}{\partial x_{ij}} := \begin{pmatrix} \frac{\partial y_{11}}{\partial x_{ij}} & \cdots & \frac{\partial y_{1\ell}}{\partial x_{ij}} \\ \vdots & & \vdots \\ \frac{\partial y_{k1}}{\partial x_{ij}} & \cdots & \frac{\partial y_{k\ell}}{\partial x_{ij}} \end{pmatrix}$$

partielle Ableitung der Matrix $\vec{Y}$ nach x_{ij}.

Ist $\vec{y} = (f_1(\vec{x}), \ldots, f_n(\vec{x}))'$ mit $\vec{x} = (x_1, \ldots, x_n)'$ und existieren alle partiellen Ableitungen, so heißt

$$\frac{\partial \vec{y}}{\partial \vec{x}} := \begin{pmatrix} \frac{\partial f_1(\vec{x})}{\partial x_1} & \cdots & \frac{\partial f_1(\vec{x})}{\partial x_n} \\ \vdots & & \vdots \\ \frac{\partial f_n(\vec{x})}{\partial x_1} & \cdots & \frac{\partial f_n(\vec{x})}{\partial x_n} \end{pmatrix}$$

Jacobi-Matrix (Carl Gustav Jakob Jacobi, 1804 – 1851) oder **Funktionalmatrix** von $\vec{y}$.

Regeln zum vektoriellen Differenzieren

$\frac{\partial}{\partial \vec{x}}(\vec{a}'\vec{x}) = \frac{\partial}{\partial \vec{x}}(\vec{x}'\vec{a}) = \vec{a}$.

$\frac{\partial}{\partial \vec{x}}(\vec{x}'\vec{A}\vec{x}) = 2\vec{A}\vec{x}$, falls $\vec{A}$ symmetrisch.

$\frac{\partial}{\partial \vec{X}}(\vec{a}'\vec{X}\vec{b}) = \vec{a}\vec{b}'$.

Ist $\vec{X}$ **symmetrisch**, d. h. Matrix der $n(n+1)/2$ Variablen x_{ij}, $i = 1, \ldots, n$, $j = i, \ldots, n$, und ist $\vec{D}_{\vec{a}\vec{a}'}$ die Diagonalmatrix mit den Diagonalelementen der Matrix $\vec{a}\vec{a}'$, $\vec{a} \in \mathbb{R}^n$, so ist

$$\frac{\partial}{\partial \vec{X}}(\vec{a}'\vec{X}\vec{a}) = 2\vec{a}\vec{a}' - \vec{D}_{\vec{a}\vec{a}'}.$$

Mit den Adjunkten X_{ij} der Matrix $\vec{X}$ ist

$$\frac{\partial |\vec{X}|}{\partial \vec{X}} = (X_{ij}).$$

Ist $\vec{X}$ symmetrisch und $\vec{D}_{(X_{ij})}$ die Diagonalmatrix mit den Adjunkten X_{ii} als Diagonalelementen, so ist

$$\frac{\partial |\vec{X}|}{\partial \vec{X}} = 2(X_{ij}) - \vec{D}_{(X_{ij})}.$$

Ist $\vec{X}$ symmetrisch und regulär und $\vec{D}_{\vec{X}^{-1}}$ die Diagonalmatrix mit den Diagonalelementen von $\vec{X}^{-1}$, so ist

$$\frac{\partial}{\partial \vec{X}}(\ln |\vec{X}|) = 2\vec{X}^{-1} - \vec{D}_{\vec{X}^{-1}}.$$

Ist $\vec{X}$ regulär und Δ_{ij} die Matrix mit einer Eins in der i-ten Zeile und j-ten Spalte und Nullen sonst, so ist

$$\frac{\partial \vec{X}^{-1}}{\partial x_{ij}} = -\vec{X}^{-1}\Delta_{ij}\vec{X}^{-1}.$$

Ist $\vec{X}$ symmetrisch und regulär und Δ^*_{ij} die Matrix mit Einsen an den Positionen (i,j) und (j,i) und Nullen sonst, so ist

$$\frac{\partial \vec{X}^{-1}}{\partial x_{ij}} = -\vec{X}^{-1}\Delta^*_{ij}\vec{X}^{-1}.$$

Ist $\vec{Y}$ eine $k \times k$-Matrix mit Elementen $y_{pq} = f_{pq}(\vec{X})$ und ist $\vec{Y}^* = (Y_{pq})$ die Matrix der Adjunkten von $\vec{Y}$, so ist

$$\frac{\partial |\vec{Y}|}{\partial x_{ij}} = \operatorname{sp}\left(\vec{Y}^* \frac{\partial \vec{Y}'}{\partial x_{ij}}\right).$$

Für $\vec{y} = \vec{A}_{(n,n)}\vec{x} + \vec{b}$ ist $\dfrac{\partial \vec{y}}{\partial \vec{x}} = \vec{A}$.

Statistische Anwendungen

Sei $\vec{V}_{(n,n)}$ eine positiv definite (symmetrische) Matrix. Dann ist

$$\frac{\partial}{\partial \vec{y}} \exp\left(-\frac{1}{2}(\vec{x}-\vec{y})'\vec{V}^{-1}(\vec{x}-\vec{y})\right) = \exp\left(-\frac{1}{2}(\vec{x}-\vec{y})'\vec{V}^{-1}(\vec{x}-\vec{y})\right)\vec{V}^{-1}(\vec{x}-\vec{y})$$

$$\frac{\partial}{\partial \vec{V}^{-1}} \exp\left(-\frac{1}{2}(\vec{x}-\vec{y})'\vec{V}^{-1}(\vec{x}-\vec{y})\right)$$
$$= \exp\left(-\frac{1}{2}(\vec{x}-\vec{y})'\vec{V}^{-1}(\vec{x}-\vec{y})\right) \cdot \left(\frac{1}{2}\vec{D}_{(\vec{x}-\vec{y})(\vec{x}-\vec{y})'} - (\vec{x}-\vec{y})(\vec{x}-\vec{y})'\right)$$

$$\frac{\partial}{\partial \vec{V}}\left((\vec{x}-\vec{y})'\vec{V}^{-1}(\vec{x}-\vec{y})\right) = -2\vec{V}^{-1}(\vec{x}-\vec{y})(\vec{x}-\vec{y})'\vec{V}^{-1} + \vec{D}_{V^{-1}(\vec{x}-\vec{y})(\vec{x}-\vec{y})'\vec{V}^{-1}},$$

wobei $\vec{D}_{\vec{A}}$ stets die Diagonalmatrix mit den Diagonalelementen der Matrix $\vec{A}$ bedeutet.

4.3 Anwendungen der Differentialrechnung

Extremwerte bei zwei Variablen

Eine Funktion $y = f(x_1,x_2)$ besitzt an der Stelle $(x_1^\star,x_2^\star) \in \mathbb{D}(f)$ ein **lokales** oder **relatives Maximum** (bzw. **Minimum**), wenn gilt:

$$\exists\delta > 0\ \forall(x_1,x_2) \in U_\delta(x_1^\star,x_2^\star) \cap \mathbb{D}(f): \quad f(x_1,x_2) \leq f(x_1^\star,x_2^\star)$$
$$\big(\text{bzw.} \quad f(x_1,x_2) \geq f(x_1^\star,x_2^\star)\big).$$

Gilt die Ungleichung strikt für alle $(x_1,x_2) \neq (x_1^\star,x_2^\star)$ in einer solchen δ-Umgebung, so heißt das lokale Maximum (bzw. Minimum) **echt**.

Eine Funktion $y = f(x_1,x_2)$ besitzt an der Stelle $(x_1^\star,x_2^\star) \in \mathbb{D}(f)$ ein **globales** oder **absolutes Maximum** (bzw. **Minimum**), wenn gilt:

$$\forall(x_1,x_2) \in \mathbb{D}(f)\backslash\{(x_1^\star,x_2^\star)\}: \quad f(x_1,x_2) \leq f(x_1^\star,x_2^\star)$$
$$\big(\text{bzw.} \quad f(x_1,x_2) \geq f(x_1^\star,x_2^\star)\big).$$

Gilt die Ungleichung strikt, so heißt das Maximum (bzw. Minimum) **echt**.

Eine **notwendige** Bedingung an eine **Extremstelle** einer differenzierbaren Funktion, also Maximal- oder Minimalstelle, ist die **Stationarität**. Die Stelle $(x_1^\star,x_2^\star) \in \mathbb{D}(f)$ heißt **stationär**, wenn gilt:

$$\left.\frac{\partial f}{\partial x_1}\right|_{(x_1,x_2)=(x_1^\star,x_2^\star)} = 0 \text{ und } \left.\frac{\partial f}{\partial x_2}\right|_{(x_1,x_2)=(x_1^\star,x_2^\star)} = 0,$$

d. h. grad $f(x_1^\star,x_2^\star) = \vec{0}$.

Eine **hinreichende** Bedingung ist die folgende:
Sei $y = f(x_1,x_2)$ **zweimal stetig differenzierbar**, d. h. existieren alle partiellen Ableitungen bis zur zweiten Ordnung und seien diese stetig, sei ferner

$$\left.\frac{\partial f}{\partial x_1}\right|_{(x_1,x_2)=(x_1^\star,x_2^\star)} = 0 \text{ und } \left.\frac{\partial f}{\partial x_2}\right|_{(x_1,x_2)=(x_1^\star,x_2^\star)} = 0$$

sowie

$$\left.\frac{\partial^2 f}{\partial x_1^2}\cdot\frac{\partial^2 f}{\partial x_2^2} - \left(\frac{\partial^2 f}{\partial x_1 \partial x_2}\right)^2\right|_{(x_1,x_2)=(x_1^\star,x_2^\star)} > 0.$$

Dann ist $(x_1^\star, x_2^\star)$ eine (lokale) Extremstelle. f hat bei $(x_1^\star, x_2^\star)$ ein (lokales) Maximum (bzw. Minimum), falls gilt:

$$\left.\frac{\partial^2 f}{\partial x_1^2}\right|_{(x_1,x_2)=(x_1^\star,x_2^\star)} < 0 \ (\text{bzw.} > 0).$$

Ist dagegen

$$\left.\frac{\partial^2 f}{\partial x_1^2} \cdot \frac{\partial^2 f}{\partial x_2^2} - \left(\frac{\partial^2 f}{\partial x_1 \partial x_2}\right)^2\right|_{(x_1,x_2)=(x_1^\star,x_2^\star)} < 0,$$

so heißt $(x_1^\star, x_2^\star)$ **Sattelpunkt** oder **Jochpunkt** von f.

Extremwerte bei mehr als zwei Variablen

Eine Funktion $y = f(x_1, \ldots, x_n)$ besitzt an der Stelle $\vec{x}^\star = (x_1^\star, \ldots, x_n^\star) \in \mathbb{D}(f)$ ein **lokales** oder **relatives Maximum** (bzw. **Minimum**), wenn gilt:

$$\exists \delta > 0 \ \forall \vec{x} \in U_\delta(\vec{x}^\star) \cap \mathbb{D}(f) : f(\vec{x}) \leq f(\vec{x}^\star) \ \ (\text{bzw.} \ \ f(\vec{x}) \geq f(\vec{x}^\star)).$$

Gilt die Ungleichung strikt für alle $\vec{x} \neq \vec{x}^\star$ in einer solchen δ-Umgebung, so heißt das lokale Maximum (bzw. Minimum) **echt**.

Eine Funktion $y = f(x_1, \ldots, x_n)$ besitzt an der Stelle $\vec{x}^\star \in \mathbb{D}(f)$ ein **globales** oder **absolutes Maximum** (bzw. **Minimum**), wenn gilt:

$$\forall \vec{x} \in \mathbb{D}(f) \setminus \{\vec{x}^\star\} : f(\vec{x}) \leq f(\vec{x}^\star) \ \ (\text{bzw.} \ \ f(\vec{x}) \geq f(\vec{x}^\star)).$$

Gilt die Ungleichung strikt, so heißt das Maximum (bzw. Minimum) **echt**.

Eine **notwendige** Bedingung an eine Extremstelle einer differenzierbaren Funktion ist die Stationarität. Die Stelle $\vec{x}^\star \in \mathbb{D}(f)$ heißt **stationär**, wenn gilt:

$$\left.\frac{\partial f}{\partial x_i}\right|_{\vec{x}=\vec{x}^\star} = 0 \ \forall i = 1, 2, \ldots, n,$$

d. h. $\operatorname{grad} f(\vec{x}^\star) = \vec{0}$.

Eine **hinreichende** Bedingung ist die folgende:
Sei $y = f(x_1, \ldots, x_n)$ zweimal stetig differenzierbar und $\operatorname{grad} f(\vec{x}^\star) = \vec{0}$. Bezeichne $\vec{H}$ die **Hesse-Matrix** an der Stelle $\vec{x}^\star$ (Ludwig Otto Hesse, 1811 – 1874)

$$\vec{H} := \left.\begin{pmatrix} \frac{\partial^2 f}{\partial x_1^2} & \cdots & \frac{\partial^2 f}{\partial x_1 \partial x_n} \\ \vdots & & \vdots \\ \frac{\partial^2 f}{\partial x_n \partial x_1} & \cdots & \frac{\partial^2 f}{\partial x_n^2} \end{pmatrix}\right|_{\vec{x}=\vec{x}^\star}$$

und H_i die i-te Hauptabschnittsdeterminante von $\vec{H}$. (H_i ist die Determinante der ersten i Zeilen und Spalten von $\vec{H}$. $H := H_n = \det \vec{H}$ wird **HESSE-Determinante** genannt.)

Dann besitzt f an der Stelle $\vec{x}^\star$ ein (lokales)

- Maximum, falls $(-1)^i H_i > 0$ für alle $i = 1, \ldots, n$, also falls $\vec{H}$ negativ definit ist,
- Minimum, falls $H_i > 0$ für alle $i = 1, \ldots, n$, also falls $\vec{H}$ positiv definit ist.

Extremwerte unter Nebenbedingungen

Bei der Suche nach Extremwerten der **Zielfunktion** $y = f(x_1, \ldots, x_n)$ sind in ökonomischen und technischen Anwendungen häufig **Nebenbedingungen** oder **Restriktionen** zu beachten. Dabei handelt es sich im Allgemeinen um lineare Gleichungen und/oder Ungleichungen in den Variablen $x_1, \ldots, x_n$. Lösungsmöglichkeiten bei Vorliegen einer linearen Zielfunktion mit linearen Ungleichungen bietet die **lineare Optimierung** oder **lineare Planungsrechnung**. Probleme mit **nichtlinearen** Restriktionen behandeln z. B. die **konvexe Optimierung** und die **ganzzahlige Optimierung** (Integer-Optimierung). Als Anwendung der Differentialrechnung bei Funktionen mehrerer Variablen soll hier das **LAGRANGE-Verfahren** angegeben werden.

Die Funktion $y = f(x_1, \ldots, x_n)$ sei unter den Nebenbedingungen

$$g_j(x_1, \ldots, x_n) = 0, \ j = 1, \ldots, m,$$

zu maximieren oder minimieren. Die Funktionen $f, g_1, \ldots, g_m$ seien **stetig differenzierbar**, d. h. die (ersten) partiellen Ableitungen existieren und sind stetig. Die **LAGRANGE-Funktion**

$$L(x_1, \ldots, x_n, \lambda, \ldots, \lambda_m) := y + \sum_{j=1}^{m} \lambda_j g_j(x_1, \ldots, x_n)$$

ist partiell nach den x_i und nach den **LAGRANGE-Multiplikatoren** λ_j zu differenzieren. Die Stationarität der LAGRANGE-Funktion ist eine **notwendige Bedingung** für das Vorliegen eines (lokalen) Extremwerts von f unter den angegebenen Nebenbedingungen. Dies führt zu dem Folgenden im Allgemeinen nichtlinearen Gleichungssystem:

$$\frac{\partial L}{\partial x_i} \stackrel{!}{=} 0, \ i = 1, \ldots, n,$$

$$\frac{\partial L}{\partial \lambda_j} \stackrel{!}{=} 0, \ j = 1, \ldots, m.$$

Zur Verifikation eines Maximums oder Minimums sind noch weitere Überlegungen nötig.

Eine **hinreichende** Bedingung für ein Maximum (bzw. Minimum) von $y = f(x_1, x_2)$ und der (einzigen) Nebenbedingung $g(x_1, x_2) = 0$ lautet (neben der Stationarität der LAGRANGE-Funktion):

$$\frac{\partial^2 L}{\partial x_1^2}\left(\frac{\partial g}{\partial x_2}\right)^2 - 2 \cdot \frac{\partial^2 L}{\partial x_1 \partial x_2} \cdot \frac{\partial g}{\partial x_1} \cdot \frac{\partial g}{\partial x_2} + \frac{\partial^2 L}{\partial x_2^2}\left(\frac{\partial g}{\partial x_1}\right)^2 < 0 \text{ (bzw. } > 0\text{)}.$$

4.4 Integralrechnung

Integrale von Funktionen zweier Variablen

Im folgenden wird der RIEMANNsche Integralbegriff von Funktionen einer Variablen auf Funktionen von **zwei** Variablen übertragen. Die Menge $Z := \{R_1, \ldots, R_n\}$ von **achsenparallelen Rechtecken** $R_i = [a_i, b_i] \times [c_i, d_i]$ heißt **Zerlegung** des achsenparallelen Rechtecks $R = [a, b] \times [c, d] \subset \mathbb{R}^2$, wenn gilt:

$$\bigcup_{i=1}^{n} R_i = R \quad \text{und} \quad \overset{\circ}{R}_i \cap \overset{\circ}{R}_j = \varnothing \text{ für alle } i \neq j.$$

Dabei heißt $\overset{\circ}{R}_i$ **Inneres** oder **offener Kern** von R_i und ist wie folgt definiert:

$$\overset{\circ}{R}_i := \{\vec{x} \in R_i |\ \exists \varepsilon > 0 : U_\varepsilon(\vec{x}) \subset R_i\} = (a_i, b_i) \times (c_i, d_i).$$

Es handelt sich also um das Rechteck ohne seinen **Rand**.

Eine Funktion $t : R \to \mathbb{R}$ heißt **Treppenfunktion auf** $\boldsymbol{R}$, wenn es eine Zerlegung Z von R gibt, so dass t konstant auf jedem offenen Kern der Rechtecke $R_i = [a_i, b_i] \times [c_i, d_i]$ ist. Ist t_i der Wert von t in $\overset{\circ}{R}_i$, so heißt

$$\int_R t(\vec{x})\, d\vec{x} := \iint_R t(x_1, x_2)\, dx_2\, dx_1 := \sum_{i=1}^{n} t_i (b_i - a_i)(d_i - c_i)$$

(**RIEMANN-)Integral** von t über R. Die Begriffe **obere** und **untere Treppenfunktion**, **Oberintegral** oder **Obersumme** und **Unterintegral** oder **Untersumme** werden analog Abschnitt 2.3 definiert. Sind Oberintegral und Unterintegral einer Funktion $f : R \to \mathbb{R}$ gleich, so heißt dieser Wert **(RIEMANN-)Integral** von f über R und wird mit

$$\int_R f(\vec{x})\, d\vec{x} \quad \text{bzw.} \quad \int_a^b \int_c^d f(x_1, x_2)\, dx_2\, dx_1, \quad a, b, c, d \in \mathbb{R},$$

bezeichnet. f heißt dann in R **(RIEMANN-)integrierbar**. Die Funktion f heißt **Integrand**, die x_i heißen **Integrationsvariablen**.

Eine Teilmenge G des $\mathbb{R}^2$ heißt **beschränkt**, wenn es ein achsenparalleles Rechteck R gibt mit $G \subset R$. Eine Funktion $f : G \to \mathbb{R}$ heißt **beschränkt**, wenn es ein $c \in \mathbb{R}$ gibt, so dass für alle $\vec{x} \in G$ gilt: $|f(\vec{x})| < c$.

Satz

Ist $f : G \to \mathbb{R}$ beschränkt, $G \subset \mathbb{R}^2$ **JORDAN-messbar** und die Menge der Unstetigkeitsstellen von f eine Menge vom **JORDAN-Maß** null (Fast jede beschränkte Menge $G \subset \mathbb{R}^2$ erfüllt in der Praxis diese Bedingungen.), so existiert das Integral

$$\int_R \overline{f}(\vec{x})\, d\vec{x}$$

der **Fortsetzung**

$$\overline{f}(\vec{x}) := \begin{cases} f(\vec{x}), & \vec{x} \in G \\ 0, & \vec{x} \in R \setminus G \end{cases}$$

von f und ist unabhängig von der Wahl von R. Dieser Wert heißt **Integral von f über G**:

$$\int_G f(\vec{x})\, d\vec{x} \quad \text{bzw.} \quad \iint_G f(x_1,x_2)\, dx_2\, dx_1 .$$

Die meisten Regeln aus Abschnitt 2.3 können analog übertragen werden. Die besondere Bedeutung von Integralen von nichtnegativen Funktionen zweier Variablen ist ihre Interpretierbarkeit als **Volumen** des von ihrem Graphen und der Ebene $z = 0$ begrenzten Raumes.

Integrale von Funktionen mehrerer Variablen

Integrale von Funktionen von n Variablen werden analog eingeführt. An die Stelle der achsenparallelen Rechtecke treten dann **achsenparallele Quader** $Q_i \subset \mathbb{R}^n$:

$$Q_i := \mathop{\times}_{j=1}^{n} \left[a_j^{(i)}, b_j^{(i)}\right].$$

Eine Funktion $t : Q \to \mathbb{R}$ heißt **Treppenfunktion** auf $Q = \mathop{\times}_{j=1}^{n} [a_j, b_j]$, wenn es eine Zerlegung $Z = \{Q_1, \ldots, Q_m\}$ von Q gibt, so dass t konstant auf jedem offenen Kern $\overset{\circ}{Q}_i$ der Quader Q_i ist. Ist t_i der Wert von t in $\overset{\circ}{Q}_i$, so heißt

$$\int_Q t(\vec{x})\, d\vec{x} := \int_Q \cdots \int t(x_1, \ldots, x_n)\, dx_n \ldots dx_1 := \sum_{i=1}^{m} t_i \prod_{j=1}^{n} \left(b_j^{(i)} - a_j^{(i)}\right)$$

(**RIEMANN-**)**Integral** von t über Q. Das Integral einer Funktion $y = f(x_1, \ldots, x_n)$ über Q bzw. über einer beschränkten, JORDAN-messbaren Menge $G \subset \mathbb{R}^n$ wird entsprechend dem vorigen Absatz definiert.

Satz von FUBINI

Die Definition des Integrals einer Funktion mehrerer Variablen ist zu dessen Berechnung ebenso wenig geeignet wie im Fall einer Variablen. Dort führt der Hauptsatz der Differential- und Integralrechnung sowie die Kenntnis einiger Stammfunktionen und einiger Integrationsregeln im Allgemeinen zum Ziel. Hier führt nun ein **Reduktionssatz von FUBINI** (GUIDO FUBINI, 1879 – 1943) unter recht schwachen Voraussetzungen Integrale von Funktionen mehrerer Variablen auf mehrere Integrale einer Variablen zurück, wodurch die Berechnungsmethoden für eindimensionale Integrale zur Verfügung stehen.

Eine Funktion $y = f(x_1, \ldots, x_n)$ heißt **finit**, wenn sie in $\mathbb{R}^n$ beschränkt ist und wenn sie für große $|\vec{x}|$ „verschwindet", d. h. wenn gilt:

$$\forall \varepsilon > 0 \; \exists c > 0 \; \forall \vec{x} : |\vec{x}| > c \Rightarrow |f(\vec{x})| < \varepsilon.$$

Satz

Ist $f : \mathbb{R}^n \to \mathbb{R}$ integrierbar und finit, ist weiter $1 \leq m < n$ und existiert für alle $\vec{x} \in \mathbb{R}^m$ das Integral

$$\underset{\mathbb{R}^{n-m}}{\int \cdots \int} f(x_1, \ldots, x_m, x_{m+1}, \ldots, x_n) \, dx_n \ldots dx_{m+1},$$

so gilt

$$\underset{\mathbb{R}^{n}}{\int \cdots \int} f(x_1, \ldots, x_n) \, dx_n \ldots dx_1$$
$$= \underset{\mathbb{R}^{m}}{\int \cdots \int} \left(\underset{\mathbb{R}^{n-m}}{\int \cdots \int} f(x_1, \ldots, x_n) \, dx_n \ldots dx_{m+1} \right) dx_m \ldots dx_1 .$$

Ist eine Funktion $f : G \to \mathbb{R}$ auf einem beschränkten Gebiet $G \subset \mathbb{R}^n$ beschränkt, so ist etwa ihre **Fortsetzung**

$$\overline{f}(\vec{x}) = \begin{cases} f(\vec{x}), & \vec{x} \in G \\ 0, & \vec{x} \in \mathbb{R}^n \setminus G \end{cases}$$

finit. Ist $f : \mathbb{R}^n \to \mathbb{R}$ finit und hat die Menge ihrer Unstetigkeitsstellen das JORDAN-Maß null, so ist f integrierbar. Soll eine auf einem beschränkten Gebiet G beschränkte Funktion $f : G \to \mathbb{R}$ über G integriert werden, so kann man also statt ihrer die Fortsetzung $\overline{f}(\vec{x})$ integrieren. Für $m = 1$ und $n = 2$ reduziert der Satz von FUBINI die Berechnung auf das sukzessive Lösen zweier einfacher Integrale, eines so genannten **Doppelintegrals**. Für $n > 2$ kommt man durch fortgesetzte Anwendung des Satzes bei in der Praxis im Allgemeinen erfüllten Voraussetzungen zu einer Schachtelung von n einfachen Integralen, einem so genannten **Mehrfachintegral**.

Spezielle Doppel- und Dreifachintegrale

Fläche zwischen zwei Funktionsgraphen

$$A = \int_a^b \int_{f(x)}^{g(x)} dy\,dx = \int_a^b (g(x) - f(x))\,dx$$

Flächenschwerpunkt (S_x, S_y)

$$S_x = \frac{1}{A} \int_a^b \int_{f(x)}^{g(x)} x\,dy\,dx$$

$$S_y = \frac{1}{A} \int_a^b \int_{f(x)}^{g(x)} y\,dy\,dx$$

Volumen eines auf der (x,y)**-Ebene stehenden Körpers**
Das Volumen eines Körpers, der auf der (x,y)-Ebene steht, der außerdem auf der x-Achse nach unten durch die Konstante a und nach oben durch die Konstante b sowie bez. der y-Achse nach unten durch die Funktion $g(x)$ und nach oben durch die Funktion $h(x)$ begrenzt ist und dessen „Oberfläche" schließlich durch die Funktion $f(x,y)$ gegeben ist, lautet:

$$V = \int_a^b \int_{g(x)}^{h(x)} f(x,y)\,dy\,dx.$$

Volumen eines Körpers
Steht in der zuvor genannten Situation der Körper nicht flach auf der (x,y)-Ebene, sondern besitzt eine durch $f_u(x,y)$ gegebene „Unterfläche", so lautet sein Volumen:

$$V = \int_a^b \int_{g(x)}^{h(x)} \int_{f_u(x,y)}^{f(x,y)} dz\,dy\,dx.$$

Volumenschwerpunkt (S_x, S_y, S_z)

$$S_x = \frac{1}{V}\int_a^b \int_{g(x)}^{h(x)} \int_{f_u(x,y)}^{f(x,y)} x\,dz\,dy\,dx$$

$$S_y = \frac{1}{V}\int_a^b \int_{g(x)}^{h(x)} \int_{f_u(x,y)}^{f(x,y)} y\,dz\,dy\,dx$$

$$S_z = \frac{1}{V}\int_a^b \int_{g(x)}^{h(x)} \int_{f_u(x,y)}^{f(x,y)} z\,dz\,dy\,dx$$

Trägheitsmoment
Wird der zuvor beschriebene massehomogene Körper mit der spezifischen Dichte ρ um die z-Achse rotiert, so entsteht das **Trägheitsmoment**:

$$J_z = \rho \cdot \int_a^b \int_{g(x)}^{h(x)} \int_{f_u(x,y)}^{f(x,y)} (x^2 + y^2)\,dz\,dy\,dx.$$

Variablentransformation
Beim Übergang von kartesischen Koordinaten (x, y, z) zu anderen Koordinaten (α, β, γ), die natürlich eineindeutig von (x, y, z) abhängen müssen, ist der Integrand mit dem Absolutbetrag der **JACOBI-Determinante** oder **Funktionaldeterminante**

$$J := \begin{vmatrix} \frac{\partial x}{\partial \alpha} & \frac{\partial y}{\partial \alpha} & \frac{\partial z}{\partial \alpha} \\ \frac{\partial x}{\partial \beta} & \frac{\partial y}{\partial \beta} & \frac{\partial z}{\partial \beta} \\ \frac{\partial x}{\partial \gamma} & \frac{\partial y}{\partial \gamma} & \frac{\partial z}{\partial \gamma} \end{vmatrix}$$

zu multiplizieren. Es gilt also die Identität

$$\iiint f(x,y,z)\,dz\,dy\,dx = \iiint |J| \cdot f(x(\alpha,\beta,\gamma), y(\alpha,\beta,\gamma), z(\alpha,\beta,\gamma))\,d\gamma\,d\beta\,d\alpha,$$

wobei der Integrationsbereich der linken Seite, also bez. (x, y, z), auf der rechten Seite der Gleichung der Abbildung $(x, y, z) \mapsto (\alpha, \beta, \gamma)$ zu unterziehen ist.

Transformation von kartesischen zu Zylinderkoordinaten

$$z = z, \qquad x = r \cdot \cos\varphi, \qquad y = r \cdot \sin\varphi$$

$$J = \left|\frac{\partial(z,x,y)}{\partial(\varphi,r,z)}\right| = \begin{vmatrix} 0 & -r\cdot\sin\varphi & r\cdot\cos\varphi \\ 0 & \cos\varphi & \sin\varphi \\ 1 & 0 & 0 \end{vmatrix} = -r$$

Volumen des Rotationsparaboloids $z = x^2 + y^2$ für $z \in [0, z_o]$

$$\begin{aligned} V &= \int_0^{z_o} \int_{-\sqrt{z}}^{\sqrt{z}} \int_{-\sqrt{z-x^2}}^{\sqrt{z-x^2}} dy\, dx\, dz \\ &= \int_0^{2\pi} \int_0^{\sqrt{z_o}} \int_{r^2}^{z_o} r\, dz\, dr\, d\varphi \\ &= \frac{\pi}{2} \cdot z_o^2 \end{aligned}$$

Transformation von kartesischen zu Kugelkoordinaten

$$z = r \cdot \cos\vartheta, \qquad x = r \cdot \cos\varphi \cdot \sin\vartheta, \qquad y = r \cdot \sin\varphi \cdot \sin\vartheta$$

$$J = \left|\frac{\partial(z,x,y)}{\partial(r,\vartheta,\varphi)}\right| = \begin{vmatrix} \cos\vartheta & \cos\varphi\cdot\sin\vartheta & \sin\varphi\cdot\sin\vartheta \\ -r\cdot\sin\vartheta & r\cdot\cos\varphi\cdot\cos\vartheta & r\cdot\sin\varphi\cdot\cos\vartheta \\ 0 & -r\cdot\sin\varphi\cdot\sin\vartheta & r\cdot\cos\varphi\cdot\sin\vartheta \end{vmatrix} = r^2\cdot\sin\vartheta$$

Volumen einer Halbkugel mit Radius R

$$\begin{aligned} V &= \int_0^{R} \int_{-\sqrt{R^2-z^2}}^{\sqrt{R^2-z^2}} \int_{-\sqrt{R^2-z^2-x^2}}^{\sqrt{R^2-z^2-x^2}} dy\, dx\, dz \\ &= \int_0^{R} \int_0^{\pi/2} \int_0^{2\pi} r^2 \cdot \sin\vartheta\, d\varphi\, d\vartheta\, dr \\ &= \frac{2\pi}{3} \cdot R^3 \end{aligned}$$

Stichwortverzeichnis

B

C

D

H

I

J

K

N

O

P

Notizen

Notizen